普通高等教育土建类系列教材

中国矿业大学 (北京) "地下工程" 系列教材

中国矿业大学 (北京) 越崎教材建设资助项目

# 土力学简明教程

单仁亮　李德建　编著

机械工业出版社

土是自然界最重要的物质之一，土力学是研究土的力学特性的一门学科，主要研究载荷作用下土的强度和变形。本书共8章，主要内容包括土的物理性质和分类、土的渗透性与渗流、土体中的应力计算、土的压缩性与地基沉降量计算、土的抗剪强度、挡土墙上的土压力、地基承载力和土坡稳定性、土在动力荷载作用下的力学性质。为便于学生学习，章前有本章提要，章后有本章小结及复习思考题，并给出了复习思考题参考答案；为便于教师授课，本书配有教师课件等教学资源，选用本书的授课教师可登录机械工业出版社教材服务网 www.cmpedu.com 注册后免费下载。

本书可以作为高等院校土木建筑及岩土工程类专业的本专科学生教材，也可供研究生及科技人员参考。

## 图书在版编目（CIP）数据

土力学简明教程/单仁亮，李德建编著. —北京：机械工业出版社，2013.7（2025.6 重印）

普通高等教育土建类系列教材

ISBN 978-7-111-42706-3

Ⅰ.①土…　Ⅱ.①单…②李…　Ⅲ.①土力学 – 高等学校 – 教材
Ⅳ.①TU43

中国版本图书馆 CIP 数据核字（2013）第 115362 号

机械工业出版社（北京市百万庄大街 22 号　邮政编码 100037）
策划编辑：马军平　责任编辑：马军平　李　帅
版式设计：霍永明　责任校对：樊钟英
封面设计：张　静　责任印制：张　博
固安县铭成印刷有限公司印刷
2025 年 6 月第 1 版第 8 次印刷
184mm×260mm·14.25 印张·351 千字
标准书号：ISBN 978-7-111-42706-3
定价：39.00 元

电话服务　　　　　　　　　　　网络服务
客服电话：010-88361066　　　机 工 官 网：www.cmpbook.com
　　　　　010-88379833　　　机 工 官 博：weibo.com/cmp1952
　　　　　010-68326294　　　金 书 网：www.golden-book.com
封底无防伪标均为盗版　　　　机工教育服务网：www.cmpedu.com

# 序

地下工程是随着国民经济建设及城市化发展需要应运而生的土木工程类专业的一个重要领域，是高等学校土木工程学科中极其重要而又人才短缺的本科专业方向。

中国矿业大学（北京）的土木工程学科是在原矿山建设工程专业基础上发展起来的，矿山建设工程专业一直是我校的传统优势学科，在1999年专业调整中，矿山建设工程更名为"岩土工程"。2007年以中国矿业大学和中国矿业大学（北京）的岩土工程学科为主建成了"深部岩土力学与地下工程"国家重点实验室。地下工程方向是中国矿业大学（北京）土木工程类专业的传统优势学科，在矿山建设工程、深部地下工程、城市地下工程等领域拥有良好的人才培养软、硬件环境和教学条件，在相关研究领域拥有坚实的研究基础和多项国家级科技奖励、国家级教学研究成果。

鉴于此，在总结多年矿山建设工程和城市地下工程的教学经验和科学研究的基础上，中国矿业大学（北京）力学与建筑工程学院组织了学校长期从事地下工程教学和科学研究的专家，编写了具有矿山建设与地下工程特色的"地下工程"系列教材，以促进培养工程实践能力强和创新能力强的应用复合型人才及研究发展型人才，努力探索基于研究的教学和以探索为本的学习机制，引导学生在研究和开发中学习。根据地下工程课程培养体系的要求、课程培养规律和学科知识层次，本系列教材分为岩石力学基础教程、土力学简明教程、基础工程、矿山建设工程、城市地下工程等几个方面，全面覆盖了地下工程专业培养体系的范畴，满足学生学习和教师教学的需求。

地下工程是一个复杂的系统工程，因此本系列教材注重强调创新的理念——系统性、集成性、过程性、信息性，始终贯穿地下工程的设计、施工与管理的思想；同时，注重理论与工程实际结合，强调解决地下工程的实际问题，努力培养学生的实际动手能力。

本系列教材内容精炼、合理，可供土木工程、市政工程、水利水电工程，采矿工程、冶金工程、地质勘探工程等专业本科生、研究生和教师以及相关工程技术人员参考使用。

本系列教材由中国矿业大学（北京）单仁亮教授负责总体规划、统筹协调和部分具体的编写工作。

在本系列教材编写过程中，得到了中国矿业大学（北京）力学与建筑工程学院、教务处等部门的大力支持与帮助，在此表示最诚挚的谢意！

# 前　言

土力学是土木工程专业的基础课，本教材是中国矿业大学（北京）土木工程特色专业建设"地下工程系列教材"之一，经过主讲教师多年使用和多次修改而成。

土是自然界最重要的物质之一，土力学是研究土的力学特性的一门学科，主要研究载荷作用下土的强度和变形。本教材内容分为8章，包括土的物理性质和分类、土的渗透性与渗流问题、土体中的应力计算、土的压缩性与地基沉降量计算、土的抗剪强度、挡土墙上的土压力、地基承载力和土坡稳定性、土在动力荷载作用下的力学性质，部分内容教师可选择讲授或安排学生自学。

本书的编写叙述力求简明，多用图表，采用最新规范，注重实践教学，内容上体现矿山建设和地下工程的特色，满足土木工程特色专业建设的需要。编写过程中参阅了国内外专家学者的相关论著，以参考文献的形式列于书后，供读者参考阅读，并向作者表示感谢。

本书可以作为高等院校土木建筑及岩土工程类专业的本专科学生教材，也可供研究生及科技人员参考。

本书的编写工作得到中国矿业大学（北京）教务处、力学与建筑工程学院的大力支持，列为学校2012年越崎教材建设项目。编写过程中有多位博士研究生、硕士研究生进行了文字和图表的录入、修改，教材试用期间很多同学提出了宝贵的修改意见，作者在此一并深表谢意。

限于作者水平，不妥之处在所难免，恳请广大读者和专家不吝批评指正。

作　者

# 目录

# 绪 论

土力学（Soil Mechanics）是研究土体在周围环境与力的作用下的变形和强度以及渗流规律的一门学科，属于力学的一个分支，主要应用于建筑、交通、水利、矿山等土木工程。

土力学的研究内容主要包括土的物理性质和分类、土的渗透性和渗流；土体的应力-应变和应力-应变-时间的本构关系及强度准则和理论；在均布荷载或偏心荷载以及在各种形式基础的作用下，基础与地基土体接触面上的和地基土体中的应力分布，地基的压缩变形及其与时间的关系以及地基的承载能力和稳定性；根据极限平衡原理用稳定性系数评价天然土坡的稳定性并进行人工土坡的设计；计算在自重和建筑物附加荷载作用下土体产生的侧向压力，为设计挡土结构物提供依据；改进和研制为进行上述研究所必需的技术、方法和仪器设备。

土体是一种地质体，这就决定了这一学科的研究工作采用在地质学研究基础上的试验研究和力学分析方法。

## 土力学发展历史

18 世纪中期以前，人类的建筑工程实践主要是根据建筑者的经验进行的。

18 世纪中期至 19 世纪初期，工程建筑事业迅猛发展，许多学者相继总结前人和自己的实践经验，发表了迄今仍然行之有效的、多方面的重要研究成果。例如，法国的 C. A. 库仑发表了土压力滑动楔体理论（1773 年）和土的抗剪强度准则（1776 年）；法国的 H. P. G. 达西在研究水在砂土中渗透的基础上提出了著名线性渗透定律（1856 年）；英国的 W. J. M. 朗肯分析半无限空间土体在自重作用下达到极限平衡状态时的应力条件，提出了另一著名的土压力理论，与库仑理论一起构成了古典土压力理论；法国的 J. V. 布辛奈斯克（1885 年）提出的半无限弹性体中应力分布的计算公式，成为地基土体中应力分布的重要计算方法；德国的 O. 莫尔（1900 年）提出了至今仍广泛应用的土的强度理论。

19 世纪末至 20 世纪初期，瑞典的 A. M. 阿特贝里提出了黏

**Karl Terzaghi（1883~1963）**

美籍奥地利土力学家，现代土力学的创始人。1883 年 10 月 2 日生于布拉格（当时属奥地利）。1904 年和 1912 年先后获得格拉茨（Graz）工业大学的学士和博士学位。

太沙基早期从事工程地质和岩土工程的实践工作，后期从事土力学的教学和研究工作，并着手建立现代土力学。先后在麻省理工学院、维也纳高等工业学院和英国伦敦帝国学院任教。最后长期在美国哈佛大学任教。

1923 年太沙基发表了渗透固结理论，第一次科学地研究土体的固结过程，同时提出了土力学的

一个基本原理，即有效应力原理。

1925年，他发表的世界上第一本土力学专著被公认为是进入现代土力学时代的标志。

性土的塑性界限和按塑性指数的分类，至今仍在实践中广泛应用。1925年，奥地利的K.太沙基出版了世界上第一部土力学专著，是土力学作为完整、独立学科形成的重要标志，在此专著中，他提出了著名的有效应力原理。此后，在土的基本性质和动力特性、固结理论和强度理论的研究，流变理论的应用，土体稳定性分析方法以及试验技术和设备等方面都有很大的发展，使土力学得到进一步的完善和提高。

土力学的发展离不开相关理论、试验和计算机。由于土的性质极其复杂，土力学理论的发展十分艰难。关于土的理论，经过许多学者的艰辛研究和探讨，已取得丰硕成果，但进一步的发展还远没有结束。作为当今科技的驱动器，计算机是不可或缺的，发展数值分析是土力学的一个研究方向。数学是一切自然学科的基石，数学的发展必将促进土力学的发展，作为一个工程师，具有扎实的数学功底是其巨大的优势。天然土是复杂的，不可能按某种配方将其制作出来，因此数值模拟和理论分析不能解决所有问题，试验对土力学的发展是必不可少的，是相当重要的，经不起试验检验的理论，即使再完美也是没有任何实际工程意义的。只有合理利用理论、试验、计算机，土力学才能得到更好的发展。

随着高大建筑物、城市地下工程、垃圾填埋场、核电站以及近海石油探采平台等在世界范围大量兴建，不断对土力学提出更高的要求。诸如裂隙对土体力学性能的控制性、非线性应力-应变的本构关系以及新的测试技术和设备等方面的研究将会取得新的进展。

## ⊙ 地基土工程事故实例

加拿大特朗斯康谷仓破坏是由于土体强度不够导致地基整体剪切破坏、建筑物丧失稳定的典型工程案例，如图1所示。

该谷仓建于1913年，谷仓的平面为矩形，长59.44m，宽23.47m，高度为31m，由65个圆柱形筒仓组成，采用钢筋混凝土筏形基础，厚2m，谷仓自重20万kN。设计时仅根据对临近建筑物地基的调查确定了地基承载力。谷仓建成后于当年9月开始均匀地向仓内装载谷物，至10月发现谷仓产生大量快速沉降，1小时内的垂直沉降量竟达到30.5cm，在其后的24小时内谷仓倾倒，倾倒后谷仓的西侧下沉达7.32m，东侧则抬高了1.53m，整体倾斜度近27°。因谷仓采用的是钢筋混凝土筒体结构，整体性很强，筒仓本身完好无损。事后进行勘察分析，发现基底之下为厚十余米的淤泥质软黏土层，地基的极限承载力为251kPa，而谷仓的基底压力已超过300kPa，从而造成地基的整体滑动破坏。基础底面以下一部分土体滑动，向侧面挤出，使东端地面隆起。为了处理这一事故，在地基中做了70多个支承于深16m基岩上的

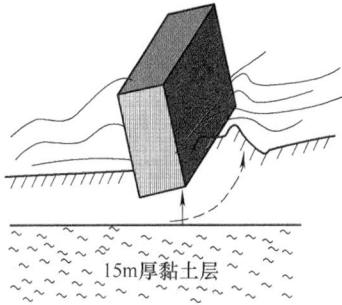

图 1　加拿大特朗斯康谷仓地基破坏事故示意图

混凝土墩，使用了 88 个 50kN 的千斤顶和支承系统，才把仓体逐渐纠正过来，但谷仓位置比原来降低了 4m。

　　举世闻名的意大利比萨斜塔是由于地基不均匀沉降而导致建筑物倾斜的一个典型实例，如图 2 所示。该塔于 1173 年动工，1370 年竣工，塔身高约 55m，建成后因地基压缩层产生不均匀沉降，使塔的北侧下沉近 1m，南侧下沉近 3m，塔身倾斜约 5.5°，塔顶离开铅垂线的距离达到 5.27m。幸亏该塔使用的大理石材质优良，在塔身严重倾斜的情况下未出现裂缝。比萨斜塔建成后曾经数次加固，但效果甚微，每年仍下沉约 1mm，已成为一座名副其实的危塔。

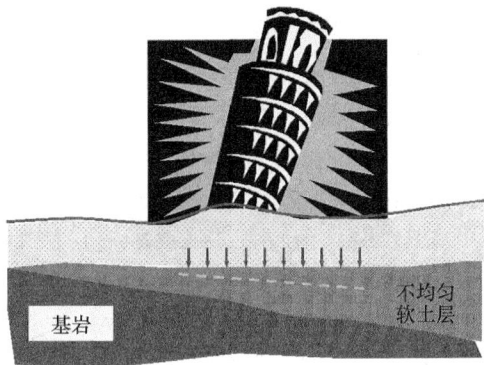

图 2　比萨斜塔倾斜事故示意图

无独有偶，我国苏州名胜虎丘塔，也发生了类似比萨斜塔的倾斜，如图3所示。该塔始建于公元959～961年期间，为7级8角形砖塔，塔底直径为13.66m，高为47.5m，全为砖砌，在建筑艺术风格上有独特的创意，被国务院公布为全国重点文物保护单位。塔顶1957年位移达到1.7m，1978年位移达到2.3m，重心偏离基础轴线0.924m。目前该塔倾斜严重，重心偏离基础轴线2.31m。经勘察发现，该塔位于倾斜基岩上，覆盖层一边深3.8m，另一边为5.8m。由于在一千余年前建造该塔时，没有采用扩大基础，直接将塔身置于地基上，造成了不均匀沉降，引起塔身倾斜，危及了塔的安全。

图3 虎丘塔倾斜照片

近些年国内的"楼脆脆"和"楼歪歪"等事件层出不穷，更加说明了土力学理论在工程建设中的重要作用。2009年6月27日6时左右，上海市闵行区莲花南路罗阳路口一幢13层在建商品楼发生倒塌事故，楼房从底部整体折断，部分基础连根拔出（见图4），损失惨重。

楼房倒塌主要原因是受力不均，两侧压力差导致过大的水平力，超过了桩基的抗倾覆能力。楼房北侧在短期内堆土高达10m，产生了3000kN左右的侧向力，南侧正在开挖4.6m深的地下车库基坑出现临空面，导致楼房产生10cm左右的位移，对PHC桩（预应力高强混凝土）产生很大的偏心弯矩，最终破坏桩基，引起楼房整体倾覆。

国内外类似的工程事例很多，这说明对土力学理论缺乏系统研究，对相关的土力学问题分析处理不当，就会造成巨大的、

图4　13层在建商品楼倒塌事故

不可挽回的损失，必须引起工程建设的高度警惕。因此，为了确保建筑物的安全和正常使用，就必须认真学习土力学相关知识，并学会用理论联系实际解决实际工程问题，指导土木工程的设计和施工，真正发挥土力学在工程建设中的巨大作用。

## 土力学和其他学科的关系

土力学涉及的自然科学范围很广，它是力学的一个分支。土力学是一门技术基础课，也是一门理论性和实践性都很强的课程。学习土力学之前应具备物理学、理论力学、材料力学、弹性力学、流体力学、结构力学、工程地质学等方面的知识。

土力学是土木工程专业的必修课，属于专业基础课，是"基础工程""地基处理""岩土工程""地下工程"等后续课程学习所必备的基础。

## 土力学的学习方法

土力学与其他力学分支相比还很不成熟，没有形成完备的理论和学科体系，因此各部分内容相对独立，相互联系不紧密。学习土力学的开始阶段就会出现许多关于土的性质的新名词和术语，初学者会感到头绪繁多，抓不住中心，难以消化理解等。要

如何学好土力学？

1. 掌握好基本概念、基本定律和基础理论，这是学好土力学的基础。例如：什么是含水量？可能有的同学说，不就是土中水的质量和土总质量之比吗？错！含水量是土中水的质量和干土质量之比，然后再乘以100%。另外还有什么是孔隙比、饱和度、有效重度、有效应力原理、单向固结理论等，这些都必须十分清晰，理解的很透彻才行。

2. 适量做题，做题太少达不到熟练掌握的效果。

3. 要重视试验，土力学离不开试验（主要是室内土工试验和部分原位测试），必须掌握土的各种指标的测试方法、原理及特点。必须熟悉试验过程，了解哪儿容易出问题，对试验结果有何影响等等。

4. 注重和老师、同学及时交流探讨疑难问题。

学好土力学这门课程，必须紧紧抓住"变形、强度、渗流及稳定"这样一条主线，利用有效应力原理，将土的应力、变形、强度、渗流关系贯穿起来，重视室内土工试验，要理论联系实际地学习，在课堂、试验、课程设计、综合训练、毕业论文等各学习环节中自觉运用土力学课程所学到的知识和掌握的技能，提高综合分析问题和创新性思维能力。

# 第1章　土的物理性质和工程分类

本章介绍土的形成和主要特征，引入土力学中描述土的物理性质的基本术语和概念，是建筑地基土工程特性最基本的内容，包括土的三相组成、密度、含水量、液限、塑限、塑性指数、液性指数等。这些术语中，含水量、孔隙比、液限和塑性指数非常重要，直接影响地基土中的应力；工程中频繁地应用孔隙比来估算由于上部荷载引起的地基沉降；液限和塑性指数是细粒土分类系统的主要组成部分。

## 1.1　土的形成与特征

### 1.1.1　土的概念

土（soil）一般指覆盖在地表上的碎散矿物集合体，是原岩经物理和化学风化作用形成的堆积物。岩石（rock）是构成地壳的基本物质，是一种或多种矿物的聚合体。工程上遇到的土大多数是在第四纪地质年代形成的，又称为第四纪沉积物。土和岩石均为大自然的产物，在一定条件下可以相互转化，如图 1-1 所示。

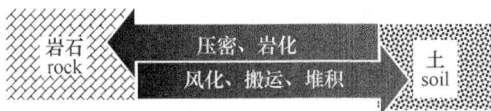

图 1-1　岩石和土的相互转化

### 1.1.2　土的搬运和沉积

土的形成，要经历风化、剥蚀、搬运、沉积等作用和过程，可分为残积土和运积土两大类。

1. 残积土（residual soil）

残积土是母岩层经风化作用破碎成为岩屑或细小颗粒后，残留在原地的堆积物，其特征是颗粒表面粗糙、多棱角、粗细不均、无层理。

土林（soil forest）

林立的土质峰丘，由土状堆积物塑造的、成群的柱状地形，因远望如林而得名。土林是特殊的岩性组合、构造运动、风雨动力和生态环境等条件综合作用的结果，是在干热气候和地面相对抬升的环境下，暴雨径流强烈侵蚀、切割地表深厚的松散碎屑沉积物所形成的分割破碎的地形。又因沉积物顶部有铁质风化壳，或夹铁质、钙质胶结砂砾层，对下部土层起保护伞作用，加上沉积物垂直节理发育，使凸起的残留体侧坡保持陡直。一般高20m

左右以至达40m。各柱体常持高度齐一的顶部，是原始沉积面。土林一般出现在盆地或谷地内。主要分布于不同时代的高阶地上，系多期形成，反映了古地理变迁和地貌发育过程。

2. 运积土（traveled soil or transported soil）

运积土是风化所形成的土颗粒，受自然力的作用，搬运到远近不同的地点所沉积的堆积物，其特点是颗粒比较圆滑。根据搬运的动力，可以将运积土分为7类，见表1-1。

**表1-1　运积土分类**（根据土的搬运动力）

| 运积土名称 | 形成（搬运动力） | 性质特点 |
| --- | --- | --- |
| 坡积土<br>（colluvial soil） | 残积土在雨季水流和重力的作用下，被带到山坡坡脚处聚积起来的堆积物 | 坡积土的物质成分与下卧基岩没有直接关系，且容易沿下卧基岩面滑动 |
| 洪积土<br>（diluvial soil） | 残积土和坡积土受洪水冲刷，带到山麓处沉积的堆积物 | 搬运距离近的，颗粒粗，力学性能好，搬运距离远的颗粒细，力学性质差 |
| 冲积土<br>（alluvial soil） | 由江、河水流搬运所形成的沉积物 | 经过较长距离的搬运，浑圆度和分选性都很好，常常是砂土层和黏土层相互交迭 |
| 湖泊沼泽沉积土<br>（lacustrine soil） | 在极为缓慢的水流或静水条件下沉积形成的堆积物 | 也就是通常所说的淤泥或淤泥质土，工程性质差 |
| 海相沉积土<br>（marine soil） | 由水流挟带到大海沉积起来的堆积物 | 其颗粒细，土质松软，工程性质差 |
| 冰积土<br>（glacial soil） | 由冰川或冰水挟带搬运所形成的沉积物 | 颗粒粗细变化大，土质不均匀 |
| 风积土<br>（Aeolian soil） | 由风力搬运所形成的沉积物 | 颗粒均匀，往往堆积层厚并且没有层理，我国西北的黄土就是典型的风积土 |

## 1.1.3　土的主要物理特征

1. 碎散性（fragmentary）

岩石经受风、霜、雨、雪的侵蚀，温度、湿度的变化，导致不均匀的膨胀与收缩，产生破裂，崩解为不同粒径的碎块，碎块（颗粒）之间存在大量的孔隙，可以透水和透气，这就是土的第一个主要特征——碎散性，主要是岩石的物理风化所致。

2. 三相体系（three-phase composition）

碎散的土粒在化学和生物风化的作用下，可以形成十分细微的土颗粒（最主要的是粒径小于0.005mm的黏土颗粒）。细微颗粒的表面积很大，具有吸附水分子的能力。含水之外的孔隙必然会充满气体。因此，自然界的土一般都是由固体颗粒、水和气体三种成分构成的。这就是土的第二个主要特征——三相体系。

3. 自然变异性（natural variability）

由于形成过程的自然条件不同，自然界的土也就多种多样。同一场地，不同深度处的土的性质也不一样。甚至同一位置的土，其性质还往往随方向而异。这就是土的第三个主要特征——自然变异性。因此，土是自然界漫长的地质年代内所形成的性质复杂、不均匀、各向异性且随时间变化而不断变化的物质。

### ● 1.1.4　土的工程特性

土作为建筑材料与其他建筑材料相比，具有压缩性高、强度低、透水性大三个显著的工程特征：

1. 压缩性高（high compressibility）

弹性模量 $E$（对于土应当称为变形模量）可以反映材料的压缩性高低，$E$ 越大，压缩性越低，反之，$E$ 越小，压缩性越高。

表 1-2 列出了几种工程材料的弹性模量值。

表 1-2　几种工程材料的弹性模量

| 材料名称 | 钢筋（$E_1$） | C20 混凝土（$E_2$） | 卵石（$E_3$） | 饱和细砂（$E_4$） |
|---|---|---|---|---|
| 弹性模量/MPa | $2.1 \times 10^5$ | $2.6 \times 10^4$ | （40~50） | （8~16） |

经过比较可以看出，$E_1 \geq 4200E_3$（$13125E_4$），$E_2 \geq 520E_3$（$1625E_4$）。可见，卵石的压缩性为钢筋的 4200 倍，C20 混凝土的 520 倍；饱和细砂的压缩性比钢筋高 13000 倍，比 C20 混凝土高 1600 倍以上。显然，土的压缩性极高，黏土的压缩性通常比细砂还高得多。

2. 强度低（low strength）

土的强度特指抗剪强度，而非抗压强度或抗拉强度。土的抗剪强度将在第 5 章详细介绍，其大小往往比其他建筑材料低得多。

3. 透水性大（high permeability）

由于土颗粒之间存在无数孔隙，这些孔隙大多是透水的。所以，土的透水性比木材、混凝土和钢材都大得多。

土的三个主要物理特征和三个工程特性与地基基础设计与施工密切相关。

## 1.2　土的三相组成

土的基本部分是由固体矿物构成的骨架，骨架之间充满孔隙。当土中的孔隙完全被水充满时，称为饱和土（saturated soil）；孔隙部分被水占据，另一部分被气体占据时，称为非饱和土

岩石的风化

岩石的风化是指岩石在自然界各种因素和外力的作用下产生破碎与分解，导致颗粒变小、化学成分改变等。岩石风化后产生的物质及其性质和原生岩石有很大的区别。通常把风化作用分为物理风化、化学风化和生物风化 3 类。这 3 类风化经常是同时进行并且互相作用而发展的过程。

1. 物理风化是岩石在各种物理作用力的影响下从大的岩块分裂为小的石块或土粒的过程。风化后的产物仅仅是由大变小，其矿物的化学成分不变。产生物理风化的主要原因有地质构造力、温差、冰撞等。

2. 化学风化是指母岩表面和碎散的颗粒受环境因素的作用而改变其矿物的化学成分，形成新的矿物，也称次生矿物。化学风化常见原因有水解、水化、氧化、溶解作用。

3. 生物风化是指各种动植物和人类活动对岩石的破坏作用，可分为生物的物理风化和生物的化学风化。

（unsaturated soil）；孔隙全部充满气体时，称为干土（dry soil）。土一般情况下是由固态的土颗粒、孔隙中的液体和气体三相物质组成。

## 1.2.1　土的固体颗粒

土中的固体颗粒构成土骨架，它对土的物理、力学性质起决定性作用。研究固体颗粒必须研究它的粒径级配及其矿物成分。

1. 土的颗粒级配（soil particle gradation）

随着颗粒大小（粒径）的不同，土具有不同的物理力学性质。因此，人们常常按照粒径的范围，将土粒分为若干粒组，粒组之间的分界尺寸称为界限粒径。表1-3是国内常用的一种土粒粒组划分。

**表1-3　土粒粒组的划分**

| 粒组统称 | 粒组名称 | | 粒径范围 $d$ /mm | 一般特征 |
|---|---|---|---|---|
| 巨粒 | 漂石或块石颗粒 卵石或碎石颗粒 | | $d>200$ $200 \geq d>60$ | 透水性很大，无黏性，无毛细水 |
| 粗粒 | 圆砾或 角砾颗粒 | 粗 中 细 | $60 \geq d>20$ $20 \geq d>5$ $5 \geq d>2$ | 透水性大，无黏性，毛细水上升高度不超过粒径大小 |
| | 砂粒 | 粗 中 细 极细 | $2 \geq d>0.5$ $0.5 \geq d>0.25$ $0.25 \geq d>0.1$ $0.1 \geq d>0.075$ | 易透水，当混入云母等杂质时透水性减小，而压缩性增强；无黏性，遇水不膨胀，干燥时松散；毛细水上升高度不大，但随粒径变小而增大 |
| 细粒 | 粉粒 | 粗 细 | $0.075 \geq d>0.01$ $0.01 \geq d>0.005$ | 透水性小；湿时稍有黏性，遇水膨胀小，干时稍有收缩；毛细水上升高度较大较快，极易出现冻胀现象 |
| | 黏粒 | | $d \leq 0.005$ | 透水性很小；湿时有黏性、可塑性，遇水膨胀大，干时收缩显著；毛细水上升高度大，但速度较慢 |

实际上，土常是各种大小不同颗粒的混合物，比较笼统地讲，以砾石和砂粒为主要成分的土称为粗粒土（coarse-grained soil），也称为无黏性土。以粉粒和黏粒为主的土称为细粒土（fine-grained soil），也称为黏性土。土中各粒组的相对含量（各粒组占土粒总量的百分数）称为土的颗粒级配。通常混合土的性质主要取决于其颗粒级配。土的颗粒级配必须通过颗粒大小的分

土的筛分试验装置

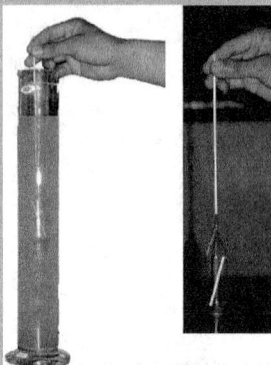
比重计法测定土粒径

激光粒度分析仪

析试验来测定。

（1）颗粒级配分析方法　颗粒级配分析方法有筛分法、水分法以及激光粒度分析法等。

筛分法（sieve analysis）适用于颗粒粒径大于 0.075mm 的土。它是利用一套孔径大小不同的筛子，将事先称过的烘干土样过筛，称出留在各个筛子上的土的质量，即可求得各个粒组的相对含量。

水分法（hydrometer test）也称为沉降分析法（sedimentation test），用于分析颗粒粒径小于 0.075mm 的土，根据粗颗粒下沉速度快、细颗粒下沉速度慢的原理，可以把颗粒按下沉速度进行粗细分组。水分法又可分为比重计法（密度计法）及移液管法等。实验室常用比重计来进行细粒土的粒径分析，称为比重计法。

筛分法和水分法的试验原理和方法可以参阅有关土工试验指导书或土工试验规程。

激光粒度分析法（laser particle size analysis）用于分析颗粒粒径小于 0.075mm 的土，根据光的散射原理测量颗粒大小，该方法具有测量动态范围大、测量速度快、操作方便等优点，是一种适用范围较广的粒度分析方法。

（2）土的颗粒级配曲线（particle size distribution curve）　根据颗粒的分析试验成果，可以绘制图 1-2 所示的土的颗粒级配累积曲线，其横坐标表示土颗粒直径。由于实际土中的土粒粒径往往相差几千、几万倍，甚至更大，必须比较详细地表示，因此，横坐标常取为粒径的对数坐标，纵坐标表示小于或大于某粒径土的累计百分含量。

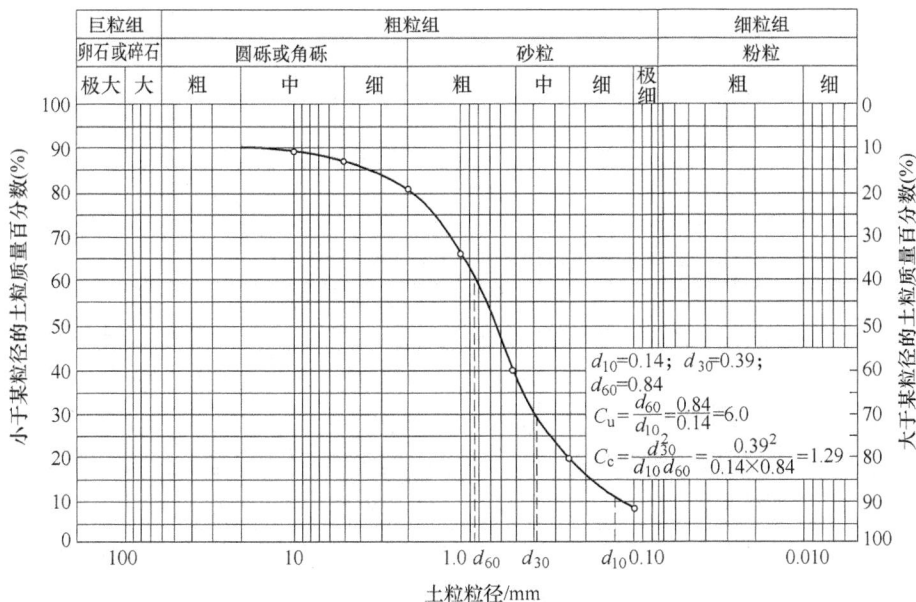

图中数据：

$$d_{10}=0.14; \quad d_{30}=0.39; \quad d_{60}=0.84$$

$$C_u = \frac{d_{60}}{d_{10}} = \frac{0.84}{0.14} = 6.0$$

$$C_c = \frac{d_{30}^2}{d_{10}d_{60}} = \frac{0.39^2}{0.14 \times 0.84} = 1.29$$

图 1-2　颗粒级配累积曲线

（3）颗粒级配曲线的分析与应用　从土的颗粒级配曲线可以直接了解土的粗细、颗粒分布的均匀程度和级配的优劣。土的粗细常用平均粒径 $d_{50}$ 表示，它指土中大于此粒径和小于粒径的土的含量均占 50%。土的均匀程度和级配的优劣常用与土的三个特征粒径相关的不均匀系数 $C_u$（uniformity coefficient）和曲率系数 $C_c$（coefficient of gradation）表示，它们的定义分别是：

不均匀系数
$$C_u = \frac{d_{60}}{d_{10}} \tag{1-1}$$

曲率系数
$$C_c = \frac{d_{30}^2}{d_{60}d_{10}} \tag{1-2}$$

其中　$d_{10}$——小于某粒径的土的质量占土样品总质量的 10% 时的粒径，称为有效粒径；

$d_{30}$——小于此粒径的土粒质量的累积百分含量为 30%；

$d_{60}$——小于此粒径的土粒质量累积百分含量为 60%，称为限定粒径，也称为控制粒径。

不均匀系数 $C_u$ 反映不同粒组的分布情况。通常 $C_u$ 越大说明土粒大小的分布范围越大，土越不均匀，也就是其级配良好。但是，如果颗粒级配曲线不光滑，某一位置出现了水平段，说明这种土缺少该水平段所包含的粒组。如果水平段的范围较大，这种土的组成特征就是颗粒粗的较粗，细的较细。在相同的压密条件下，这种土得到的密度不如级配连续，曲线光滑的土高，其工程性质也会稍差。曲率系数 $C_c$ 就是用以反映土的颗粒级配曲线是否光滑的一个物理量。

国际上常把 $C_u < 6$ 的土称为均匀土（uniform graded soil）（级配不良），反之称为不均匀土（级配良好）。我国常把 $C_u < 5$ 的土看做级配不良的土，而把 $C_u > 10$ 看做级配良好的土。

实际上级配的好坏与曲率系数也是密切相关的。对粗粒土来讲，通常将同时满足 $C_u \geqslant 5$，$C_c = 1 \sim 3$ 的土称为级配良好的土。

2. 土粒矿物成分（mineral components of soild）

土中固体部分的成分绝大部分是矿物质，有时或多或少有一些有机物。土粒的矿物成分有两大类：一类是原生矿物，如石英、长石、云母等，粗粒土的土粒往往都是原生矿物；另一类是次生矿物，它是由原生矿物经过化学风化后所形成的新矿物，其成分与母岩完全不同，土中的次生矿物主要是黏土矿物。黏土矿物是细粒土土粒的主要矿物成分，基本上是硅氧晶片和铝氢氧晶片（见图 1-3）组叠形成的，黏土矿物结构单元如图 1-4 所示。由于两种晶片的不同组合，形成了三类不同性质的黏土矿物，见表 1-4。

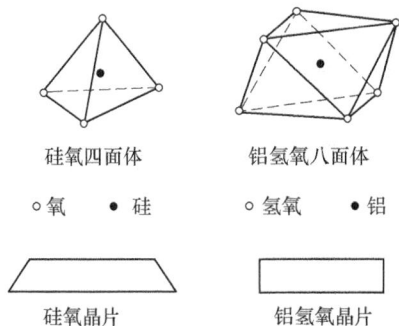

硅氧四面体　　　　铝氢氧八面体

○氧　●硅　　　　○氢氧　●铝

硅氧晶片　　　　　铝氢氧晶片

图1-3　黏土矿物晶片示意图

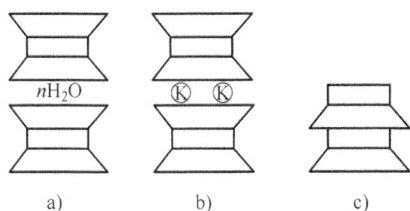

$n\mathrm{H_2O}$　　　Ⓚ Ⓚ

a)　　　　　b)　　　　　c)

图1-4　黏土矿物结构单元示意图

a) 蒙脱石　b) 伊利石　c) 高岭石

三种黏土矿物的微观结构 **SEM** 图片

a) 蒙脱石

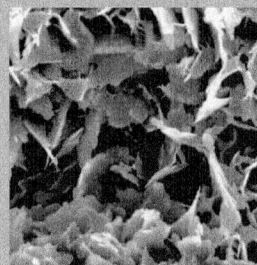

b) 伊利石

c) 高岭石

**表1-4　三种黏土矿物主要特征**

| 黏土矿物 | 蒙脱石（montmorillonite） | 伊利石（illite） | 高岭石（kaolinite） |
|---|---|---|---|
| 结构单元（晶胞） | 两个硅氧晶片之间夹一个铝氢氧晶片 | 两个硅氧晶片夹一个铝氢氧晶片所形成的三层结构，晶胞之间有钾离子联结 | 由一个硅氧晶片和一个铝氢氧晶片组叠而成 |
| 结晶构造特征 | 晶胞的两个面都是氧原子，其间没有氢键，联结很弱，水分子很容易进入晶胞之间，改变晶胞的距离，甚至可以完全将整个矿物分散为单个晶胞 | 联结能力不像蒙脱石那样弱 | 晶胞之间是通过 $O^{2-}$ 与 $OH^-$ 之间的氢键相联结的，其联结能力较强，晶格不能自由活动，水难以进入，是一种遇水比较稳定的矿物 |
| 亲水能力 | 颗粒细微，具有显著的吸水膨胀、失水收缩的特性，亲水能力极强 | 亲水性不如蒙脱石，但比高岭石强 | 由于氢键的作用，一般能有很多个（多达上百个）晶胞组叠成一个颗粒。颗粒较粗，亲水能力差，在三类黏土矿物中最小 |

3. 土的颗粒形状和比表面积（particle shape and specific surface）

原生矿物一般颗粒粗，呈粒状，三个方向的尺度基本上是在同一个数量级（相差不到10倍）。次生矿物颗粒细微，多呈片状或针状。土的颗粒越细，形状越扁平，单位质量（体积）的颗粒所拥有的表面积（称为比表面积）就越大，通常高岭土的比表面积为 $10 \sim 20 m^2/g$，伊利石的比表面积为 $80 \sim 100 m^2/g$，蒙脱石的比表面积高达 $800 m^2/g$，而直径为 $0.1 mm$ 的圆球的比表面积约为 $0.03 m^2/g$。

比表面积是代表黏性土特征的一个重要的指标，其大小直接反映土颗粒与周围介质，特别是水相互作用的程度。对于粗粒土比表面积没有很大意义，研究粗粒土的颗粒形状应着重于研究颗粒的磨圆度及粗糙度，因为它能够影响土的抗剪强度。

**土的矿物成分与粒组的关系**

随着岩石风化的不断加深及风化产物搬运距离的增大，土颗粒逐渐变小变细，矿物成分也会随之改变。土的矿物成分与颗粒的大小之间存在明显的关系。较粗大的颗粒都由原生矿物构成，而细小的颗粒绝大多数为次生矿物。

## 1.2.2 土中的液体

土中的液体主要指土中的水，其类型和含量对土的状态和性质具有重大影响。土中的水除了一部分以结晶水的形式存在于土粒晶体格架内部外，还可以分成结合水和自由水两大类型。工程上对土中水的分类见表 1-5。

表 1-5 土中水的分类

| 水 的 类 型 | | 主要作用力 | 一 般 特 征 |
|---|---|---|---|
| 土粒表面结合水 | 强结合水 | 物理化学力 | 紧靠土粒表面的固定层，接近固体，具有蠕变性 |
| | 弱结合水 | 物理化学力 | 扩散层中的水，可以变形，但不流动 |
| 自由水 | 毛细水 | 表面张力及重力 | 地下水位以上的土层中的自由水 |
| | 重力水 | 重力 | 地下水位以下的透水土层中的地下水，可以自由流动 |

（1）结合水（absorbed water） 黏性土颗粒的表面一般带有负电荷，在其周围形成电场，在土粒电场范围内，水中的阳离子（如 $Na^+$，$Ca^{2+}$，$Al^{3+}$ 等）和极性水分子都会被吸附在土粒四周，且能定向排列，如图 1-5 所示。最靠近土粒表面的水分子和阳离子所受的作用很大，被牢固地吸附在颗粒表面形成固定层，固定层之外，电场作用会变小，水中的阳离子和极性水分子的活动性将有适当的增大，形成扩散层。固定层和扩散层中的阳离子和定向排列的极性水分子与土粒表面的负离子能够一起构成双电层，颗粒表面的负离子是内电层，阳离子和极性水分子是外电层。

以上分析表明，结合水分子由于离土颗粒表面的远近不同，排列紧密度和活动性并不相同，因此，结合水还可以分为强结合水和弱结合水两种。

1）强结合水（strongly absorbed water）。紧靠土粒表面的固定层中的水就是强结合水。它实际已经丧失了液体的特性而接近

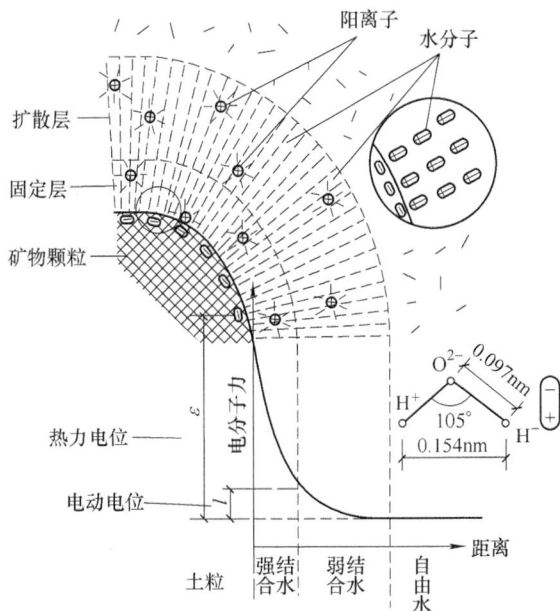

图 1-5　结合水分子定向排列及所受电分子力变化

于固体，密度为 $1.2 \sim 2.4 \mathrm{g/cm^3}$，冰点为 $-78\,℃$，不能流动，但具有蠕变性。

2）弱结合水（weakly absorbed water）。弱结合水指强结合水以外，土粒电场作用范围以内扩散层中的水。这层水不是接近于固态，而是一种黏滞水膜，受力时能自水膜较厚处缓慢转移到水膜较薄处，也可以因电场引力的作用从某一土粒的周围转移到另一土粒的周围。就是说弱结合水能发生变形，但不会因重力作用而流动。弱结合水的存在是黏性土在某一含水量范围内表现出可塑性的原因。

（2）自由水（free water）　自由水是土粒电场作用范围以外的水，也就是弱结合水以外的水，它的性质与普通水一样。自由水按其移动时所受作用力的不同，可以分为重力水和毛细水。

1）重力水（gravitational water）。重力水是存在于地下水位以下的透水土层中的地下水，它是在重力或压力差作用下运动的自由水，对土粒有浮力作用。重力水对土中的应力状态和基坑开挖的降、排水等有重要影响。

2）毛细水（capillary water）。土体孔隙中的水在水与空气分界面上的表面张力（毛细）作用下，上升于地下水位以上的土层中的自由水称为毛细水。不同类型的土，毛细水能上升的高度很不相同。

## ● 1.2.3　土中的气体

非饱和土中的气体存在于孔隙中未被水占据的部位。土中气体主要是空气，有时也可能存在 $CO_2$、沼气及硫化氢等。在粗粒土中的空气，由于与大气连通，对土的性质没有多大影响；在细粒土中的气体，由于常常处于封闭状态，不但可以增加土体的弹塑性变形，同时还能够阻塞渗流，减小土的透水性；淤泥和泥炭等有机质土中的甲烷和硫化氢等可燃气体，使得土体在自重作用下长期得不到压密，使土层具有很高的压缩性。

# 1.3　土的结构与土体构造

## ● 1.3.1　土的结构

土粒或土粒集合体在空间的排列和互相联结形式称为土的结构，可分为 3 种基本类型。

（1）单粒状结构（single-grained structure）　如图 1-6a 所示，单粒结构是由颗粒大的土粒在水或空气中下沉堆积而成。粗粒土都具有单粒状结构。单粒状结构可以分为疏松的和紧密的。疏松单粒结构的土孔隙大，骨架不稳定，在外载作用下容易发生错位，产生很大的变形或沉降，因此，这种土未经处理一般不宜作为建筑物的地基。疏松情况下的砂土，特别是饱和的粉细砂，当受到地震等动力荷载作用时，极易产生液化而丧失其承载能力；紧密单粒状结构的土，由于颗粒排列紧密，强度高，压缩性小，在动、静载作用下都不会发生较大的沉降，是良好的天然地基。

（2）蜂窝状结构（honeycombed structure）　如图 1-6b 所示，粒径在 0.02 ~ 0.002mm 范围内的粉土或黏土颗粒，在水中单个下沉时，途中碰到已沉积的土粒时，由于土粒之间的分子引力大于土粒自重，使得土粒只能停留在最初的接触位置不能继续下沉，这样，一粒一粒相互吸引，最终形成具有很大孔隙的蜂窝状结构。蜂窝状结构的土较不稳定，在外力作用下会产生较大变形。

（3）絮状结构（flocculent structure）　如图 1-6c 所示，直径小于 0.002mm 的极细黏粒，在水中能够长期悬浮而不下沉，如果水中掺有某些电解质，颗粒间的排斥力能被动削弱，运动着的土粒能够相互碰撞凝聚成絮状的小集粒而下沉，并相继与已沉积的絮状集粒接触，形成类似蜂窝而孔隙很大的絮状结构（又称为二级蜂窝结构）。

以上三种结构中，密实的单粒状结构工程性质最好；蜂窝状结构和絮状结构如果受到扰动，强度就会降低，压缩性变高，不

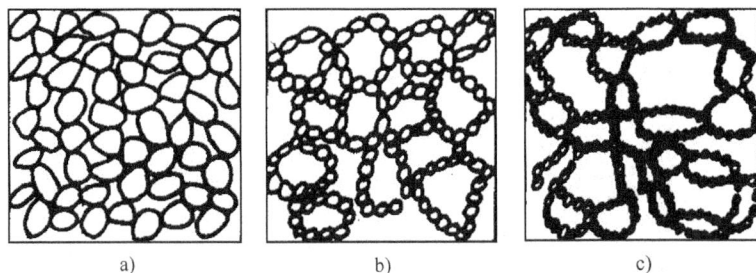

图1-6　土粒结构的基本类型
a）单粒状结构　b）蜂窝状结构　c）絮状结构

可作为天然地基。

## 1.3.2　土体构造

　　同一土层中颗粒或颗粒结合体相互间的位置与充填空间情况称为土体构造。这一定义与大多书本一样仍然比较模糊，未交代结构与构造的关系，其实，土的结构着重于细微观，而构造是在宏观上对土体的考察，土体的构造一般可以分为4类，见表1-6。

表1-6　土体构造分类

| 土 体 构 造 | 主 要 特 征 | 典 型 土 类 |
|---|---|---|
| 层状构造 | 由不同颜色或粒径的土粒构成的一层一层的结构状态 | 大部分细粒土的土层 |
| 分散构造 | 土层中的土粒分布均匀，性质相近 | 粗粒土大都是分散构造 |
| 裂隙状构造 | 土体被许多不连续的小裂隙所分割，破坏了原状土的整体性，使其工程性质变差 | 一些坚硬和硬塑状态的黏土 |
| 结核状构造 | 细粒土中明显掺有粗颗粒或各种结核，该类土的性质主要取决于细粒土部分 | 含砾石的冰碛黏土，含结核的黄土等 |

# 1.4　土的三相比例指标

　　土的物理力学性质不仅取决于它的三相组成和它的结构，而且还与三相之间量的比例关系密切相关。

## 1.4.1　土的三相图

　　为了使问题形象化，也为了阐述和标记的方便，在土力学中通常用三相图来表示土的三相组成，如图1-7b所示。在三相图的左侧表示三相组成的体积，在三相图的右侧则表示三相的质量。

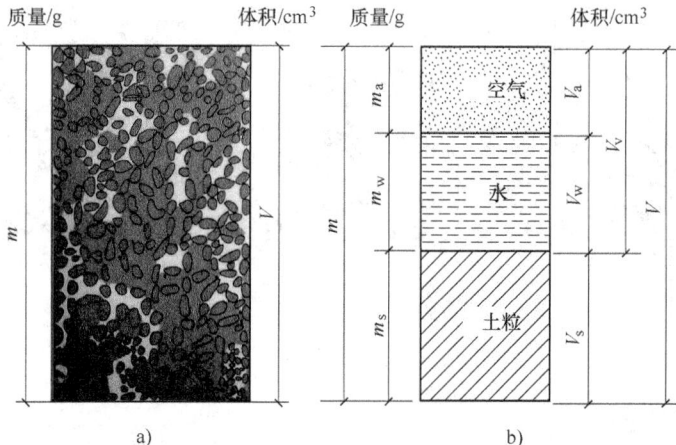

图 1-7 土的三相组成

a）土的自然状态 b）土的三相图

图 1-7 中符号的意义如下：

$V$——土的总体积，$V = V_s + V_v = V_s + V_w + V_a$；

$V_s$——土粒体积；

$V_w$——土中水的体积；

$V_a$——土中气体的体积；

$V_v$——土中孔隙体积，$V_v = V_w + V_a$；

$m$——土的总质量，$m = m_s + m_w$；

$m_s$——土中固体颗粒的质量；

$m_a$——土中气体的质量，相对较小，可以忽略，即 $m_a = 0$。

$m_w$——土中水的质量。

在以上这些物理量中，独立的只有 $V_s$、$V_w$、$V_a$、$m_w$、$m_s$ 五个量。因为 $1\text{cm}^3$ 水的质量等于 $1\text{g}$，所以 $V_w = m_w$。另外，在研究这些量的相对比例关系时，总是取某一定数量的土体来分析，如取 $V = 1\text{cm}^3$，或 $m = 1\text{g}$ 等，因此又可以消去一个未知量，这样，对于一定量的土体，只要知道其中三个独立的量，其他参量就可以由图 1-7 中直接算出。

## 1.4.2 土的三相物理指标

土的物理性质指标可分为两类：一类是必须通过试验测定的，称为直接指标；另一类是根据直接指标换算的，称为间接指标。

1. 三个基本指标（直接指标）

（1）土粒比重（specific gravity of soilds）$G_s$（或 $d_s$）（又称比密度或土粒相对密度）土粒在 $105 \sim 110\text{℃}$ 温度下烘至恒量时的质量与 $4\text{℃}$ 时的同体积纯水的质量之比称为土粒比重，其表达式为

比重瓶

不锈钢环刀

土样铝盒

$$G_s = \left(\frac{m_s}{V_s}\right) / \rho_w^{4℃} = \rho_s / \rho_w^{4℃} \qquad (1\text{-}3)$$

式中　$\rho_s$——土粒密度（$g/cm^3$）；

　　$\rho_w^{4℃}$——4℃时纯水的密度，等于 $1g/cm^3$。

实际上，土粒比重在数值上等于土粒密度，但量纲为1。

土粒比重常用比重瓶法测定，土粒比重大小取决于土粒矿物成分。由于土粒比重的变化幅度不大，一般可按经验数值选用（见表1-7）。

比重瓶法
（动画）

表1-7　土粒比重经验值

| 土粒类别 | 泥　炭 | 有机质土 | 砂　粒 | 粉　粒 | 黏　粒 |
|---|---|---|---|---|---|
| 土粒比重经验值 | 1.5～1.8 | 2.4～2.5 | 2.65～2.69 | 2.70～2.71 | 2.72～2.76 |

（2）土的含水量（water content）$w$　定义为土中水的质量与土粒质量之比，以百分数表示，即

$$w = \frac{m_w}{m_s} \times 100\% \qquad (1\text{-}4)$$

含水量是土的湿度的一个重要物理指标，天然土层的含水量变化范围很大，它与土的种类、埋藏条件等有关，一般干的粗砂土，其值接近于零，而饱和砂土可达40%；坚硬黏土的含水量一般小于30%，而饱和软黏土的含水量可达60%以上。一般来讲，同一类土，含水量越大强度就越低。

土的含水量一般用烘干法测定。先称小块原状土的质量，然后置于烘箱内，维持105～110℃的温度烘至恒重，再称干土的质量，湿、干土质量之差与干土质量之比就是土的含水量。

（3）土的密度（wet density）$\rho$（又称天然密度或湿密度）　单位体积的土所具有的质量称为土的密度（$g/cm^3$）

$$\rho = \frac{m}{V} = \frac{m_s + m_w}{V_s + V_w + V_a} \qquad (1\text{-}5)$$

工程上还常用重度 $\gamma$ 来表示类似的概念，即单位体积土的重量，单位为 $kN/m^3$，它与密度的关系为

$$\gamma = \rho g \qquad (1\text{-}6)$$

式中　$g$——重力加速度。

一般黏性土的密度 $\rho = 1.8～2.0g/cm^3$；砂土的密度 $\rho = 1.6～2.0g/cm^3$。

土的密度一般用"环刀法"测定，用一个圆环刀（刀刃向下）放在削平的原状土样面上，徐徐削去环刀外围的土，边削边压，使保持天然状态的土样压满环刀内，称得环刀内土样的质量，求得它与环刀容积的比值，即为其密度。

2. 其他六个常用指标

（1）特定条件下的密度和重度

1）干密度（dry density）$\rho_d$ 和干重度（dry unit weight）$\gamma_d$，分别指单位体积的土中固体颗粒的质量和重量。

$$\rho_d = m_s / V \tag{1-7}$$

$$\gamma_d = \rho_d g = 9.8\rho_d \approx 10\rho_d$$

土的干密度或干重度取决于粒度分布，常被用作填方工程中土的压实质量控制标准。

2）饱和密度（saturated density）$\rho_{sat}$ 和饱和重度（saturated unit weight）$\gamma_{sat}$，分别指土中孔隙完全被水充满时，单位体积的质量或重量。

$$\rho_{sat} = \frac{m_s + V_v\rho_w}{V} = \frac{m_s + m_w + V_a\rho_w}{V} \tag{1-8}$$

$$\gamma_{sat} = \rho_{sat}g \approx 10\rho_d \tag{1-9}$$

3）有效密度（baoyant density）（又称浮密度）$\rho'$ 和有效重度（baoyant unit weight）（又称浮重度）$\gamma'$，分别指地下水位以下的土体在受到浮力作用时的单位体积的质量和重量。

$$\rho' = \rho_{sat} - \rho_w = (m_s - V_s\rho_w)/V \tag{1-10}$$

$$\gamma' = \gamma_{sat} - \gamma_w = \rho'g \approx 10\rho' \tag{1-11}$$

几种密度或重度在数值上有如下关系 $\rho_{sat} \geqslant \rho \geqslant \rho_d \geqslant \rho'$ 或 $\gamma_{sat} \geqslant \gamma \geqslant \gamma_d \geqslant \gamma'$。

（2）表示土中孔隙含量的指标

1）孔隙比（void ratio）$e$，是指土中孔隙体积与土粒体积之比

$$e = V_v / V_s \tag{1-12}$$

2）孔隙率（porosity）$n$，是指土中孔隙占总体积的百分数

$$n = (V_v / V) \times 100\% \tag{1-13}$$

孔隙比和孔隙率都可用来表示土的松密程度，一般粗粒土的孔隙比（率）小，细粒土的孔隙比（率）大。例如，密实的砂类土一般 $e < 0.6$；松软的黏性土孔隙比可高达 $1.0 \sim 1.2$，也就是软黏土中孔隙的体积可以比土粒体积大。

（3）反映土中含水程度的指标

含水量 $w$ 是表示土中含水程度的一个重要指标。此外，工程上往往还需要知道孔隙被水充满的程度，也就是土的饱和度（degree of saturation）$S_r$，常以百分数表示

$$S_r = (V_w / V_v) \times 100\% \tag{1-14}$$

显然，干土的饱和度 $S_r = 0$，完全饱和土的饱和度 $S_r = 1 = 100\%$。

3. 指标间的换算

上述 9 个土的三相比例指标中，只有 3 个是相互独立的，其余 6 个可以通过土的三相图换算得到。通常 3 个独立的指标就用 3 个基本指标 $\rho$、$G_s$、$w$，它们要由试验确定。

　　三相图计算三相指标的方法是：首先必须绘制三相图，然后，根据3个已知指标数值和各物理指标的定义进行计算。由于完全干燥土和完全饱和土是两相体，只要知道其中两个独立指标，就可以计算出其他各相指标了。

　　常见土的三相比例指标换算公式列于表1-8。需要强调的是：虽然表1-8列出了三相比例换算公式，但三相计算仍然必须熟练掌握，这是土木工程师的一个基本功。

表 1-8　土的三相比例换算公式

| 指　标 | 符号 | 表 达 式 | 常用换算公式 | 常用单位 |
|---|---|---|---|---|
| 土粒比重 | $G_s$ | $G_s = \dfrac{m_s}{V_s \rho_{w1}}$ | $G_s = \dfrac{S_r e}{w}$ | — |
| 密度 | $\rho$ | $\rho = m/V$ | — | g/cm$^3$ |
| 重度 | $\gamma$ | $\gamma = \rho g$ | $\gamma = \gamma_d\ (1 + w)$ <br> $\gamma = \dfrac{\gamma_w\ (G_s + S_r e)}{1 + e}$ | kN/m$^3$ |
| 含水量 | $w$ | $w = \dfrac{m_w}{m_s} \times 100\%$ | $w = \left(\dfrac{S_r e}{G_s}\right) \times 100\%$ <br> $w = \left(\dfrac{\gamma}{\gamma_d} - 1\right) \times 100\%$ | % |
| 干重度 | $\gamma_d$ | $\gamma_d = \rho_d g$ | $\gamma_d = \dfrac{\gamma}{1 + w}$ <br> $\gamma_d = \dfrac{\gamma_w G_s}{1 + e}$ | kN/m$^3$ |
| 饱和重度 | $\gamma_{sat}$ | $\gamma_{sat} = \dfrac{m_s g + V_v \gamma_w}{V}$ | $\gamma_{sat} = \dfrac{\gamma_w\ (G_s + e)}{1 + e}$ | kN/m$^3$ |
| 有效重度 | $\gamma'$ | $\gamma' = \dfrac{m_s g - V_s \gamma_w}{V}$ | $\gamma' = \dfrac{\gamma_w (G_s - 1)}{1 + e}$ <br> $\gamma' = \gamma_{sat} - \gamma_w$ | kN/m$^3$ |
| 孔隙比 | $e$ | $e = \dfrac{V_v}{V_s}$ | $e = \dfrac{\gamma_w G_s\ (1 + w)}{\gamma} - 1$ <br> $e = \dfrac{\gamma_w G_s}{\gamma_d} - 1$ | — |
| 孔隙率 | $n$ | $n = \dfrac{V_v}{V} \times 100\%$ | $n = \dfrac{e}{1 + e} \times 100\%$ <br> $n = \left(1 - \dfrac{\gamma_d}{\gamma_w G_s}\right) \times 100\%$ | % |
| 饱和度 | $S_r$ | $S_r = \dfrac{V_w}{V_v} \times 100\%$ | $S_r = \dfrac{w G_s}{e} \times 100\%$ <br> $S_r = \dfrac{w \gamma_d}{n \gamma_w} \times 100\%$ | % |

　　注：1. 在各换算公式中，含水量 $w$ 可用小数代入计算。

　　　　2. $\gamma_w$ 可取 10kN/m$^3$。

　　　　3. 重力加速度 $g = 9.80665 \text{m/s}^2 \approx 10 \text{m/s}^2$。

　　　　4. 土的干密度 $\rho_d = \dfrac{\rho}{1 + w} = \dfrac{\gamma_d}{g} \approx 0.1 \gamma_d$ （g/cm$^3$）。

在三相图的计算中，为了简化计算，常令某个指标为1，可以是 $V_s = 1$，也可以是 $V = 1$。下面一例的两种解法可以说明三相指标的换算规律与技巧。

**【例1-1】** 某一原状土样，经试验测得的基本指标如下：密度 $\rho = 1.67 \text{g/cm}^3$，含水量 $w = 12.9\%$，土粒比重 $G_s = 2.67$。试求孔隙比 $e$、孔隙率 $n$，饱和度 $S_r$、干密度 $\rho_d$、饱和密度 $\rho_{sat}$ 以及有效密度 $\rho'$。

**解法1：**

（1）绘制并完成三相计算图（见图1-8）

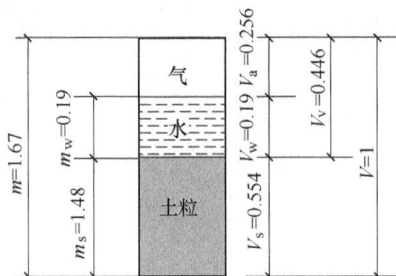

图1-8  例1-1的三相计算图（1）

设 $V = 1 \text{cm}^3$，由 $\rho = m/V$ 得

$$m = \rho V = 1.67 \text{g}$$

由 $w = m_w/m_s = 12.9\%$，且 $m_w + m_s = m = 1.67 \text{g}$，则

$$0.129 m_s + m_s = 1.67 \text{g}$$

$$m_s = 1.67 \text{g} \div 1.129 = 1.48 \text{g}$$

$$m_w = m - m_s = (1.67 - 1.48) \text{g} = 0.19 \text{g}$$

因为 $\rho_w^{4℃} = \rho_w = 1 \text{g/cm}^3$，则

$$V_w = m_w/\rho_w = 0.19 \text{cm}^3$$

由 $G_s = \left( \dfrac{m_s}{V_s} \right) / \rho_w^{4℃}$，有

$$V_s = m_s/\rho_w^{4℃} G_s = 1.48/(1 \times 2.67) \text{cm}^3 = 0.554 \text{cm}^3$$

$$V_a = V - V_s - V_w = (1 - 0.554 - 0.19) \text{cm}^3 = 0.256 \text{cm}^3$$

$$V_v = V_a + V_w = (0.256 + 0.19) \text{cm}^3 = 0.446 \text{cm}^3$$

（2）计算所求物理量

$$e = V_v/V_s = 0.446/0.554 = 0.805$$

$$n = V_v/V = (0.446/1) \times 100\% = 44.6\%$$

$$S_r = V_w/V_v = 0.19/0.446 = 0.426 = 42.6\%$$

$$\rho_d = m_s/V = 1.48/1 \text{g/cm}^3 = 1.48 \text{g/cm}^3$$

$$\rho_{sat} = (m_s + V_v \rho_w)/V = [(1.48 + 0.446 \times 1)/1] \text{g/cm}^3 = 1.926 \text{g/cm}^3$$

$$\rho' = \rho_{sat} - \rho_w = (1.926 - 1) \text{g/cm}^3 = 0.926 \text{g/cm}^3$$

**解法2**：

（1）绘制并完成三相计算图（见图1-9）

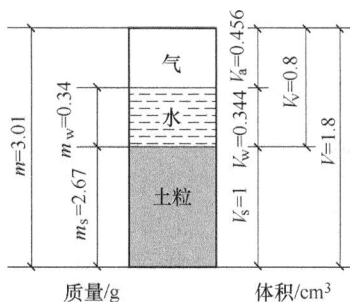

图1-9　例1-1的三相计算图（2）

设 $V_s = 1\text{cm}^3$

由 $\rho_w^{4℃} = 1\text{g/cm}^3$

$\left(\dfrac{m_s}{V_s}\right)\Big/\rho_w^{4℃} = G_s = 2.67$ 得

$$m_s = 2.67\text{g}$$

因为 $w = (m_w/m_s) \times 100\% = 12.9\%$，则

$$m_w = 12.9 \times m_s/100 = 0.344\text{g}$$

$$m = m_s + m_w = 3.014\text{g}$$

由 $\rho = m/V$ 得

$$V = m/\rho = (3.014/1.67)\text{cm}^3 = 1.8\text{cm}^3$$

$$V_w = m_w/\rho_w = (0.344/1)\text{cm}^3 = 0.344\text{cm}^3$$

$$V_a = V - V_s - V_w = (1.8 - 1 - 0.344)\ \text{cm}^3 = 0.456\text{cm}^3$$

（2）计算所求物理量

$$V_v = V_a + V_w = (0.456 + 0.344)\text{cm}^3 = 0.8\text{cm}^3$$

$$e = V_v/V_s = 0.8/1 = 0.8$$

$$n = V_v/V = (0.8/1.8) \times 100\% = 44.4\%$$

$$S_r = V_w/V_v = (0.344/0.8) \times 100\% = 43\%$$

$$\rho_d = m_s/V = (2.67/1.8)\text{g/cm}^3 = 1.483\text{g/cm}^3$$

$$\rho_{sat} = (m_s + V_v\rho_w)/V = \left[(2.67 + 0.8 \times 1)/1.8\right]\text{g/cm}^3 = 1.928\text{g/cm}^3$$

$$\rho' = \rho_{sat} - \rho_w = (1.928 - 1)\text{g/cm}^3 = 0.928\text{g/cm}^3$$

# 1.5　土的物理状态指标

上一节讲的土的三相指标主要是反映土的物理性质，不能直接表现土的物理状态，本节讲述反映土的物理状态的有关指标。

所谓土的物理状态，对于无黏性土（粗粒土），就是指它的密实程度；对于黏性土（细粒土），则是指它的软硬程度。

## ● 1.5.1 无黏性土的密实度

土的密实度（degree of compaction）通常指单位体积的土体中固体颗粒的含量。土颗粒含量越多，土就越密实，土颗粒含量越少，土就越疏松。从这个意义上讲，在上一节的三相比例指标中，干密度 $\rho_d$ 和孔隙比 $e$（或孔隙率 $n$）都是表示土的密实度的指标。但这种直接用土粒的含量或孔隙含量表示密实度的方法具有明显的缺点，最主要的就是它们没有考虑到颗粒级配这一重要因素的影响，不同级配的砂土，即使孔隙比相同，所处的松密状态并不会相同。

为了更好地表明粗颗粒土的密实状态，可以将天然孔隙比 $e$ 与同一种土的最密实状态的孔隙比 $e_{\min}$ 和最松散状态孔隙比 $e_{\max}$ 进行对比，看天然的 $e$ 是靠近 $e_{\min}$ 还是靠近 $e_{\max}$，以此来判别它的密实度。这种度量密实度的指标称为相对密实度（relative density）$D_r$，即

$$D_r = \frac{e_{\max} - e}{e_{\max} - e_{\min}} \qquad (1\text{-}15)$$

显然，当 $e$ 接近于 $e_{\min}$ 时，$D_r$ 接近于 1，土呈密实状态，当 $e$ 接近于 $e_{\max}$ 时，$D_r$ 接近于 0，土呈松散状态。通常根据 $D_r$ 可以把粗粒土的松密状态划分为表1-9所示三种。

表1-9　粗粒土的松密状态划分

| $D_r$ | $0 < D_r \leq 1/3$ | $1/3 < D_r \leq 2/3$ | $2/3 < D_r \leq 1$ |
|---|---|---|---|
| 粗粒土的松密状态 | 松散 | 中密 | 密实 |

虽然相对密实度 $D_r$ 在理论上是比较完善的，并已有一套测定 $e_{\max}$ 和 $e_{\min}$ 的试验方法，但由于土形成过程的复杂性，在试验室条件下难以准确地测得真实的 $e_{\max}$ 和 $e_{\min}$。因此，相对密实度 $D_r$ 通常用于填方土的质量控制，对于天然土尚难以应用。天然砂土的密实度只能在现场利用标准贯入试验、静力触探试验等原位测试方法来获得。所谓标准贯入击数就是用 63.5kg 的锤，从 76cm 的高度自由落下，将贯入器击入土中30cm所需的锤击次数 $N$。通常根据标准贯入击数 $N$，将天然砂土分为表1-10中的四种密实度。

表1-10　天然砂土的密实度划分

| 标准贯入击数 $N$ | $N \leq 10$ | $10 < N \leq 15$ | $15 < N \leq 30$ | $N > 30$ |
|---|---|---|---|---|
| 砂土密实度 | 松散 | 稍密 | 中密 | 密实 |

注：当用静力触探探头阻力判定砂土的密实度时，可根据当地经验确定。

碎石土可以根据野外鉴别方法划分为密实、中密和稍密三种

密实度状态，见表1-11。

**表1-11　碎石类土密实度野外鉴别方法**

| 密实度 | 骨架颗粒含量和排列 | 可 挖 性 | 可 钻 性 |
|---|---|---|---|
| 密实 | 骨架颗粒含量大于总质量的70%，呈交错排列，连续接触 | 锹、镐挖掘困难，用撬棍方能松动；孔壁一般较稳定 | 钻进极困难；冲击钻探时钻杆、吊锤跳动剧烈；孔壁较稳定 |
| 中密 | 骨架颗粒含量等于总质量的60%～70%，呈交错排列，大部分接触 | 锹、镐可挖掘；孔壁有掉块现象，从孔壁取出大颗粒处，能保持凹面形状 | 钻进较困难；冲击钻探时，钻杆、吊锤跳动不剧烈；孔壁有坍塌现象 |
| 稍密 | 骨架颗粒含量小于总质量的60%，排列混乱，大部分不接触 | 锹可以挖掘；井壁易坍塌；从孔壁取出大颗粒后，填充物砂土立即坍塌 | 钻进较容易；冲击钻探时，钻杆稍有跳动；孔壁易坍塌 |

注：1. 骨架颗粒是指与表1-13碎石土分类名称相对应粒径的颗粒。

2. 碎石土密实度的划分，应按表中所列各项要求综合确定。

黏性土（细粒土）无法通过试验测定最大和最小孔隙比，实际上也不存在 $e_{max}$ 和 $e_{min}$，因此只能根据孔隙比 $e$ 或干密度 $\rho_d$ 来判断其密实度。

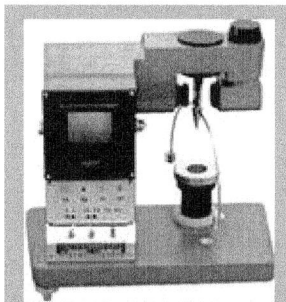

光电液塑限联合测定仪

碟式液限测定仪

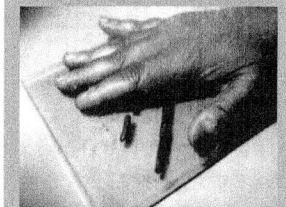

搓条法测定土的塑限

## 1.5.2　黏性土的物理特征

1. 黏性土的稠度状态

黏性土最主要的物理特征是它的稠度，稠度（degree of consistency）是指土的软硬程度或土在某一含水量下抵抗外力引起变形或破坏的能力。

土中含水量很低时，水都被颗粒表面的电荷紧紧吸着于颗粒表面，成为强结合水。强结合水的性质接近于固体。因此，当土粒之间只有强结合水时，按水膜厚度不同，土表现为固态或半固态。

当土中含水量增加，被吸附在颗粒周围的水膜加厚，土粒周围除强结合水外还有弱结合水，弱结合水呈黏滞状态，不能传递静水压力，不能自由流动，但受力时可以变形，能从水膜较厚处向邻近较薄处移动。在这种弱结合水作用下，土体受外力作用可以被捏成任意形状而不破裂，外力取消后仍然保持改变后的形状，这种状态称为塑性状态。弱结合水的存在是土具有可塑性的原因。土处在可塑状态的含水量变化范围大体上相当于土粒所能吸附的弱结合水含水量，这一量的大小主要取决于土的比表面积和矿物成分。黏性大的土必定是比表面积大，矿物的亲水能力强的土，自然也就能够吸附较多的结合水，所以它的塑性状态含水量的变化范围也必定大。

当含水量继续增加，土中除结合水外，还有相当数量的水处于电场引力范围之外，成为自由水，这时土粒之间被自由水隔开，土体不能承受任何剪应力，而成流动状态。可见，黏性土的稠度反映了土粒之间的联结强度随含水量变化而变化的情况。黏性土的含水量及物理状态之间的关系如图 1-10 所示。

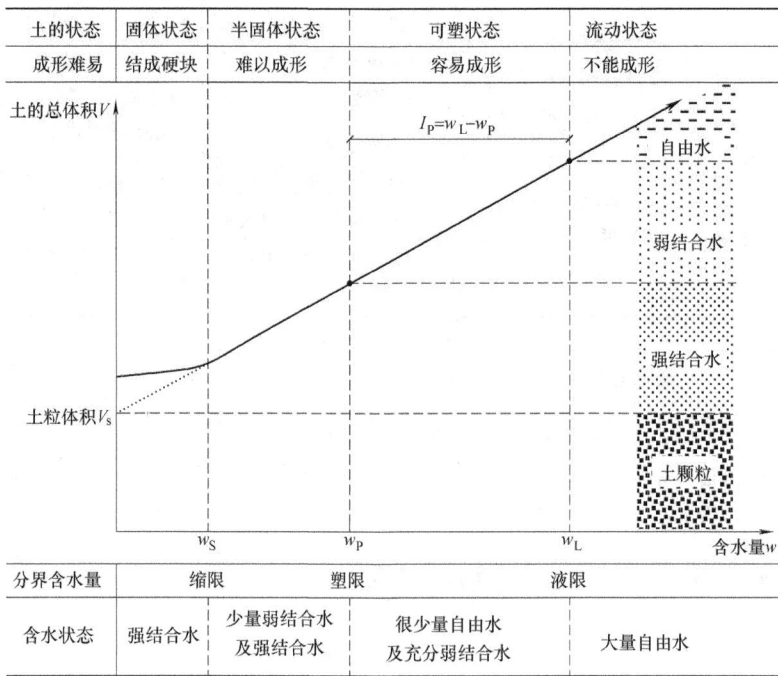

图 1-10　黏性土的含水量与其物理状态的关系

### 2. 分界含水量

黏性土从某种（稠度）状态进入另一种（稠度）状态的分界含水量对黏性土的工程分类和工程性质评价具有重要意义。

工程上常用的分界含水量有液限 $w_L$ 和塑限 $w_P$。

液限（liquid limit）$w_L$：土由塑性状态转变为液性状态（流动状态）时的含水量。此时，土中除结合水外，并开始含有自由水了。

塑限（plastic limit）$w_P$：土从半固态进入塑性状态时的含水量，此时，土中强结合水含量已达最大，并开始含有弱结合水。

目前，液限 $w_L$ 的测定常用液限仪，塑限的测定常用搓条法，也有用联合测定仪一起测定液限和塑限的。但这些测试方法只能近似给出分界含水量，并且存在理论上的不足。

除了液限、塑限外，还有缩限（shrinkage limit）$w_S$，它是指

液塑限联合测定法
（动画）

黏性土呈现为半固态与固态之间的分界含水量。

### 3. 液性指数和塑性指数

为了表明黏性土的稠度，人们常将土的天然含水量 $w$ 与液限和塑限进行比较，并引入了液性指数 $I_L$（liquidity index）

$$I_L = \frac{w - w_P}{w_L - w_P} \qquad (1-16)$$

显然，当 $w$ 接近于 $w_P$ 时，$I_L$ 接近于零，土呈坚硬状态；而当 $w$ 接近于 $w_L$ 时，$I_L$ 接近于 1，土呈液性状态。也就是 $I_L$ 越小，土质越硬；$I_L$ 越大，土质越软。

我国现行《建筑地基基础设计规范》根据 $I_L$ 将黏性土划分成了表 1-12 中的五种状态。

表 1-12　黏性土状态的划分

| 液性指数 $I_L$ | $I_L \leq 0$ | $0 < I_L \leq 0.25$ | $0.25 < I_L \leq 0.75$ | $0.75 < I_L \leq 1.0$ | $I_L > 1.0$ |
|---|---|---|---|---|---|
| 状态 | 坚硬 | 硬塑 | 可塑 | 软塑 | 流塑 |

液性指数 $I_L$ 的分母 $w_L - w_P$ 常以指标 $I_P$ 代替，即

$$I_P = w_L - w_P \qquad (1-17)$$

$I_P$ 称为塑性指数（plasticity index），习惯上要去掉百分号，即式（1-17）中还需乘以 100。就物理概念而言，$I_P$ 大体上表示土所能吸附的弱结合水的质量与土粒质量之比，如前所述，吸附弱结合水的能力是土的黏性大小的标志；同时，弱结合水是土具有可塑性的原因。黏性和可塑性都是细粒土的重要属性，因此，工程上常用塑性指数 $I_P$ 作为黏土分类的依据。

### 4. 灵敏度与触变性

土的结构形成后就获得了一定的强度，并且这种强度会随时间而增长，在含水率不变的情况下，将原状土捏碎，重新制备成重塑土样，由于原状结构遭到了彻底破坏，重塑土样的强度会比原状土样有明显的降低。原状土样的单轴抗压强度与重塑土样的单轴抗压强度之比称为土的灵敏度（sensitivity）$S_t$，即

$$S_t = \frac{q_u}{q_u'} \qquad (1-18)$$

式中　$q_u$——原状土的单轴抗压强度；

　　　$q_u'$——重塑土的单轴抗压强度。

根据灵敏度的大小可以将黏性土分为三类：低灵敏土（$1 < S_t \leq 2$）；中灵敏土（$2 < S_t \leq 4$）和高灵敏土（$S_t > 4$）。土的灵敏度越高，其结构性越强，受扰动后土的强度降低就越多。所以，在基础施工中应注意保护基槽，尽量减少对土结构的扰动。

与灵敏度密切相关的另一特性是触变性。结构受破坏，强度降低以后的土，若静置不动，则土颗粒与水分子和离子会重新组

**GB 50007—2011《建筑地基基础设计规范》**

规范根据住房和城乡建设部《关于印发＜2008年工程建设标准制订、修订计划（第一批）＞的通知》（建标〔2008〕102号）的要求，由中国建筑科学研究院会同有关单位在原 GB 50007—2002《建筑地基基础设计规范》的基础上修订完成。

编制组在规范的编制过程中，经广泛调查研究，认真总结实践经验，参考国外先进标准，与国内相关标准协调，并在广泛征求意见的基础上，最后经审查定稿。

规范共分 10 章和 22 个附录，主要技术内容包括：总则、术语和符号、基本规定、地基岩土的分类及工程特性指标、地基计算、山区地基、软弱地基、基础、基坑工程、检验与监测。

合排列，形成新的结构，强度将得到一定程度的恢复。这种在含水量和密度不变的条件下，土因重塑而软化，又因静置而逐渐硬化的性质称为土的触变性（thixotropy），这是由于土粒、离子和水分子体系逐渐趋于新的平衡状态所致。在黏性土中打桩时，桩侧土体结构受到扰动，强度降低，打桩停止后土的强度会部分恢复，所以打桩最好"一气呵成"，才能进展顺利、提高工效。

# 1.6 地基土的工程分类

自然界中土的种类很多，工程性质各异。为便于研究，需要按其主要特征进行分类。当前，国内使用的土名和土的分类法并不统一。各个部门，使用各自制定的规范，各个规范中所作的规定也不完全一样。国际上的情况同样如此，各个国家有自己一套或几套规定。存在这种情况有主观和客观的原因。一方面各种土的性质复杂多变，差别很大，但这些差别又都是渐变的，采用什么简单的特征指标进行区分，分界值应该定在何处等问题，很难有绝对的答案。此外，有些部门侧重于利用土作为建筑物地基；有些部门侧重于利用土作为修筑土工建筑物的材料；另一些部门又侧重于利用土作为周围介质在土中修建地下构筑物。由于各自的要求不完全相同，制定分类标准的着眼点也就不同，加上长期的经验和习惯，很难使大家取得一致的看法和主张。

在目前还没有统一土的名称和土的分类方法的情况下，作为一门课程，主要讲述土的工程分类的基本原则，同时考虑到知识的实用性，还将介绍我国目前建筑地基土的工程分类。

## 1.6.1 土的工程分类依据

自然界中的各种土，从直观上可以分成前面讲述的粗粒土和细粒土两大类，但是在实际工程应用中，仅有这种感性的粗糙分类是很不够的，还必须进一步用某种最能反映土的工程特性的指标来进行系统的分类。按前面的分析，影响土的工程性质的三个主要因素是土的三相组成、土的物理状态和土的结构。在这三者中，起主要作用的无疑是三相组成。在三相组成中，关键又是土的固体颗粒。首先就是颗粒的粗细。按实践经验，工程上以土中颗粒直径大于 0.075mm 的质量占全部土粒质量的 50% 作为第一个分类界限。大于 50% 的称为粗粒土，小于 50% 的称为细粒土。

粗粒土的工程性质，如透水性、压缩性和强度等，很大程度上取决于土的颗粒级配。因此，粗粒土应按其颗粒级配累积曲线再分成细类。

细粒土的工程性质就不仅决定于颗粒级配，而与土粒的

静力触探试验是以静压力将圆锥形探头按一定速率匀速压入土中。由于地层中各种土的软硬不同，探头所受的阻力自然也不一样。量测其贯入阻力（包括锥头阻力和侧壁摩阻力）或摩阻比，并按其所受阻力的大小划分土层，确定土的工程性质。静力触探试验能确定各类土体的空间分布及其工程特性，野外现场作业简单、方便、测试时间短。

静力触探适用于地面以下 50m 内的各种土层，主要适用于黏性土、粉性土、砂性土，特别是对于地层情况变化较大的复杂场地及不易取得原状土的饱和砂土和高灵敏度的软黏土地层的勘察，更适合采用静力触探进行。与室内土工试验相比，静力触探试验克服了特殊地层或薄层地层取原状试样的困难，并且试验范围较大，各类土体均能保持原状样，比较客观地测试土层的工程特性。

矿物成分和形状均有密切关系。可以认为，比表面积和矿物成分在很大程度上决定了这类土的性质。直接量测和鉴定土的比表面积与矿物成分均较困难，但是它们往往综合表现为土体吸附结合水的能力。因此，目前国内外各种规范中多用吸附结合水的能力作为细粒土的分类标准。

如前所述，反映土吸附结合水能力的特性指标有液限 $w_L$，塑限 $w_P$ 或塑性指数 $I_P$。经过长期以来很多试验结果的统计分析所得的结论，在这三个指标中，液限 $w_L$ 和塑性指数 $I_P$ 与土的工程性质的关系更密切、规律性更强，因此国内外对细粒土，多用塑性指数或者液限加塑性指数作为分类指标。

以下介绍我国 GB 50007—2011《建筑地基基础设计规范》的分类法。

## ● 1.6.2 建筑地基基础设计规范分类法

这种分类法的体系比较接近于前苏联地基规范的分类法，但有许多我国的特点。按这种分类法，作为建筑地基的土（包括岩石）分成六大类，即岩石、碎石土、砂土、粉土、黏性土和人工填土。从土力学的学科意义而言，整体岩石不属于土。人工填土也有别于天然土。因此，天然土实际上被分成了碎石土、砂土、粉土和黏性土四大类。碎石土和砂土属于粗粒土，粉土和黏性土属于细粒土。粗粒土按粒径级配分类，细粒土则按塑性指数 $I_P$ 分类。具体标准如下。

1. 碎石土（gravel）

碎石土指粒径大于 2mm 的颗粒质量超过总质量 50% 的土。根据粒组含量及颗粒形状，可按表 1-13 细分为漂石、块石、卵石、碎石、圆砾和角砾六类。

表 1-13　碎石土的分类

| 土 的 名 称 | 颗 粒 形 状 | 粒 组 含 量 |
|---|---|---|
| 漂石 | 圆形及亚圆形为主 | 粒径大于 200mm 的颗粒质量超过总质量 50% |
| 块石 | 棱角形为主 | |
| 卵石 | 圆形及亚圆形为主 | 粒径大于 20mm 的颗粒质量超过总质量 50% |
| 碎石 | 棱角形为主 | |
| 圆砾 | 圆形及亚圆形为主 | 粒径大于 2mm 的颗粒质量超过总质量 50% |
| 角砾 | 棱角形为主 | |

注：分类时应根据粒组含量栏从上到下以最先符合者确定。

2. 砂土（sandy soil）

砂土指粒径大于 2mm 的颗粒质量不超过总质量的 50%，而粒径大于 0.075mm 的颗粒质量超过全重的 50% 的土。砂土根据颗粒级配不同又被细分为砾砂、粗砂、中砂、细砂和粉砂五类，见表 1-14。

表 1-14　砂土的分类

| 土 的 名 称 | 粒 组 含 量 |
| --- | --- |
| 砾砂 | 粒径大于 2mm 的颗粒质量占总质量 25% ~ 50% |
| 粗砂 | 粒径大于 0.5mm 的颗粒质量超过总质量 50% |
| 中砂 | 粒径大于 0.25mm 的颗粒质量超过总质量 50% |
| 细砂 | 粒径大于 0.075mm 的颗粒质量超过总质量 85% |
| 粉砂 | 粒径大于 0.075mm 的颗粒质量超过总质量 50% |

注：分类时应根据粒组含量栏从上到下以最先符合者确定。

3. 粉土（silt）

粉土为介于砂土与黏性土之间，塑性指数 $I_P \leqslant 10$ 且粒径大于 0.075mm 的颗粒质量不超过总质量 50% 的土。这类土既不具有砂土透水性大、容易排水固结、抗剪强度较高的优点，又不具有黏性土防水性能好、不易被水冲蚀流失、具有较大粘聚力的优点。在许多工程问题上，表现出较差的性质，如受振动容易液化、冻胀性大等。在若干省市的规范上，还将粉土细分为砂质和黏质粉土两类，但标准并不同。

4. 黏性土（clay）

黏性土指塑性指数 $I_P > 10$ 的细粒土（平均粒径 < 0.075mm）。其中 $10 < I_P \leqslant 17$ 的土称为粉质黏土；$I_P > 17$ 的土称为黏土。

此外自然界中还分布有许多具有一般土所没有的特殊性质的土，如黄土、软土、红黏土、冻土、膨胀性土等。它们的分类都各有自己相应的规范。实际工作中碰到具体的工程问题时，可查找相应的规范。

【本章小结】　土的物理性质及土的工程分类是研究土基本性质的基础，由于大部分是叙述性的内容，常常被初学者所忽视；但这些内容都是涉及土性质的基本概念，要求必须熟练掌握。本章共分六节，主要内容可以归纳成五部分：土的生成和结构，主要叙述从岩石到土的变化过程与土颗粒间的连接特点；土的组成、各组成部分的比例指标及计算；无黏性土与黏性土的区别及其特征；土的工程分类。

## 复习思考题

1. 土由哪几部分组成？土中水分为哪几类？各有什么特征？对土的工程性质有何影响？

2. 什么叫做颗粒级配曲线，曲线上如果有水平段，代表什么意义？

3. 什么叫做液限？什么叫做塑限？如何测定？

4. 塑性指数的定义和物理意义是什么？

5. 什么叫做液性指数？如何应用液性指数 $I_L$ 评价土的工程性质？

6. 按照 GB 50007—2011《建筑地基基础设计规范》地基土分哪几类？各类土的划分依据是什么？

7. 某土体，测定的天然密度为 $\rho = 1.85\text{g/cm}^3$，含水量为 $w = 14\%$，土颗粒的比重为 $G_s = 2.67$，计算其孔隙比 $e$。 (0.64)

8. 从 A，B 两地土层中取黏性土进行试验，二者液、塑限相同，液限 $w_L = 45\%$，塑限 $w_P = 30\%$，但 A 地的天然含水量为 45%，而 B 地的天然含水量为 25%。试求 A，B 两地的地基土的液性指数，并通过判断土的状态，确定哪个地基土比较好。 (1，-0.33，B)

9. 表 1-15 列出了 A、B 两种土的试验结果，试给出与下列各项相适应的试样的名称（A 或 B）。 (A，B，B，A)

1）黏土成分较多的。

2）密度较大的。

3）干密度较大的。

4）孔隙比较大的。

表 1-15

| 指标 土样 | 塑性指数 $I_P$ | 含水量 $w$（%） | 土粒比重 $G_s$ | 饱和度 $S_r$（%） |
|---|---|---|---|---|
| A | 25 | 53 | 2.76 | 100 |
| B | 11 | 26 | 2.72 | 100 |

# 第2章

土的渗透性和渗流

土是具有连续孔隙的介质，由于内部孔隙的贯通，土具有渗透性，土的渗透性依赖于其颗粒成分，粗粒土渗透性强，细粒土渗透性差。当饱和土中两点存在能量差，也就是存在水位差时，水就在土的孔隙中从能量高的点（水位高的点）向能量低的点流动，形成渗流，产生渗透力。渗透力较大时会引起土颗粒或土体的移动，从而造成土工建筑物或地基的渗透变形。土力学主要研究渗透量和渗透变形的问题，基坑开挖支护中因渗透变形而造成事故的例子早已屡见不鲜，应给以足够重视。

## 2.1 土的渗透性和渗透定律

土具有被水等液体透过的性质称为渗透性（permeability）。在水位差的作用下，水在土体孔隙中流动的现象就称为渗流（seepage）。

### ● 2.1.1 各种水头的概念及水力坡降

水头是指单位质量水体所具有的能量。

图 2-1 表示了渗流在土中流经 $A$、$B$ 两点时，各种水头的关系。

**Henri-Philibert-Gaspard Darcy（1803～1858）**

法国工程师，水文地质学的奠基人之一，他的试验成果开创了一门研究地下水流在多孔介质中运动的科学——地下水动力学。

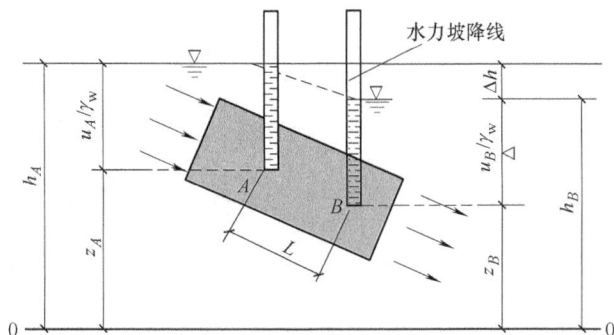

图 2-1 渗流中各种水头概念示意图

对于图中 $A$ 点有 $\quad h_A = z_A + \dfrac{u_A}{\gamma_w} + \dfrac{v_A^2}{2g}$

对于图中 $B$ 点有 $\quad h_B = z_B + \dfrac{u_B}{\gamma_w} + \dfrac{v_B^2}{2g}$

用伯努利方程（Bernoulli's equation）可表示为 $\quad h_A = h_B + \Delta h$

式中 $\quad z_A$、$z_B$——$A$ 点和 $B$ 点相对于任意选定的基准面 0-0 的高度，代表单位重量液体所具有的位能，故称为位置水头；

$u_A$、$u_B$——$A$ 点、$B$ 点的水压力，称为孔隙水压力（pore water pressure），代表单位重量液体所具有的压力势能，将它们除以水的重度 $\gamma_w$ 后，$u_A/\gamma_w$、$u_B/\gamma_w$ 就分别代表了 $A$、$B$ 两点孔隙水压力的水柱高度，故称 $u/\gamma_w$ 为压力水头；

$v_A$、$v_B$——$A$ 点和 $B$ 点的渗流速度，$v^2/2g$ 代表单位重量液体所具有的动能，称为流速水头；

$h_A$、$h_B$——$A$、$B$ 两点单位重量液体所具有的总机械能，称为总水头；

$\Delta h$——$A$、$B$ 两点间的总水头差，代表单位重量液体从 $A$ 点到 $B$ 点时为克服阻力而损失的能量。

此外，由于安装在任何位置 $x$ 的测压管中的水面都会上升至 $z_x + u_x/\gamma_w$，所以常将位置水头与压力水头之和 $z + u/\gamma_w$ 称为测压管水头。它代表了单位重量液体所具有的总势能。

由于土中渗流阻力大，渗流速度 $v$ 一般都很小，可以忽略不计，因此 $h = z + u/\gamma_w$

注意：土体中两点是否会发生渗流，只取决于总水头差，只有 $h_A \neq h_B$ 时，才会发生水从总水头高的点向总水头低的点流动。

$\Delta h$ 表示了 $A$、$B$ 两点间的水头损失，它的大小与 $A$、$B$ 两点间渗流的长度 $L$ 有关，用下式可将水头的损失表示成不依赖于渗流长度的物理量，即

$$i = \frac{\Delta h}{L} \qquad (2\text{-}1)$$

式中 $\quad i$——水力坡降（hydraulic gradient），其物理意义是单位渗流长度上的水头损失。

管内水流动的两种形式：

1）流动时相邻的两质点流线永不相交的流动称为层流。

2）若水流动时，相邻的两个质点流线相交，流动时将出现漩涡，这种流动称为湍流。一般土中水的流速很小，可将其看做层流。

**达西定律**

达西定律又称为线性渗透定律，是指流体在多孔介质中遵循渗透速度与水力梯度呈线性关系的运动规律，是法国达西于 1856 年通过砂柱渗透试验而得到的线性渗透定律。

### ● 2.1.2　土的渗透试验和达西定律

法国工程师达西（H. Darcy）1856 年通过图 2-2 所示的试验装置，对均匀砂土进行了大量的试验，得到了层流条件下砂土中水的渗流运动规律，即达西定律（Darcy's law）。

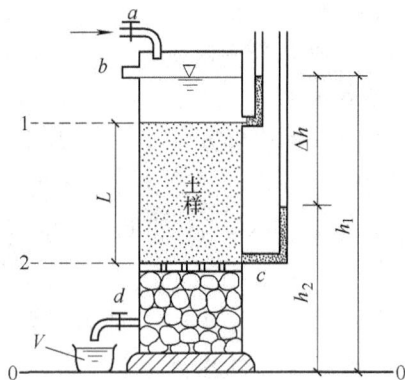

图 2-2　达西渗透试验装置

试验发现流量 $Q$ 与渗流面积 $A$ 和水力坡降 $i$（$\Delta h / L$）成正比，且与土的渗透性有关，即

流量为
$$Q \propto A \cdot \frac{\Delta h}{L}$$

写成等式则为
$$Q = kA \frac{\Delta h}{L} \tag{2-2}$$

或
$$v = \frac{Q}{A} = k \frac{\Delta h}{L} = ki \tag{2-3}$$

式中　$v$——渗透断面的平均渗流速度（mm/s 或 m/day）；

$k$——反映土的透水性能的比例系数，称为土的渗透系数（coefficient of permeability or hydraulic conductivity），它相当于水力坡降 $i = 1$ 时的渗透速度，故其量纲与流速相同。

式（2-2）或式（2-3）就是著名的达西定律。

以下就土中水的渗透速度和达西定律的适用范围进行讨论。

1）渗透速度 $v$ 并不是土孔隙中水的实际平均速度，因为公式推导中采用的是试样的整个横断面积，其中包含了土粒骨架所占的部分面积。真实的过水面积 $A_v$ 小于 $A$，因而实际平均流速 $v_s$ 应大于 $v$。一般称 $v$ 为假想渗流速度。

因为孔隙率 $n$ 可表示为 $n = \dfrac{A_v}{A}$，所以 $A = \dfrac{A_v}{n}$。

水流应当连续有 $vA = A_v v_s = v_s nA$，所以 $v_s = v/n$。

其实，$v_s$ 也并非渗流的真实速度。对工程有直接意义的还是宏观的流速，即假想渗流速度 $v$。

2）达西定律的适用范围。前面讲过管内水流分为层流与湍流两种，通常达西定律只适用于层流。在土木工程中，绝大多数渗流，不管是发生在砂土中还是发生在一般的黏土中，均属于层流范围，故达西定律均可适用。

在很粗的砾石中，存在界限速度 $v_{cr} = 0.3 \sim 0.5 \text{cm/s}$。当 $v > v_{cr}$ 时，发生湍流，如图 2-3a 所示。此时达西定律须经过以下修正才能适用

$$v = ki^m \qquad (m < 1) \qquad (2-4)$$

对于黏性很大的密实黏土，有一起始坡降 $i_0$，当 $i < i_0$ 时没有渗流发生。如图 2-3b 所示。此时达西定律应修改为

$$v = k(i - i_0) \qquad (2-5)$$

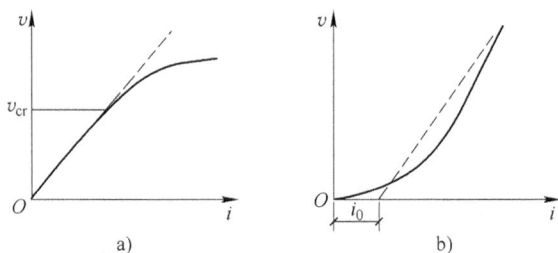

图 2-3　渗流速度与水力坡降的非线性关系
a）发生紊流的界限速度　b）起始坡降

对于 $i_0$ 大多解释为：结合水膜在水力坡降不大的情况下占据了土体内部的过水通道，只有当 $i > i_0$ 时水流挤开结合水膜的堵塞，渗流才能发生，如图 2-4 所示。

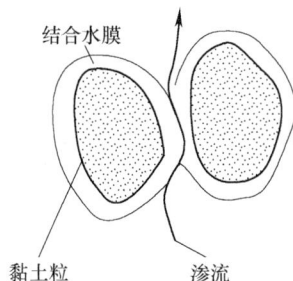

图 2-4　对 $i_0$ 的解释

## ● 2.1.3　渗透系数的测定及影响因素

1. 渗透系数 $k$ 的测定

利用实验室试验或现场测试手段测定土的渗透系数的主要方法见表 2-1。以下介绍其中的三种方法。

表 2-1　渗透系数的测定方法

| 测 定 方 法 | 试 验 名 称 | 适 用 范 围 |
|---|---|---|
| 实验室试验（室内） | 常水头法 | 粗粒土 |
| | 变水头法 | 细粒土 |
| 现场测试（室外） | 压水（注水）试验 | 重要工程 |
| | 抽水试验 | |

（1）常水头试验（constant-head permeabilify test）　在试验过程中保持各水头为常数，从而水头差也为常数。前面的达西试验装置和图2-5a的试验装置都可做这种试验。在试验中只要测出 $t$ 时间流经试样的水量 $V$，则

$$V = Qt = vAt = kiAt = k\frac{\Delta h}{L}At$$

$$k = \frac{VL}{A\Delta ht} \tag{2-6}$$

（2）变水头试验（falling-head permeabilify test）　在试验过程中水头差随时间变化，其装置如图 2-5b 所示。试验时将玻璃管充水至需要的高度，测起始水头差 $\Delta h_1$，经过 $t$ 时间后，再测终了时的水头差 $\Delta h_2$，根据达西定律可求出 $k$。

任意时刻 $t$ 作用于试样两端的水头差为 $\Delta h$，经过 $\mathrm{d}t$ 时间，管中水位下降 $\mathrm{d}(\Delta h)$，则 $\mathrm{d}t$ 时间内流入试样的水量为 $\mathrm{d}V_\mathrm{e} = -a\mathrm{d}(\Delta h)$。

常水头渗透试验
（动画）

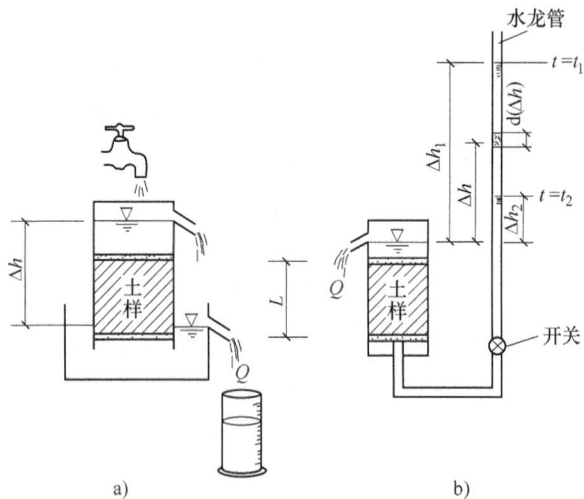

图 2-5　渗透试验装置示意图
a）常水头试验　b）变水头试验

根据达西定律，$\mathrm{d}t$ 时间内流出试样的水量为

$$\mathrm{d}V_\mathrm{o} = kiA\mathrm{d}t = k\frac{\Delta h}{L}A\mathrm{d}t$$

流入与流出的水量相等 $dV_e = dV_o$，即

$$-a\mathrm{d}(\Delta h) = k\frac{\Delta h}{L}A\mathrm{d}t$$

$$\mathrm{d}t = -\frac{aL}{kA} \cdot \frac{\mathrm{d}(\Delta h)}{\Delta h}$$

将上式两边积分

$$\int_0^t \mathrm{d}t = -\frac{aL}{kA}\int_{\Delta h_1}^{\Delta h_2} \frac{\mathrm{d}(\Delta h)}{\Delta h}$$

$$t = \frac{aL}{kA}\ln\frac{\Delta h_1}{\Delta h_2}$$

即可得到土的渗透系数

$$k = \frac{aL}{At}\ln\frac{\Delta h_1}{\Delta h_2} = 2.3\frac{aL}{At}\lg\frac{\Delta h_1}{\Delta h_2} \qquad (2-7)$$

（3）现场抽水试验（pumping test） 图 2-6 所示为一现场井孔抽水试验示意图。在现场打一口试验井，贯穿要测定 $k$ 值的土层，另外在距试验井不同距离处打两个观测井。在试验井中连续抽水，待出水量和各井孔的水位稳定后，就可以根据下面推导的公式（2-8）计算土层的平均 $k$ 值。

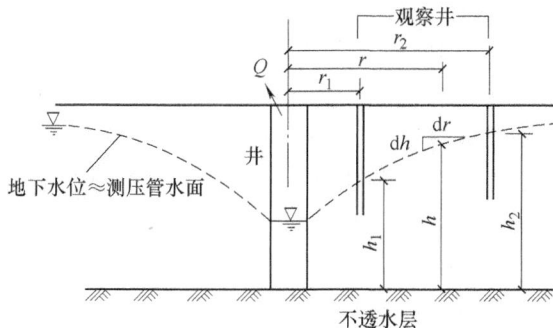

图 2-6 现场抽水试验

假设水流方向是水平的，则渗流过水断面就是一系列的同心圆柱面，任一过水断面的面积为

$$A = 2\pi rh$$

该过水断面的水力坡降为 $i$

$$i = \frac{\mathrm{d}h}{\mathrm{d}r}$$

根据达西定律，单位时间自井内抽出的水量为

$$Q = Aki = Ak\frac{\mathrm{d}h}{\mathrm{d}r} = 2\pi rhk\frac{\mathrm{d}h}{\mathrm{d}r}$$

得

$$Q\frac{\mathrm{d}r}{r} = 2\pi kh\mathrm{d}h$$

将上式两边积分

$$Q\int_{r_1}^{r_2} \frac{\mathrm{d}r}{r} = 2\pi k \int_{h_1}^{h_2} h\,\mathrm{d}h$$

$$k = \frac{Q\ln\left(\dfrac{r_2}{r_1}\right)}{\pi(h_2^2 - h_1^2)} = 2.3\,\frac{Q}{\pi}\,\frac{\ln\left(\dfrac{r_2}{r_1}\right)}{h_2^2 - h_1^2} = 0.318Q\,\frac{\ln\left(\dfrac{r_2}{r_1}\right)}{h_2^2 - h_1^2} \qquad (2\text{-}8)$$

2. $k$ 值的影响因素

（1）土的性质　对 $k$ 值的影响有以下几个方面。

1）粒径的大小及组配。粗粒土 $k = 10^{-2} \sim 10^{-4}\,\mathrm{cm/s}$；细粒土 $k = 10^{-7} \sim 10^{-10}\,\mathrm{cm/s}$。砂土颗粒大小及组配对 $k$ 的影响主要表现在土的有效粒径 $d_{10}$ 对 $k$ 的影响较大，有人建议用 $k = cd_{10}^2$ 表示，其中 $c$ 为比例系数。

2）孔隙比。孔隙比对土的 $k$ 的影响较大。一些学者建议，对砂土用 $k = f(e^2)$ 或 $f\left(\dfrac{e^2}{1+e}\right)$ 或 $f\left(\dfrac{e^3}{1+e}\right)$ 表示。

3）矿物成分。矿物成分对土的 $k$ 有一定的影响，对于黏性土用 $k = f(e, I_P)$。

4）结构与构造。土的结构与构造对 $k$ 的影响也不可忽视。比如成层土沿层面方向的渗流与垂直层面方向渗流的渗透系数有时不是一个数量级。

5）饱和度。如前所述土体中气体对土的性质的影响主要表现在渗透方面，饱和度不高的土的渗透系数可比饱和土低几倍。因此测量渗透系数时要注明试样的饱和度。

（2）水的性质　水的性质对 $k$ 也有影响，主要是由于温度不同时，水的黏滞度不同所致。

3. 成层土的渗透系数

大多数天然沉积土层是由渗透系数不同的几层土所组成的，为了计算方便，常把几个土层的渗透系数折算为一个等效渗透系数进行计算。

（1）水平渗流如图 2-7 所示，考虑土层中发生水平渗流的情况。水平渗流的特点有：

1）各土层在竖直截面上任何点的水头相等，各层土的水力坡降 $i = \dfrac{\Delta h}{L}$ 与等效土层的平均水力坡降 $i$ 相同。

2）（等效土层的）总渗流量等于各层土的渗流量之和，即

$$q_x = \sum_{i=1}^{n} q_{ix}$$

其中

$$q_{ix} = k_i i H_i$$

$$q_x = k_x i H$$

即

$$k_x i H = \sum_{i=1}^{n} k_i i H_i = i\sum_{i=1}^{n} k_i H_i$$

得
$$k_x = \frac{1}{H}\sum_{i=1}^{n} k_i H_i \qquad (2\text{-}9)$$

也就是水平渗流的等效渗透系数 $k_x$ 是各土层渗透系数按厚度的加权平均。

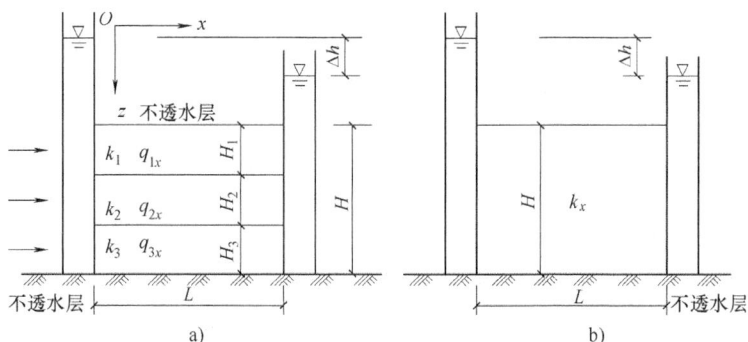

图 2-7 层状土的水平渗流情况

a）原型示意图 b）等效图

（2）垂直渗流 如图 2-8 所示，考虑承压水发生垂直向上渗流的情况。

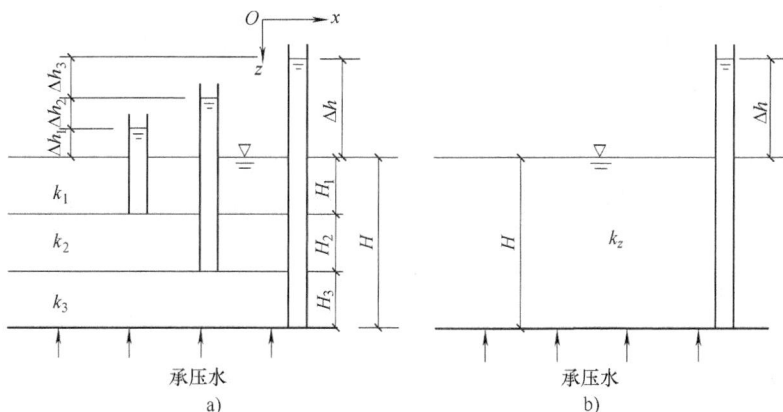

图 2-8 层状土的垂直渗流情况

a）原型示意图 b）等效图

垂直渗流的特点有：

1）通过各层土的流量与等效土层的流量均相同，即
$$q_z = q_{1z} = q_{2z} = q_{3z} = \cdots, \; v = v_1 = v_2 = v_3 = \cdots = v_i$$

2）流经等效土层的水头损失等于各土层的水头损失之和，即
$$\Delta h = \Delta h_1 + \Delta h_2 + \Delta h_3 + \cdots = \sum_{i=1}^{n}(\Delta h_i)$$

利用达西定律，并结合 1）中条件得
$$v_i = k_i i_i = k_i \frac{\Delta h_i}{H_i} = v$$

则
$$\Delta h_i = \frac{v H_i}{k_i}$$

又有

$$v = k_z i = k_z \frac{\Delta h}{H}$$

则

$$\Delta h = \frac{vH}{k_z}$$

综上得到

$$\frac{vH}{k_z} = \sum_{i=1}^{n} \frac{vH_i}{k_i}$$

$$k_z = \frac{H}{\sum_{i=1}^{n} \frac{H_i}{k_i}} \tag{2-10}$$

（3）例子与讨论

【例2-1】 已知：$H_1 = H_2 = H_3 = 1\text{m}$，$k_1 = 0.01\text{cm/s}$，$k_2 = 0.1\text{cm/s}$，$k_3 = 1\text{cm/s}$，求 $k_x$、$k_z$。

解：$k_x = (k_1 H_1 + k_2 H_2 + k_3 H_3)/H = (0.01 + 0.1 + 1)\text{cm/s}/3 = 0.37\text{cm/s}$

$$k_z = \frac{H}{\sum_{i=1}^{3} \frac{H_i}{k_i}} = \frac{3}{\frac{1}{0.01} + \frac{1}{0.1} + \frac{1}{1}}\text{cm/s} = 0.027\text{cm/s}$$

计算表明：沿层渗流的等效渗透系数 $k_x$ 主要由渗透系数 $k$ 最大的土层控制，垂直渗流的等效渗透系数 $k_z$ 由渗透系数最小的土层控制，$k_x$ 一般远大于 $k_z$。因此，在实际工程问题中，确定等效渗透系数时，一定要注意渗流的方向。

## 2.2 流网在渗流中的应用

前面讲述的均是一些边界条件简单的一维渗流问题，它们可以直接利用达西定律进行渗流计算。但在工程中遇到的问题，大多属于边界条件复杂的二维或三维渗流问题，如基坑开挖时的板桩护坡渗流和土坝坝身的渗流问题，其流线都是弯曲的，不能视为一维渗流。此时，达西定律需用微分形式来表达。为了分析和计算这类渗流问题，就需要求出各点的测压管水头、渗透水力坡降和渗流速度，而在许多情况下，这类问题可简化为二维问题。

### 2.2.1 平面渗流的连续性分析

对于发生稳定的渗流的情况，渗流场中各点的测压管水头 $h$ 及流速 $v$ 等仅是位置的函数而与时间无关，可表示为

$$h = f(x,z), v = g(x,z)$$

现从稳定渗流场中任意点 $A$ 处取微元 $\mathrm{d}x\mathrm{d}z$，厚度为 1，在 $x$、$z$ 方向的流速为 $v_x$、$v_z$（如图2-9所示）。

单位时间流入微元的水量

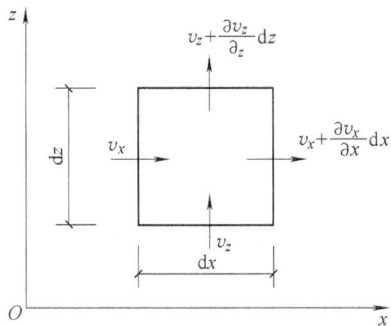

图2-9　二维渗流的连续条件

$$dq_e = v_x dz \cdot 1 + v_z dx \cdot 1$$

单位时间流出微元的水量

$$dq_0 = \left( v_x + \frac{\partial v_x}{\partial x} dx \right) dz \cdot 1 + \left( v_z + \frac{\partial v_z}{\partial z} dz \right) dx \cdot 1$$

根据连续条件

$$dq_e = dq_0$$

可得以下二维渗流的连续方程

$$\frac{\partial v_x}{\partial x} + \frac{\partial v_z}{\partial z} = 0 \tag{2-11}$$

再根据达西定律，对各向异性土有

$$v_x = k_x \frac{\partial h}{\partial x}, v_z = k_z \frac{\partial h}{\partial z}$$

则

$$k_x \frac{\partial^2 h}{\partial x^2} + k_z \frac{\partial^2 h}{\partial z^2} = 0 \tag{2-12}$$

对于各向同性的均质土 $k_x = k_z$，式（2-12）变为

$$\frac{\partial^2 h}{\partial x^2} + \frac{\partial^2 h}{\partial z^2} = 0 \tag{2-13}$$

式（2-13）就是著名的拉普拉斯方程（Laplace's equation），它说明了平面渗流问题中测压管水头 $h$ 的分布规律，结合一定的边界条件后，求解该方程即可得到此条件下的渗流场。

求解拉普拉斯方程有以下4种方法：

1）解析法。边界条件复杂时，难以求解。

2）数值解法。差分法和有限元方法已应用越来越广。

3）试验法。用一定比尺的模型实验来模拟渗流场，应用较广的是电比拟法等。

4）图解法。对边界条件复杂的问题，该法简便、迅速，精度也可得到保证，就是用绘制流网的方法来求解拉普拉斯方程。

皮埃尔-西蒙·拉普拉斯（Pierre-Simon Laplace，1749—1827），法国数学家、天文学家，法国科学院院士。拉普拉斯长期从事大行星运动理论和月球运动理论方面的研究，尤其是他特别注意研究太阳系天体摄动，太阳系的普遍稳定性问题以及太阳系稳定性的动力学问题。他在数学，特别是概率论方面也有很大贡献。

拉普拉斯在研究天体问题的过程中，创造和发展了许多数学的方法，以他的名字命名的拉普拉斯变换、拉普拉斯定理和拉普拉斯方程，在科学技术的各个领域有着广泛的应用。1784～1785年，他求得天体对其外任一质点的引力分量可以用一个势函数来表示，这个势函数满足一个偏微分方程，即著名的拉普拉斯方程。应用拉普拉斯变换解常变量齐次微分方程，可以将微分方程化为代数方程，使问题得以解决。

### ● 2.2.2　流网的绘制及应用

图 2-10 所示为透水地基上混凝土坝下渗流的流网图。图中标有①、②、③、…的表示流线（水质点的运动轨迹），标有 1、2、3、…的表示等势线（流场中势能或测压管水头的等值线）。由流线和等势线所组成的曲线正交网格称为流网（flownet）。

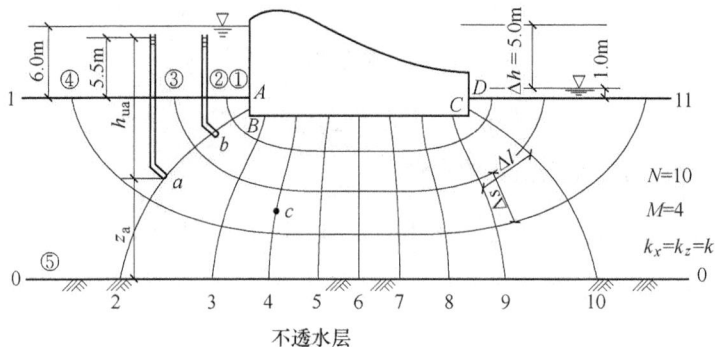

图 2-10　混凝土坝下流网

1. 流网的绘制

（1）绘制原则

1）流线与等势线必须正交。

2）流线与等势线构成的各个网格的长宽比 $\Delta l / \Delta s$ 应为常数，一般取 $\Delta l / \Delta s = 1$。

3）必须满足流场的边界条件，以保证解的唯一性。

（2）绘制步骤

1）根据流场的边界条件，确定边界流线和边界等势线，如图 $A$—$B$—$C$—$D$ 为流线①，不透水层为另一条流线⑤，上、下游透水面为两条等势线 1、11。

2）根据绘制原则 1）和 2）初步绘制几条流线，每条流线不能相交，但必与上、下游的等势面正交，再从中央向两边绘制等势线，要求等势线与流线正交，成弯曲正方形。

3）经反复修改，至大部分网格满足曲线正方形为止。对边值问题，流网的解是唯一的，精度可达 95% 以上。

2. 流网的特点

1）流网与上、下游水头无关。

2）上、下游透水面为首尾等势面。

3. 流网的应用

1）求各点的测压管水头。相邻等势线间的水头损失相等，其大小等于

$$\Delta h_i = \frac{\Delta h}{N} = \frac{\Delta h}{n-1} \qquad (2\text{-}14)$$

式中　$n$——等势线数；

　　　$N$——等势线间隔数，$N = n - 1$。

在图 2-10 中，$\Delta h = 5\text{m}$，$N = 10$，$n = 11$，则 $\Delta h_i = (5/10)\text{m} = 0.5\text{m}$。从而 $a$ 点，$h_a = h - \Delta h_i$；$b$ 点，$h_b = h - \Delta h_i$；$c$ 点，$h_c = h - 3\Delta h_i$　（$h$ 为上游的水头）。

2）求水力坡降及平均流速。任一网格的平均水力坡降

$$i_i = \frac{\Delta h_i}{\Delta l_i} \qquad (2\text{-}15)$$

平均流速

$$v_i = ki_i \qquad (2\text{-}16)$$

式（2-15）和式（2-16）说明网格的 $\Delta l$ 越小，$i_i$ 和 $v_i$ 就越大。也就是流网中网格越密处，其水力坡降和流速越大。所以图 2-10 中，上游坝趾及下游坝趾水流渗出地面处（图 2-10 中 $CD$ 段）水力坡降最大，该处的坡降称为溢出坡降，常是地基渗透稳定的控制坡降。

3）求渗流量。每流道的单宽渗流量

$$\Delta q = v \cdot \Delta s_i \cdot 1 = \Delta s_i \frac{\Delta h_i}{\Delta l_i} k = k\Delta h_i \qquad （当取 \Delta s_i = \Delta l_i）$$

$$(2\text{-}17)$$

总单宽渗流量

$$q = M\Delta q = Mk\Delta h_i = Mk\frac{\Delta h}{N} = k\Delta h\frac{M}{N} \qquad (2\text{-}18)$$

式中　$M$——流网中的流道，数值上等于流线数减去 1，如图 2-10中 $M = 4$。

4）求坝基上的渗透压力大小。渗透场中各点的孔隙水压力

$$u_i = h_{ui}\gamma_w = (h_i - z_i)\gamma_w \qquad (2\text{-}19)$$

# 2.3　渗透力和渗透变形

## ● 2.3.1　渗透力

图 2-11 所示为一渗透破坏试验示意图。当 $h_1 = h_2$ 时，土中的水处于静止状态，无渗流发生。当将连通储水器向上提升，使 $h_1 > h_2$ 时，由于试样两端存在水头差，土中将产生向上的渗流。水头差 $\Delta h$ 是渗流穿过 $L$ 长度土体时所损失的能量。能量的损失说明土粒对水流存在阻力，反之，水流必对土颗粒有推动、摩擦、拖拽的作用力，如图 2-12 所示。为了

计算方便，称单位体积土体内土颗粒所受的渗流作用力为渗透力（seepage force）。

（1）静水头作用下土体的受力分析　把"土骨架 + 水"作为整体来分析，对单位面积的土样：

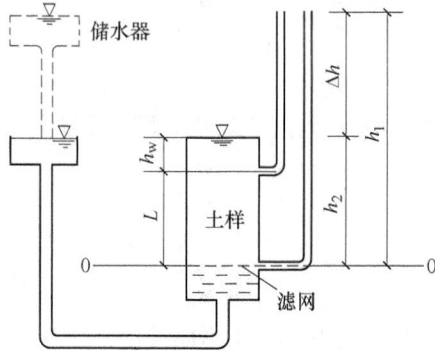

图 2-11　渗透破坏试验示意图

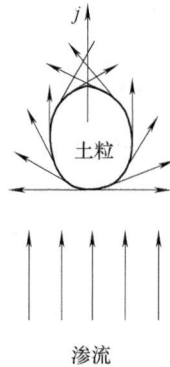

图 2-12　渗透力概念

1）重力为 $W = \gamma_{sat}L$。

2）土样上部水压力为 $P_1 = \gamma_w h_w$。

3）土样下部有滤网对骨架的上托力为 $R_0$，水压力为 $P_2 = \gamma_w(L + h_w)$

平衡时
$$P_1 + W = R_0 + P_2$$
$$\gamma_w h_w + \gamma_{sat} L = R_0 + \gamma_w (L + h_w)$$

则
$$R_0 = (\gamma_{sat} - \gamma_w) L = \gamma' L$$

（2）有向上渗流时

1）重力为 $W = \gamma_{sat}L$。

2）水柱上部水压力为 $P_1 = \gamma_w h_w$。

3）水柱下部有滤网对骨架的上托力为 $R$，以及水压力 $P_2 = \gamma_w \cdot h_1 = \gamma_w \cdot (L + h_w + \Delta h)$。

动态平衡时（稳定渗流时）为 $P_1 + W = R + P_2$，即

$$R = P_1 + W - P_2 = \gamma_w \cdot h_w + \gamma_{sat} \cdot L - \gamma_w \cdot (L + h_w + \Delta h) = \gamma'L - \gamma_w \Delta h$$

同无渗流时比较可知：$R = R_0 - \gamma_w \Delta h = R_0 - J$

式中　$J$——有渗流时的水对土骨架的作用力，即总的渗透力 $= \gamma_w \Delta h$

（3）单位体积的渗透力（简称渗透力）　单位体积的土体内土骨架（颗粒）受到渗流的作用力称为渗透力其大小为

$$j = \frac{JA}{V} = \frac{JA}{LA} = \frac{\gamma_w \Delta h}{L} = \gamma_w i \tag{2-20}$$

渗透力的方向与渗流方向一致，作用在土颗粒（骨架）上。由于渗透力与水力坡降成正比，所以，流网中最密处，水力坡降最大，渗透力也最大。

## 2.3.2　渗透变形

在图 2-11 中，若慢慢提高 $\Delta h$（$h_1$），总可以使得 $R = 0$，也可以说让土样处于悬浮状态，当上游水位 $\Delta h$（$h_1$）再提高时，土体就要浮起或受到破坏，俗称流土。此时的水力坡降称为临界水力坡降（critical hydraulic gradient）

$$R = \gamma'L - \gamma_w \Delta h = \gamma'L - jL = 0$$

所以　　　　　　　　　$\gamma' = j = \gamma_w i_{cr}$

从而　　　　　　　　$i_{cr} = \frac{\Delta h'}{L} = \frac{\gamma'}{\gamma_w} \tag{2-21}$

$i_{cr}$ 为临界水力坡降，它是土体开始发生流土破坏时的水力坡降。此时的渗透力 $j = \gamma_w i_{cr} = \gamma'$，即渗透力 = 土骨架的自重。

由于　　　　　　　　$\gamma' = \frac{(d_s - 1)\gamma_w}{1 + e}$

所以　　　　　　　　$i_{cr} = \frac{d_s - 1}{1 + e} \tag{2-22}$

1. 渗透变形（破坏）的类型

土工建筑物或地基由于渗流作用而出现的变形或破坏称为渗透变形（seepage deformation）或渗透破坏。如临时船闸的隔流堰、土层剥落或细土粒被水带出及出现集中渗流通过等，甚至引发洪水灾害。具体可分为流土和管涌两种破坏类型：

1）流土（flowing soil）指在向上的渗流作用下，局部土体表面隆起或土颗粒同时悬浮和移动的现象。

2）管涌（piping）指在渗流作用下，土体中的细颗粒在粗颗粒所形成的通道中被移动、带走的现象。

2. 渗透破坏的判别

（1）流土可能性的判别　在由下而上的渗流溢出处，任何土

抗洪精神

流土
（动画）

包括黏性土或无黏性土，只要满足渗透坡降大于临界水力坡降这一水力条件，均将发生流土，即

$$i < i_{cr} \quad 土体处于稳定状态$$

$$i = i_{cr} \quad 土体处于临界状态$$

$$i > i_{cr} \quad 土体发生破坏$$

因此规范规定 $i \leqslant [i_{cr}] = \dfrac{i_{cr}}{F_s}$，流土安全系数 $F_s = 1.5 \sim 2.0$。

（2）管涌可能性的判别　土是否发生管涌，首先取决于土的性质，一般黏性土（分散性土除外）只会发生流土而不会发生管涌，故属于非管涌土，无黏性土中产生管涌必须具备几何条件和水力条件。

1）几何条件。土中粗颗粒所构成的孔隙直径必须大于细颗粒的直径，才可能让细颗粒在其中移动，这是管涌的必要条件。

对 $C_u < 10$ 的较均匀土，不满足必要条件，不可能发生管涌；对 $C_u > 10$ 的不均匀砂砾石土可能发生管涌也可能发生流土，主要决定于土的级配情况和细粒含量，如图 2-13 所示。

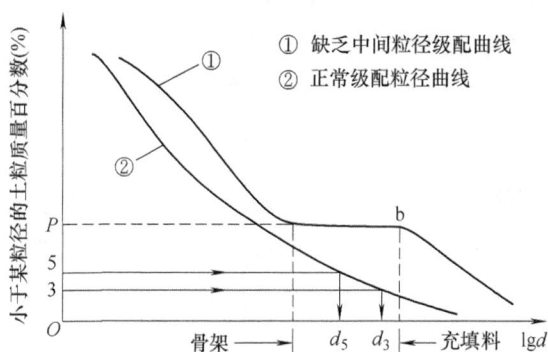

图 2-13　颗粒级配曲线对渗透破坏类型的影响

对图 2-13 曲线①所示级配不连续土：

细粒是指粒径在级配曲线水平段以下的颗粒，如粒径在曲线①中 $b$ 点以下的颗粒。

细粒含量 $< 25\%$ 时，属管涌型（细粒填不满粗粒形成的孔隙）；细粒含量 $> 35\%$ 时，属流土型，粗细粒形成整体；细粒含量 $= 25\% \sim 35\%$ 时，属过渡型，根据土的松密程度而定。

对图 2-13 曲线②所示级配连续的不均匀土：

用土的孔隙平均直径 $D_0$ 与最细部分的颗粒粒径的进行比较，$D_0 < d_3$ 时属非管涌土，$D_0 > d_5$ 时属管涌土，$D_0 = d_3 \sim d_5$ 时属过渡型土，其中 $D_0 = 0.25d_{20}$。

2）水力条件。对于 $C_u > 20$ 的管涌土，临界水力坡降 $i_{cr} = 0.25 \sim 0.30$，允许水力坡降 $[i] = 0.1 \sim 0.15$。

3. 渗透变形的防治措施

（1）防治流土　关键在于保证实际的坡降不超过允许坡降，在水利工程及土木工程中：

1）上游做垂直防渗帷幕，如混凝土防渗墙、板桩或灌浆帷幕。

2）上游做水平防渗铺盖，延长渗流途径，降低下游的水力坡降。

3）下游挖减压沟或打减压井。

4）下游加透水盖板，防止土体被渗透力所悬浮。

（2）防止管涌

1）改变水力坡降，降低土层内部和渗流溢出处的渗透坡降，如加设上游铺盖、板桩等。

2）改变几何条件，在渗流溢出部位做满足要求的反渗层等。

【本章小结】　水在土中的渗流一般情况下符合达西定律，渗透系数反映土渗透性的强弱，影响渗透系数的因素有颗粒的大小、级配和矿物成分，土的孔隙比，土中封闭气体的含量和水的动力黏滞系数等。在渗透力作用下，土体产生的渗透变形有流土和管涌两种基本形式；流土是指在渗流向上作用时，土体表面局部隆起或土颗粒群同时发生悬浮和移动的现象；管涌是指在渗流作用下，土体中的细颗粒在粗颗粒间的孔隙通道中随水流移动并被带出的现象。实际工程中土体中各点的渗流特性都与其位置有关，属于二维或三维渗流问题；各向同性介质中二维稳定渗流场中流线和等势线彼此正交，形成流网；流网可用于求解渗流场中各点的测压管水头、水力坡降、渗流流速、流量及渗透力。

## 复习思考题

1. 什么叫做达西渗透定律？达西定律的适用范围是什么？

2. 影响渗透系数的主要因素有哪些？实验室内测定渗透系数的方法有几种？它们之间有什么不同？

3. 任何一种土只要渗透坡降足够大，就可以发生流土和管涌，这种说法是否正确？为什么？

4. 某渗透试验装置及各点的测管水头位置如图 2-14 所示。试分别求出点 $B$、$C$、$D$、$F$ 的位置水头、压力水头、总水头及各段的水头损失。

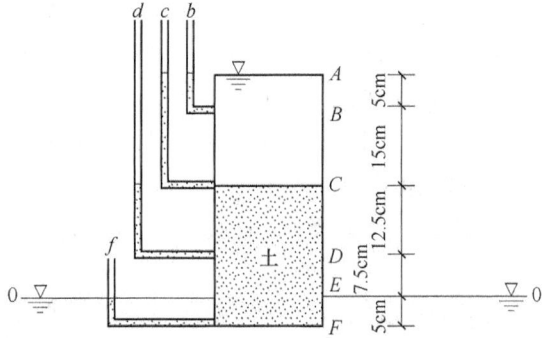

图 2-14

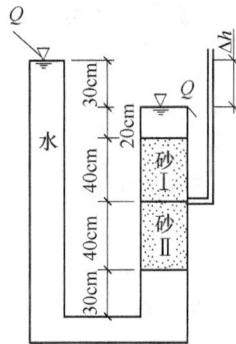

图 2-15

5. 某渗透试验装置如图 2-15 所示。砂 I 的渗透系数 $k_1 = 2 \times 10^{-1}$ cm/s，砂 II 的渗透系数 $k_2 = 1 \times 10^{-1}$ cm/s，砂样断面 $A = 200$ cm$^2$。

1）若在砂 I 与砂 II 分界面处安装一测压管，则测压管中水面将升至右端水面以上多高？ (10cm)

2）渗流量 $Q$ 多大？ (10cm$^3$/s)

6. 不透水岩基上有水平分布的三层土，厚度均为 1m，渗透系数分别为 $k_1 = 1$ m/d，$k_2 = 2$ m/d，$k_3 = 10$ m/d，则等效土层的竖向渗透系数 $k_z$ 为多少？

(1.875m/d)

7. 图 2-16 为一板桩打入透水土层后形成的流网。已知透水土层深 18.0m，渗透系数 $k = 5 \times 10^{-4}$ cm/s，板桩打入土层表面以下 9.0m，板桩前后水深如图中所示。试求：

1）图 2-16 中所示 $a$、$b$、$c$、$d$、$e$ 各点的孔隙水压力。

(0, 90, 140, 10, 0)

2）地基的单宽渗透量。 (2 $\times 10^{-5}$ m$^3$/s)

8. 如图 2-17 所示的试验中，已知土样长度 $L = 30$ cm，土样的 $d_s = 2.72$，$e_0 = 0.63$，试问：

1）若水头差 $\Delta h = 20$ cm，则土样单位体积的渗透力是多少？

(6.53kN/m$^3$)

2）要使该土样发生流土，水头差 $\Delta h$ 至少为多少？ (31.7cm)

9. 已知流网如图 2-18 所示，设砂层土的渗透系数 $1.8 \times 10^{-2}$ cm/s，饱和

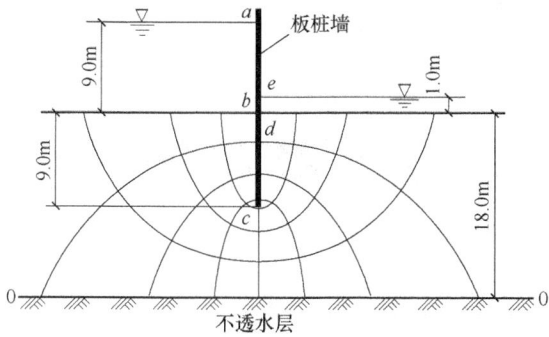

图 2-16

容重为 18.5kN/m³。

1）试估算沿板桩墙每延米渗入基坑的流量（单位：m³/min）。

$$(1.67 \times 10^{-2} \text{m}^3/\text{min})$$

2）试求坑底的渗透安全系数是多大？坑底是否可能发生破坏？

$$(1.797)$$

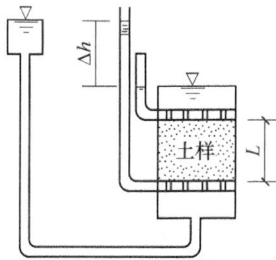

图 2-17

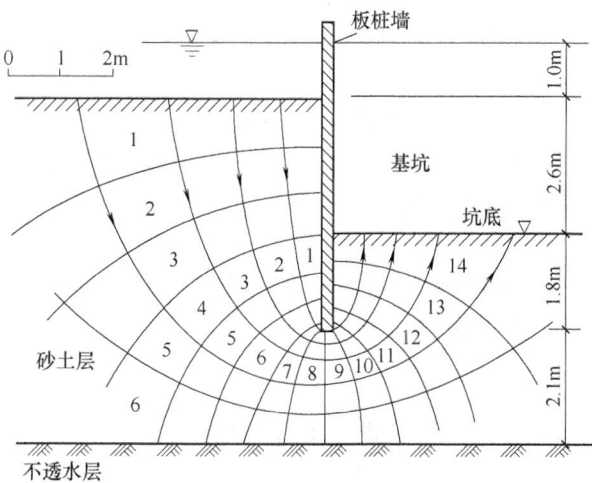

图 2-18

# 第3章

# 土体中的应力计算

土体在自身重力、建筑物荷载、交通荷载或其他因素（如地下水渗流、地震等）作用下，均可产生应力。土中应力将引起土体或地基的变形，使土工建筑物或构筑物发生沉降、倾斜以及水平位移。土中应力过大时，又会导致土体因强度不足而破坏。在研究土的变形、强度及稳定性问题时，必须掌握土中原有的应力状态及其变化。本章着重介绍自重应力和附加应力以及反映土中应力特点的有效应力原理。

**本构关系**

本构关系一般指反映物质宏观性质的数学模型。最熟知的反映纯力学性质的本构关系有胡克定律、牛顿黏性定律、圣维南理想塑性定律等；反映热力学性质的有克拉珀龙理想气体状态方程、傅里叶热传导方程等。把本构关系写成具体的数学表达形式就是本构方程。

力学中的本构关系一般指将描述连续介质变形的参量与描述内力的参量联系起来的一组关系式，又称本构方程。建立本构方程是理性力学研究的重要内容之一。

岩土材料一般具有非线弹性、弹塑性、黏塑性、剪胀性以及各向异性等特点，其真实的本构关系非常复杂。

## 3.1 概述

土体受力后要产生应力和变形，在地基上建造建筑物，基础将上部荷载传给地基，使地基中的应力发生变化从而引起地基变形，使建筑物产生沉降和沉降差。若应力的变化不大，引起的变形是建筑允许的，则不会产生危害；若外荷载在土中引起的应力过大，可能产生结构所不允许的变形或造成地基失稳而破坏。因此，研究土中应力是研究地基变形与地基失稳的基础。

土中的应力有 $\begin{cases} \text{土体本身自重引起的——自重应力} \\ \text{外荷载作用引起的——附加应力} \\ \text{地震引起的——惯性力——（抗震计算）土动力学简介} \\ \text{渗流引起的——渗透力——第2章已作介绍} \end{cases}$

对于一个实体内部的应力分析问题是一个静不定问题，其求解要用到变形协调条件，因此，应力分析必然要用到应力-应变关系。

### ● 3.1.1 应力-应变关系的假定

真实土的应力-应变关系是非常复杂的，它是非线性、非弹性而且还是各向异性的，但在实际工程中求土中应力时多将其简化为线弹性体——即应力与应变呈线性关系，服从广义胡克定律，从而可直接用弹性理论得出应力的解析解。实践证明，这种简化方法所求得的应力可以满足大部分工程的要求，但需作以下说明：

（1）关于连续介质问题　研究土体中水土相互作用时不能将其看做连续体，但在研究地基受外荷载后的地基沉降等宏观力学表现时，就可以把土体当做连续体进行研究，以平均应力的概念来对问题进行求解。

（2）关于线弹性问题　土是非线性的弹塑性体，如图 3-1 所示。但一般建筑物荷载在地基中引起的应力增量 $\Delta\sigma$ 很小，土中尚没有发生塑性破坏的区域或塑性破坏的区域极小，可近似按线弹性进行处理。

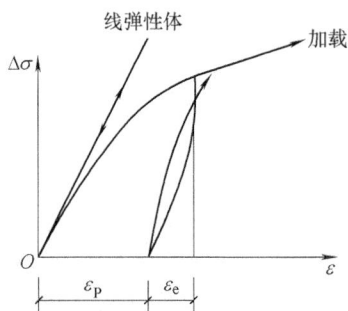

图 3-1　土体的应力-应变关系

（3）关于均质、各向同性问题　理想弹性体应是均质各向同性体，而实际的土体是成层分布的，即是各向异性的，也是非均质的，但对变化不大的土层按均质各向同性体计算竖向应力误差不大。

## 3.1.2　地基中的几种典型应力状态

工程中土的应力状态可能很复杂，但常见的地基中的应力状态可以分为以下三种。

（1）一维应变状态（侧限应力状态）　在自重应力或无限大均布荷载作用下，水平方向不会有位移变形，如图 3-2 所示。

应变 $\varepsilon_x = \varepsilon_y = \sigma_x/E - \mu(\sigma_y + \sigma_z)/E = 0$

应力 $\tau_{xy} = \tau_{yz} = \tau_{zx} = 0$，$\sigma_x = \sigma_y$

$$\sigma_x = \sigma_y = \frac{\mu}{1-\mu}\sigma_z = K_0\sigma_z \tag{3-1}$$

式中　$K_0$——土的侧压力系数（coefficient of lateral stress）。

在式（3-1）中只有 $\sigma_z$ 一个独立变量。

（2）二维应变状态（平面应变状态）　如条形基础、堤坝或挡土墙的地基等，如图 3-3 所示。此时，应力分量只是 $x$、$z$ 两个坐标的函数，并且 $\varepsilon_y = 0$，$\tau_{yx} = 0$，$\tau_{yz} = 0$，因此，只有 $\sigma_x$、$\sigma_z$ 和

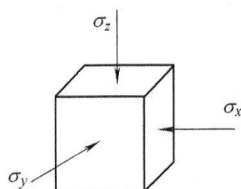

图 3-2 土体的侧限应力状态

$\tau_{xz}$ 三个独立变量。

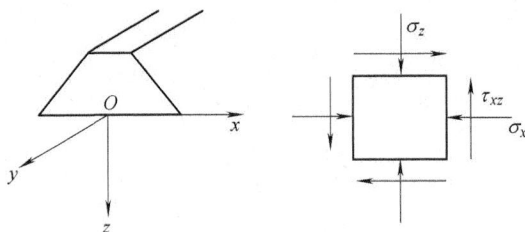

图 3-3 堤坝下土体的平面应变状态

（3）三维应力状态（空间应力状态） 柱基、桩基等局部载荷作用下地基中的应力状态都是三维应力状态，它有六个独立变量（应力分量），即

$$\sigma = \begin{bmatrix} \sigma_x & \tau_{xy} & \tau_{xz} \\ \tau_{yx} & \sigma_y & \tau_{yz} \\ \tau_{zx} & \tau_{zy} & \sigma_z \end{bmatrix}$$

## 3.1.3 土力学中应力符号的规定

1. 与弹性力学比较

（1）弹性力学

正应力：$\sigma$ 与截面外法线方向相同为正（拉为正）。

剪应力：在外法线与坐标轴一致的面上，$\tau$ 与坐标轴方向一致时为正；在外法线与坐标轴相反的面上，$\tau$ 与坐标轴方向相反时为正。

（2）土力学

正应力：$\sigma$ 与截面外法线方向相反为正（压为正）。

剪应力：在外法线与坐标轴一致的面上，$\tau$ 与坐标轴方向相反为正；在外法线与坐标轴相反的面上，$\tau$ 与坐标轴一致为正。

图 3-4 中标出的的应力符号为正值。

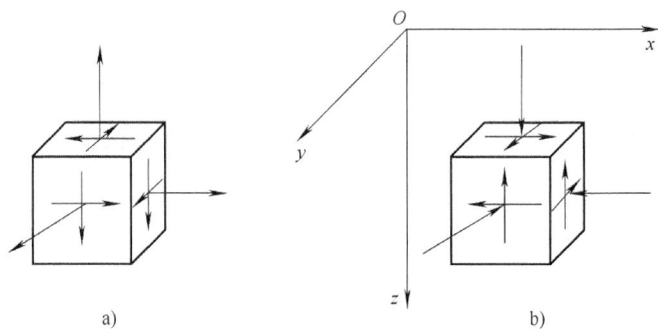

图 3-4　弹性力学与土力学中的符号规定
a）弹性力学　b）土力学

## 2. 与材料力学比较（用莫尔应力圆解决问题时）

（1）材料力学

正应力：拉为正，压为负。

剪应力：使微元体顺时针转动者为正，反之为负。

（2）土力学

正应力：压为正，拉为负。

剪应力：使微元体逆时针转动者为正，反之为负。

图 3-5 中标出的的应力符号为正值。

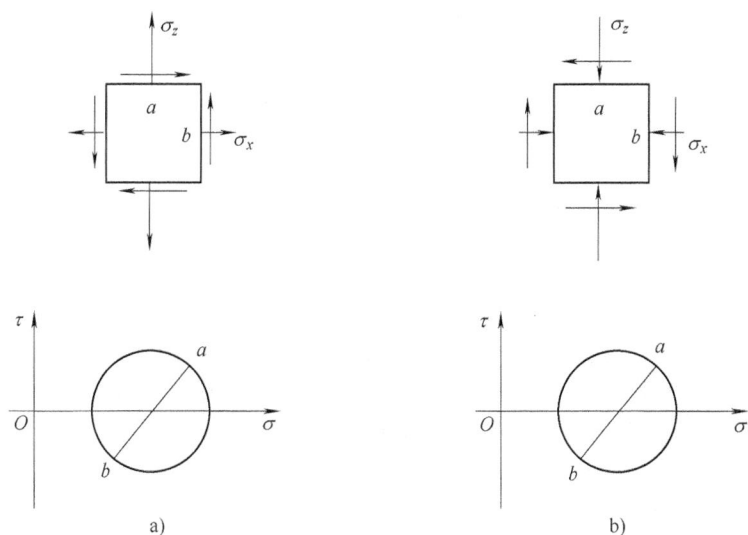

图 3-5　材料力学与土力学中的符号规定及莫尔应力圆
a）材料力学　b）土力学

## 3.2　土体中的自重应力

研究地基自重应力的目的是为了确定土体的初始应力状态。天然情况下地基中的自重应力状态属于侧限应力状态。

### 3.2.1　地基中的自重应力

自重应力（geostatic stress）是指在没有修建筑物之前，地基中由于土体本身的有效重力而产生的应力。有效重力就是地下水位以上用天然重度，地下水位以下用浮重度计算出的重力。

1. 竖向自重应力 $\sigma_{cz}$

由于土体中所有竖直面和水平面上均无剪应力存在，故地基中任意深度 $z$ 处的竖向自重应力就等于单位面积上的土柱重力。所以对于单一土层，深度 $z$ 处的自重应力为

$$\sigma_{cz} = \gamma z$$

当地基由几层不同容重的土层组成时，则任意深度 $z$ 处的自重应力为

$$\sigma_{cz} = \gamma_1 H_1 + \gamma_2 H_2 + \cdots = \sum_{i=1}^{n} \gamma_i H_i \qquad (3-2)$$

式中　$\gamma_i$——第 $i$ 层土的容重，地下水位以上用天然重度 $\gamma$，地下水位以下用浮重度 $\gamma'$。

2. 水平向自重应力 $\sigma_{cx}$、$\sigma_{cy}$

由于是侧限条件，根据第 3.1 节对侧限应力状态的分析，有

$$\sigma_{cx} = \sigma_{cy} = K_0 \sigma_{cz},$$

式中　$K_0$——土的侧压力系数，$K_0 = \dfrac{\mu}{1-\mu}$，指侧限条件下水平向有效应力与竖直向有效应力之比，侧限状态又称为 $K_0$ 状态。

由于只有有效应力才能使土体变形，使土粒挤密，所以，自重应力一般均指有效自重应力，并且工程上通常将竖向有效自重应力 $\sigma_{cz}$ 简称为自重应力，并改用 $\sigma_c$ 表示。

### 3.2.2　土坝的自重应力

对于中小型坝，可以采用简化计算，即忽略土体中剪应力的作用，认为土柱间相互独立，也就是任一点的自重应力等于其上部土柱的重力，即 $\sigma_c = \gamma H$。

对于重要的土坝要进行有限元分析。

## 3.3 地基中的附加应力计算

自重应力引起的压缩变形在历史上已经完成，不会再引起地基的沉降，由于修建建筑物在地基中将引起新的附加应力，它使地基发生变形，引起建筑物的沉降，因此需要知道外荷载引起的附加应力。

### 3.3.1 集中力作用下土中的附加应力

1. 垂直集中力 $P$ 作用——布辛奈斯克解

1885 年法国数学家布辛奈斯克（Boussinesq）根据弹性假设，导出了半无限空间一点受垂直集中力 $P$ 作用时（见图 3-6），弹性体内任意点 $M$ 的应力解析解。

（1）$M$（$x$，$y$，$z$）点的应力

$$\left.\begin{array}{l} \sigma_z = \dfrac{3P}{2\pi} \cdot \dfrac{z^3}{R^5} = \dfrac{3P}{2\pi R^2} \cdot \cos^3\theta \\[3mm] \tau_{zx} = \dfrac{3P}{2\pi} \cdot \dfrac{z^2 x}{R^5} = \dfrac{3Px}{2\pi R^3} \cdot \cos^2\theta \\[3mm] \tau_{zy} = \dfrac{3P}{2\pi} \cdot \dfrac{z^2 y}{R^5} = \dfrac{3Py}{2\pi R^3} \cdot \cos^2\theta \end{array}\right\} \tag{3-3}$$

式中　$R$——$M$ 点至坐标原点 $O$ 的距离，$R = \sqrt{x^2 + y^2 + z^2} = \sqrt{r^2 + z^2} = z/\cos\theta$。

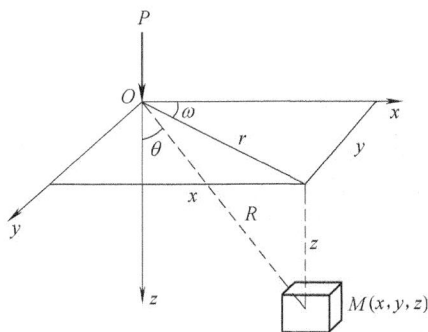

图 3-6　竖向集中力作用下土中附加应力

地基中某点 $M$ 与局部荷载 $P$ 的距离比荷载面尺寸大很多时，可以用集中力 $P$ 代替局部荷载计算该点的 $\sigma_z$

$$\sigma_z = \frac{3P}{2\pi} \frac{z^5}{R^5} \frac{1}{z^2} = K \frac{P}{z^2} \tag{3-4}$$

**Valentin Joseph Boussinesq (1842～1929)**

Boussinesq 是法国著名的物理学家和数学家。他 1867 年获得博士学位后，先在多所学校担任数学教师，之后担任里尔理学院（Faculty of Sciences of Lille）的微积分学教授（1872～1886）、巴黎大学（Sorbonne）数学和物理教授（1886），1886 年当选法国科学院院士。

Boussinesq 一生对数学物理中的所有分支（除电磁学外）都有重要的贡献。在流体力学方面，他主要研究涡流、波动、固体物对液体流动的阻力、粉状介质的力学机理、流动液体的冷却作用等方面。他在紊流方面的成就深得著名科学家 Saint Venant 的赞赏，而在弹性理论方面的研究成就受到了 Love 的称赞。对数学，尽管他的初衷是用其解决实际问题，但仍旧作出了突出的贡献。

式中 $K$——集中力作用下的地基竖向应力系数，是$r/z$的函数，$K = \dfrac{3}{2\pi}\left[\dfrac{1}{\sqrt{(r/z)^2+1}}\right]^5$，其变化规律如图3-7所示，取值参见表3-1。

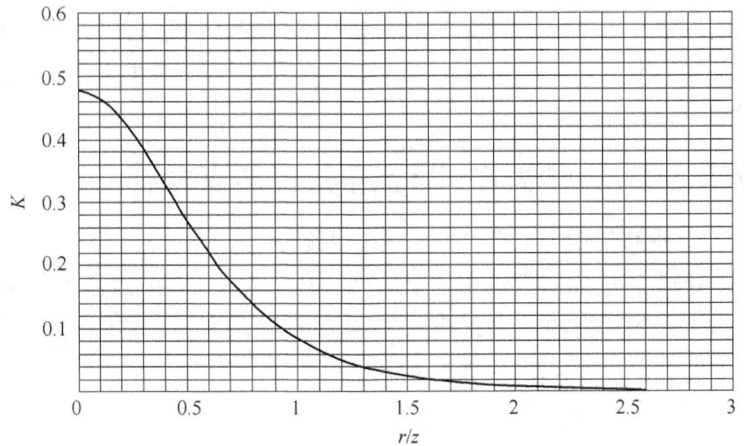

图3-7 竖向集中力作用下地基中的竖向附加应力系数 $K$

表3-1 集中力作用下地基中的竖向附加应力系数 $K$

| $r/z$ | $K$ | $r/z$ | $K$ | $r/z$ | $K$ | $r/z$ | $K$ | $r/z$ | $K$ | $r/z$ | $K$ |
|---|---|---|---|---|---|---|---|---|---|---|---|
| 0.00 | 0.478 | 0.40 | 0.329 | 0.80 | 0.139 | 1.20 | 0.051 | 1.60 | 0.020 | 2.00 | 0.009 |
| 0.10 | 0.466 | 0.50 | 0.273 | 0.90 | 0.108 | 1.30 | 0.040 | 1.70 | 0.016 | 2.20 | 0.006 |
| 0.20 | 0.433 | 0.60 | 0.221 | 1.00 | 0.084 | 1.40 | 0.032 | 1.80 | 0.013 | 2.40 | 0.004 |
| 0.30 | 0.385 | 0.70 | 0.176 | 1.10 | 0.066 | 1.50 | 0.025 | 1.90 | 0.011 | 2.60 | 0.003 |

（2）应力分布规律分析

1）轴对称性。从式（3-4）可知，$\sigma_z$关于$z$轴对称分布。

2）某点应力合力。从式（3-3）容易得到：$\sigma_z : \tau_{zx} : \tau_{zy} = z : x : y$，因此某点所受应力的合力通过原点（集中力作用点）。

3）在集中力$P$作用线上的分布

$r=0$处，$K=\dfrac{3}{2\pi}$，$\sigma_z = \dfrac{3}{2\pi}\cdot\dfrac{P}{z^2}$

$z=0$，$\sigma_z \to \infty$，$z \to \infty$，$\sigma_z = 0$；因此$\sigma_z$随深度增加而递减。

4）在$r>0$的某一圆柱面上分布。$z=0$时，$\sigma_z = 0$（由于$K=0$）；随着深度$z$增加，$\dfrac{r}{z}$减小，$\sigma_z$先从零逐渐增大（由于$K$增加）；至一定深度后又随着$z$的增加逐步减小（由于$\dfrac{1}{z^2}$的作用）。

5）在某一 $z$ 等于常数的水平面上 $\sigma_z$ 的分布。$\sigma_z$ 值在集中力作用线（$r=0$）上最大，并随着 $r$ 的增加而逐渐减小。随着深度 $z$ 的增加，集中力作用线上的 $\sigma_z$ 减小，而水平面上的应力分布趋于均匀。

集中力作用下弹性半空间中 $\sigma_z$ 的分布如图 3-8 所示。

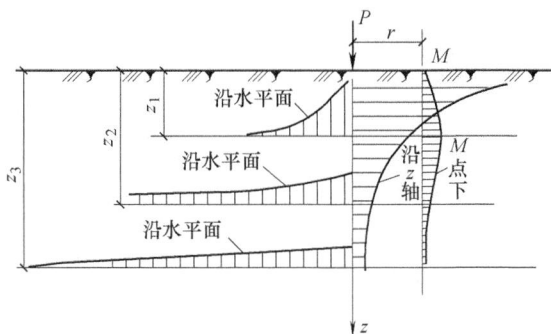

图 3-8　集中力作用下弹性半空间中 $\sigma_z$ 的分布

附加应力
（动画）

6）应力等值线（应力泡）。将半空间内 $\sigma_z$ 相同的点连接起来就得到 $\sigma_z$ 的等值线，如图 3-9 所示，其形如泡状，故又称为应力泡（"bulb" of stress）。

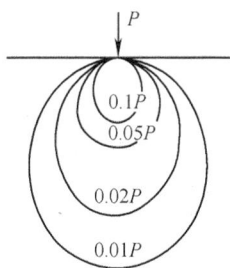

图 3-9　集中力作用下 $\sigma_z$ 的等值线

总之，集中力 $P$ 在地基中引起的附加应力 $\sigma_z$ 的分布是向下、向四周无限扩散开的。

根据应力叠加原理，当地基表面作用有几个集中力时，可以分别算出各集中力在地基中引起的附加应力，几个集中力在地基产生的总应力等于各集中力在地基中引起的应力之和。

2. 水平集中力作用——西罗提解

地基表面作用有平行于 $xOy$ 平面的水平集中力 $P_h$ 时，在地基内任一点 $M$ 引起的竖直应力 $\sigma_z$ 由西罗提最先解出

$$\sigma_z = \frac{3P_h}{2\pi} \cdot \frac{xz^2}{R^5}, \qquad \tau_{zx} = \frac{3P_h}{2\pi} \cdot \frac{zx^2}{R^5}, \qquad \tau_{zy} = \frac{3P_h}{2\pi} \cdot \frac{zxy}{R^5}$$

## ● 3.3.2 矩形面积上分布荷载作用下地基中的附加应力计算

基础的形状及基底上的压力分布各不相同，但都可以利用前述集中荷载引起的应力计算方法和弹性体中的应力叠加原理，计算地基内任意点的附加应力。

1. 矩形面积竖直均布荷载

求地基内各点的应力时，先求解角点处的应力，再用角点法计算任意点处的应力。

（1）角点下的应力　以矩形荷载面任一角点为坐标原点 $O$，如图 3-10 所示，将任一微元 $dA = dx \cdot dy$ 上的荷载以集中力 $dP$ 代替，$dP = p_0 dA = p_0 dxdy$，根据式（3-3），$dP$ 在 $M$ 点引起的竖向附加应力 $d\sigma_z$ 为

$$d\sigma_z = \frac{3dP}{2\pi} \cdot \frac{z^3}{R^5} = \frac{3p_0}{2\pi} \cdot \frac{z^3}{(x^2 + y^2 + z^2)^{5/2}} dxdy$$

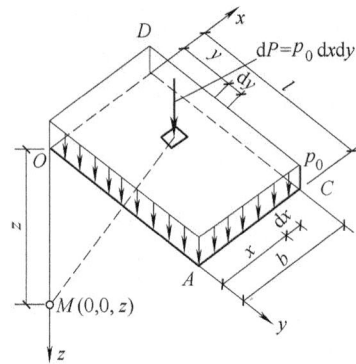

图 3-10　矩形均布荷载角点下的附加应力

将上式在 $OACD$ 上积分，即得矩形均布荷载 $p_0$ 在 $M$ 点引起的附加应力 $\sigma_z$

$$\sigma_z = \int_0^l \int_0^b \frac{3p_0}{2\pi} \frac{z^3}{(x^2 + y^2 + z^2)^{5/2}} dxdy \qquad (3\text{-}5)$$

$$= \frac{p_0}{2\pi} \left[ \arctan \frac{m}{n\sqrt{1 + m^2 + n^2}} + \frac{mn}{\sqrt{1 + m^2 + n^2}} \left( \frac{1}{m^2 + n^2} + \frac{1}{1 + n^2} \right) \right] = K_c p_0$$

式中　$m$、$n$——$m = l/b$，$n = z/b$，$l$ 为矩形的长边边长，$b$ 为短边边长；

$K_c$——矩形竖直均布荷载角点下的应力分布系数，可以直接计算求得，也可由表 3-2 查得。

表 3-2   矩形面积受竖直均布作用时角点 $O$ 下的应力系数 $K_c$

| $m = l/b$<br>$n = z/b$ | 1.0 | 1.2 | 1.4 | 1.6 | 1.8 | 2.0 | 3.0 | 4.0 | 5.0 | 6.0 | 10.0 |
|---|---|---|---|---|---|---|---|---|---|---|---|
| 0.0 | 0.2500 | 0.2500 | 0.2500 | 0.2500 | 0.2500 | 0.2500 | 0.2500 | 0.2500 | 0.2500 | 0.2500 | 0.2500 |
| 0.2 | 0.2486 | 0.2489 | 0.2490 | 0.2491 | 0.2491 | 0.2791 | 0.2492 | 0.2492 | 0.2492 | 0.2492 | 0.2492 |
| 0.4 | 0.2401 | 0.2420 | 0.2429 | 0.2434 | 0.2437 | 0.2739 | 0.2442 | 0.2443 | 0.2443 | 0.2443 | 0.2443 |
| 0.6 | 0.2229 | 0.2275 | 0.2300 | 0.2315 | 0.2324 | 0.2329 | 0.2339 | 0.2341 | 0.2342 | 0.2342 | 0.2202 |
| 0.8 | 0.1999 | 0.2075 | 0.2120 | 0.2147 | 0.2165 | 0.2176 | 0.2196 | 0.2200 | 0.2202 | 0.2202 | 0.2202 |
| 1.0 | 0.1752 | 0.1851 | 0.1911 | 0.1955 | 0.1981 | 0.1999 | 0.2034 | 0.2042 | 0.0244 | 0.2045 | 0.2046 |
| 1.2 | 0.1516 | 0.1626 | 0.1705 | 0.1758 | 0.1793 | 0.1818 | 0.1870 | 0.1882 | 0.1885 | 0.1887 | 0.1888 |
| 1.4 | 0.1308 | 0.1423 | 0.1508 | 0.1569 | 0.1613 | 0.1644 | 0.1712 | 0.1730 | 0.1735 | 0.1738 | 0.1740 |
| 1.6 | 0.1123 | 0.1241 | 0.1329 | 0.1436 | 0.1445 | 0.1482 | 0.1567 | 0.1590 | 0.1598 | 0.1601 | 0.1604 |
| 1.8 | 0.0969 | 0.1083 | 0.1172 | 0.1241 | 0.1294 | 0.1334 | 0.1434 | 0.1463 | 0.1474 | 0.1478 | 0.1482 |
| 2.0 | 0.0840 | 0.0947 | 0.1034 | 0.1103 | 0.1158 | 0.1202 | 0.1314 | 0.1350 | 0.1363 | 0.1368 | 0.1374 |
| 2.2 | 0.0732 | 0.0832 | 0.0917 | 0.0984 | 0.1039 | 0.1084 | 0.1205 | 0.1248 | 0.1264 | 0.1271 | 0.1277 |
| 2.4 | 0.0642 | 0.0734 | 0.0812 | 0.0879 | 0.0934 | 0.0979 | 0.1108 | 0.1156 | 0.1175 | 0.1184 | 0.1192 |
| 2.6 | 0.0566 | 0.0651 | 0.0725 | 0.0788 | 0.0842 | 0.0887 | 0.1020 | 0.1073 | 0.1095 | 0.1106 | 0.1116 |
| 2.8 | 0.0502 | 0.0580 | 0.0649 | 0.0709 | 0.0761 | 0.0805 | 0.0942 | 0.0999 | 0.1024 | 0.1036 | 0.1048 |
| 3.0 | 0.0447 | 0.0519 | 0.0583 | 0.0640 | 0.0690 | 0.0732 | 0.0870 | 0.0931 | 0.0959 | 0.0973 | 0.0987 |
| 3.2 | 0.0401 | 0.0467 | 0.0526 | 0.0580 | 0.0627 | 0.0668 | 0.0806 | 0.0870 | 0.0900 | 0.0916 | 0.0933 |
| 3.4 | 0.0361 | 0.0421 | 0.0477 | 0.0527 | 0.0571 | 0.0611 | 0.0747 | 0.0814 | 0.0847 | 0.0864 | 0.0882 |
| 3.6 | 0.0326 | 0.0382 | 0.0433 | 0.0480 | 0.0523 | 0.0561 | 0.0694 | 0.0763 | 0.0799 | 0.0816 | 0.0837 |
| 3.8 | 0.0296 | 0.0348 | 0.0395 | 0.0439 | 0.0479 | 0.0516 | 0.0645 | 0.0717 | 0.0753 | 0.0773 | 0.0796 |
| 4.0 | 0.0270 | 0.0318 | 0.0362 | 0.0403 | 0.0441 | 0.0474 | 0.0603 | 0.0674 | 0.0712 | 0.0733 | 0.0758 |
| 4.2 | 0.0247 | 0.0291 | 0.0333 | 0.0371 | 0.0407 | 0.0439 | 0.0563 | 0.0634 | 0.0674 | 0.0696 | 0.0724 |
| 4.4 | 0.0227 | 0.0268 | 0.0306 | 0.0343 | 0.0376 | 0.0407 | 0.0527 | 0.0597 | 0.0639 | 0.0662 | 0.0692 |
| 4.6 | 0.0209 | 0.0247 | 0.0283 | 0.0317 | 0.0348 | 0.0378 | 0.0493 | 0.0564 | 0.0606 | 0.0630 | 0.0663 |
| 4.8 | 0.0193 | 0.0229 | 0.0262 | 0.0294 | 0.0324 | 0.0352 | 0.0463 | 0.0533 | 0.0576 | 0.0601 | 0.0635 |
| 5.0 | 0.0179 | 0.0212 | 0.0243 | 0.0274 | 0.0302 | 0.0328 | 0.0435 | 0.0504 | 0.0547 | 0.0573 | 0.0610 |
| 6.0 | 0.0127 | 0.0151 | 0.0174 | 0.0196 | 0.0218 | 0.0238 | 0.0325 | 0.0388 | 0.0431 | 0.0460 | 0.0506 |
| 7.0 | 0.0094 | 0.0112 | 0.0130 | 0.0147 | 0.0164 | 0.0180 | 0.0251 | 0.0306 | 0.0346 | 0.0376 | 0.0428 |
| 8.0 | 0.0073 | 0.0087 | 0.0101 | 0.0114 | 0.0127 | 0.0140 | 0.0198 | 0.0246 | 0.0283 | 0.0311 | 0.0367 |
| 10.0 | 0.0047 | 0.0056 | 0.0065 | 0.0074 | 0.0083 | 0.0092 | 0.0132 | 0.0167 | 0.0198 | 0.0222 | 0.0280 |

（2）任意点的应力——角点法   角点法是利用角点下应力计算公式和叠加原理，求地基中任意点的附加应力的方法。

图 3-11 中列出了计算点不位于角点下的四种情况（在图中 o 点以下任意深度 $z$ 处）。计算时，通过 o 点把荷载面分成若干个矩形，使得计算点成为若干个矩形的公共角点，然后再按式（3-5）计算每个矩形角点下同一深度 $z$ 处的附加应力 $\sigma_z$，并求其代数和。

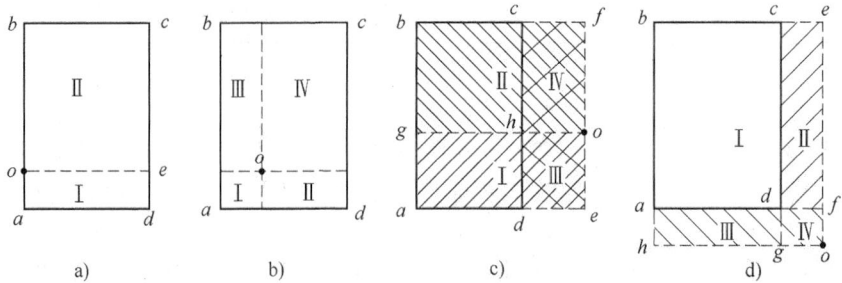

图 3-11 用角点法计算矩形均布荷载作用时地基中的附加应力

1）计算点 $o$ 在荷载面边缘（如图 3-11a 所示）

$$\sigma_z = (K_{cI} + K_{cII})p_0$$

式中 $K_{cI}$ 和 $K_{cII}$——表示面积 Ⅰ 和面积 Ⅱ 的角点应力系数。

2）计算点 $o$ 在荷载面内（如图 3-11b 所示）

$$\sigma_z = (K_{cI} + K_{cII} + K_{cIII} + K_{cIV})p_0$$

式中 $K_{cI}$、$K_{cII}$、$K_{cIII}$ 和 $K_{cIV}$——相应面积的角点应力系数，当 $o$ 点位于荷载面中心，$K_{cI} = K_{cII} = K_{cIII} = K_{cIV}$，$\sigma_z = 4K_{cI}p_0$，此即利用角点法计算均布矩形荷载中心点下 $\sigma_z$ 的解。

3）计算点 $o$ 在荷载面边缘外侧（如图 3-11c 所示）。此时，实际荷载面 $abcd$ 等于两个大的荷载面 $ogae$（Ⅰ）、$ogbf$（Ⅱ）之和减去两个小的荷载面 $ohde$（Ⅲ）、$ohcf$（Ⅳ），所以

$$\sigma_z = (K_{cI} + K_{cII} - K_{cIII} - K_{cIV})p_0$$

4）计算点 $o$ 在荷载面角点外侧（如图 3-12d 所示）。此时，实际荷载面 $abcd$ 等于新的大荷载面 $ohbe$（Ⅰ）减去两个长条荷载面 $ogce$（Ⅱ）、$ohaf$（Ⅲ）后，再加上公共荷载面 $ogdf$（Ⅳ），所以

$$\sigma_z = (K_{cI} - K_{cII} - K_{cIII} + K_{cIV})p_0$$

【例 3-1】 以角点法计算图 3-12 所示矩形基础甲的基底中心点垂线下不同深度处的地基附加应力 $\sigma_z$ 的分布，并考虑两相邻基础乙的影响（两相邻柱距为 6m，荷载同基础甲，$\gamma_G = 20kN/m^3$）。

解：（1）计算基础甲的基底平均附加压力

基础及其上回填土的总重 $G = \gamma_G Ad = (20 \times 5 \times 4 \times 1.5)kN = 600kN$

基底平均压力 $p = \dfrac{F+G}{A} = \dfrac{1940+600}{5 \times 4}kPa = 127kPa$

基底处的土中自重应力 $\sigma_c = \gamma_0 d = 18 \times 1.5kPa = 27kPa$

基底平均附加压力 $p_0 = p - \sigma_c = (127 - 27)kPa = 100kPa$

（2）计算基础甲的中心点 $o$ 下由本基础荷载引起的 $\sigma_z$ 基底中心点 $o$ 可看成是四个相等小矩形荷载面Ⅰ（$oabc$）的公共角点. 其长宽比 $l/b = 2.5/2 = 1.25$，取深度 $z = 0m$、1m、2m、3m、4m、5m、6m、7m、8m、10m 为计算点，相应的 $z/b = 0$、0.5、1、1.5、2、

2.5、3、3.5、4、5，利用表3-2即可查得地基附加应力系数 $K_{cI}$；
$\sigma_z$ 的计算见表3-3，根据计算资料绘出 $\sigma_z$ 分布图，见图3-12。

表3-3　附加应力计算（1）

| 点 | $z/m$ | $l/b$ | $z/b$ | $K_{cI}$ | $\sigma_z = 4K_{cI}p_0/\text{kPa}$ |
|---|---|---|---|---|---|
| 0 | 0 | 1.25 | 0 | 0.250 | $4 \times 0.250 \times 100 = 100$ |
| 1 | 1 | 1.25 | 0.5 | 0.235 | $4 \times 0.235 \times 100 = 94$ |
| 2 | 2 | 1.25 | 1.0 | 0.187 | $4 \times 0.187 \times 100 = 75$ |
| 3 | 3 | 1.25 | 1.5 | 0.135 | $4 \times 0.135 \times 100 = 54$ |
| 4 | 4 | 1.25 | 2.0 | 0.097 | $4 \times 0.097 \times 100 = 39$ |
| 5 | 5 | 1.25 | 2.5 | 0.071 | $4 \times 0.071 \times 100 = 28$ |
| 6 | 6 | 1.25 | 3.0 | 0.054 | $4 \times 0.054 \times 100 = 21$ |
| 7 | 7 | 1.25 | 3.5 | 0.042 | $4 \times 0.042 \times 100 = 17$ |
| 8 | 8 | 1.25 | 4.0 | 0.032 | $4 \times 0.032 \times 100 = 13$ |
| 9 | 10 | 1.25 | 5.0 | 0.022 | $4 \times 0.022 \times 100 = 9$ |

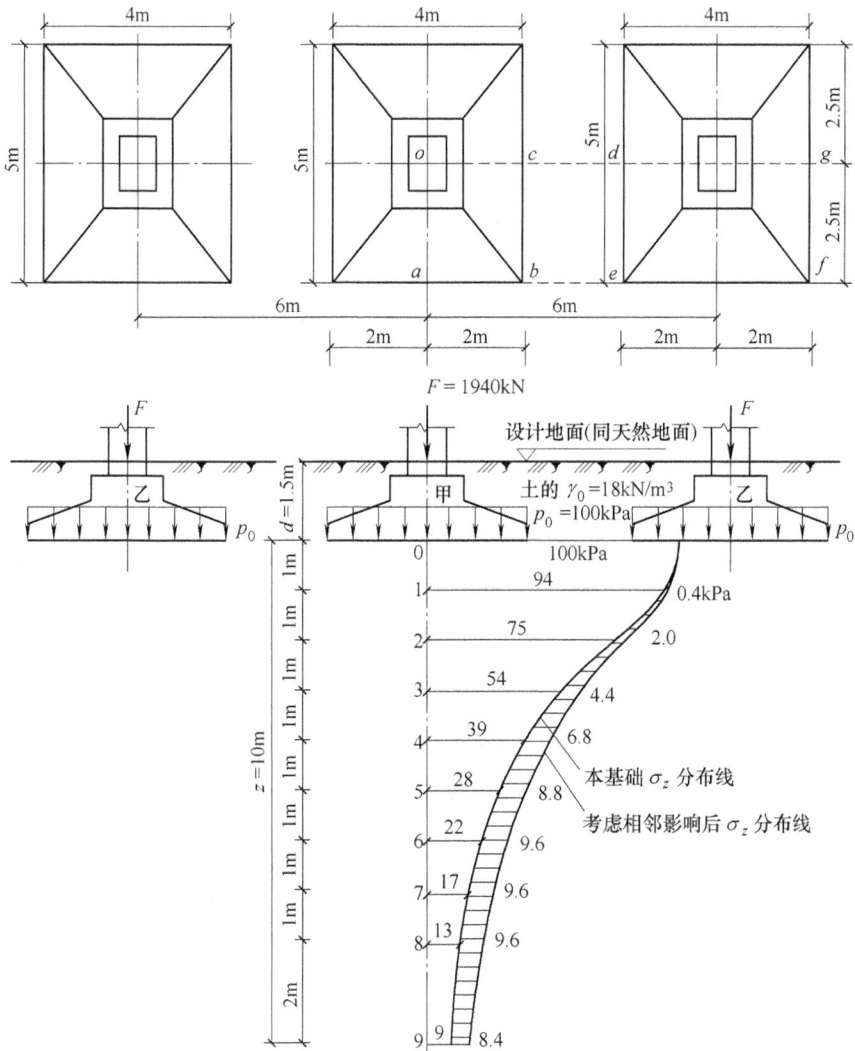

图3-12　例3-1图

（3）计算基础甲的中心点 $o$ 下由相邻两基础乙的荷载引起的 $\sigma_z$。此时中心点 $o$ 可看成是四个相等矩形面 I（$oafg$）和另四个相等矩形面 II（$oaed$）的公共角点，其长宽比 $l/b$ 分别为 $8/2.5 = 3.2$ 和 $4/2.5 = 1.6$，对各计算点计算深宽比，同样利用表 3-2 即可分别查得 $K_{cI}$ 和 $K_{cII}$；$\sigma_z$ 的计算结果和分布图见表 3-4 和图 3-12。

2. 矩形面积上作用竖直三角形荷载

设竖直荷载沿矩形面积的 $b$ 边呈三角形分布，沿 $l$ 边荷载分布不变，最大荷载强度为 $p_0$，取荷载强度为零的边上的角点 1 为坐标原点，如图 3-13 所示，则荷载面上任意微元 $dA = dxdy$ 上的等效集中荷载为 $dP = \dfrac{x}{b} p_0 dxdy$。

表 3-4  附加应力计算（2）

| 点 | $z/\mathrm{m}$ | $l/b$ | | $z/b$ | $K_c$ | | $\sigma_z = 4\ (K_{cI} - K_{cII})\ p_0/\mathrm{kPa}$ |
|---|---|---|---|---|---|---|---|
| | | I（$oafg$） | II（$oaed$） | | $K_{cI}$ | $K_{cII}$ | |
| 0 | 0 | | | 0 | 0.250 | 0.250 | $4 \times (0.250 - 0.250) \times 100 = 0$ |
| 1 | 1 | | | 0.4 | 0.244 | 0.243 | $4 \times (0.244 - 0.243) \times 100 = 0.4$ |
| 2 | 2 | | | 0.8 | 0.220 | 0.215 | $4 \times (0.220 - 0.215) \times 100 = 2.0$ |
| 3 | 3 | | | 1.2 | 0.187 | 0.176 | $4 \times (0.187 - 0.176) \times 100 = 4.4$ |
| 4 | 4 | $\dfrac{8}{2.5} = 3.2$ | $\dfrac{4}{2.5} = 1.6$ | 1.6 | 0.157 | 0.140 | $4 \times (0.157 - 0.140) \times 100 = 6.8$ |
| 5 | 5 | | | 2.0 | 0.132 | 0.110 | $4 \times (0.132 - 0.110) \times 100 = 8.8$ |
| 6 | 6 | | | 2.4 | 0.112 | 0.088 | $4 \times (0.112 - 0.088) \times 100 = 9.6$ |
| 7 | 7 | | | 2.8 | 0.095 | 0.071 | $4 \times (0.095 - 0.075) \times 100 = 9.6$ |
| 8 | 8 | | | 3.2 | 0.082 | 0.058 | $4 \times (0.082 - 0.058) \times 100 = 9.6$ |
| 9 | 10 | | | 4.0 | 0.061 | 0.040 | $4 \times (0.061 - 0.040) \times 100 = 8.4$ |

注：表 3-3 和表 3-4 中 $b$ 不同，$z/b$ 不同。

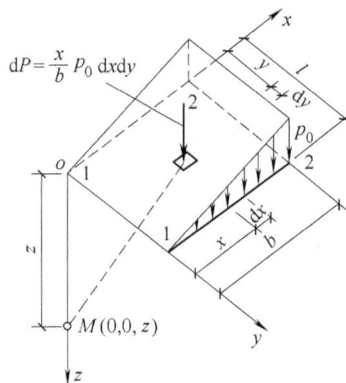

图 3-13  矩形面积上作用三角形分布荷载角点下的附加应力

由式（3-3），d$P$ 在角点 1 下深度 $z$ 处 $M$ 点引起的竖向附加应力为

$$d\sigma_z = \frac{3p_0}{2\pi b} \frac{xz^3}{(x^2 + y^2 + z^2)^{5/2}} dxdy$$

将上式沿矩形面积积分后，可得出竖直三角形荷载作用在矩形面上时，在零角点下任意深度 $z$ 处所引起的竖直附加应力 $\sigma_z$ 为

$$\sigma_z = K_{t1} p_0 \tag{3-6}$$

式中 $\quad K_{t1} = \frac{mn}{2\pi} \cdot \left[ \frac{1}{\sqrt{m^2 + n^2}} - \frac{n^2}{(1+n^2)\sqrt{m^2 + n^2 + 1}} \right]$。

同理，可以求得最大荷载角点下任意深度 $z$ 处的竖直附加应力 $\sigma_z$ 为

$$\sigma_z = K_{t2} p_0 = (K_c - K_{t1}) p_0 \tag{3-7}$$

$K_{t1}$ 和 $K_{t2}$ 均为 $m = l/b$，$n = z/b$ 的函数，称为矩形面积竖直三角形荷载角点下的附加应力系数，其中 $K_{t1}$ 可由表3-5 查得。

## ● 3.3.3 线荷载和条形荷载作用下地基中的附加应力计算

在实际工程中当荷载面积的长宽比 $l/b \geqslant 10$ 时，可以看做条形荷载，按平面问题求解。

1. 竖直线荷载—弗拉曼解

为了求解条形荷载作用下地基中的附加应力，先来介绍线布荷载作用下的解答。将 $y$ 轴置于线荷载作用线上，如图 3-14 所示。根据式（3-3），某微段的等效集中荷载 d$P = \bar{p}$d$y$ 在 $M$ 点引起的竖向应力为

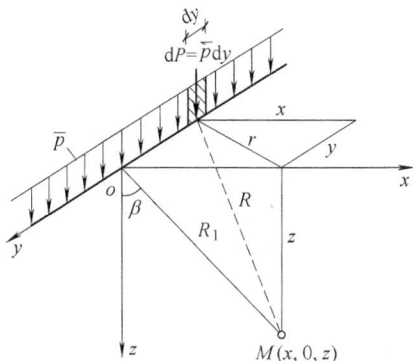

图 3-14 竖直线荷载作用下地基
中的附加应力分析

$$d\sigma_z = \frac{3\bar{p}z^3}{2\pi R^5} dy$$

表 3-5 矩形面积受竖直三角形荷载作用时角点 $O$ 下的应力系数 $K_{t1}$ 值

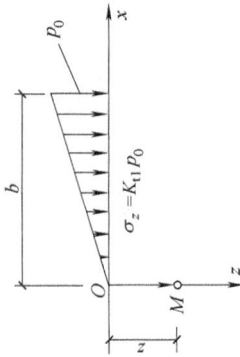

| $n = z/b$ \ $m = l/b$ | 0.2 | 0.4 | 0.6 | 0.8 | 1.0 | 1.2 | 1.4 | 1.6 | 1.8 | 2 | 3 | 4 | 6 | 8 | 10 |
|---|---|---|---|---|---|---|---|---|---|---|---|---|---|---|---|
| 0.0 | 0.0000 | 0.0000 | 0.0000 | 0.0000 | 0.0000 | 0.0000 | 0.0000 | 0.0000 | 0.0000 | 0.0000 | 0.0000 | 0.0000 | 0.0000 | 0.0000 | 0.0000 |
| 0.2 | 0.0223 | 0.0280 | 0.0296 | 0.0301 | 0.0304 | 0.0305 | 0.0305 | 0.0306 | 0.0306 | 0.0306 | 0.0306 | 0.0306 | 0.0306 | 0.0306 | 0.0306 |
| 0.4 | 0.0269 | 0.0420 | 0.0487 | 0.0517 | 0.0531 | 0.0539 | 0.0543 | 0.0545 | 0.0546 | 0.0547 | 0.0548 | 0.0549 | 0.0549 | 0.0549 | 0.0549 |
| 0.6 | 0.0259 | 0.0448 | 0.0560 | 0.0621 | 0.0654 | 0.0673 | 0.0683 | 0.0690 | 0.0694 | 0.0696 | 0.0701 | 0.0702 | 0.0702 | 0.0702 | 0.0702 |
| 0.8 | 0.0232 | 0.0421 | 0.0553 | 0.0637 | 0.0688 | 0.0720 | 0.0739 | 0.0751 | 0.0759 | 0.0764 | 0.0773 | 0.0775 | 0.0776 | 0.0776 | 0.0776 |
| 1.0 | 0.0201 | 0.0375 | 0.0508 | 0.0602 | 0.0666 | 0.0708 | 0.0735 | 0.0753 | 0.0766 | 0.0774 | 0.0790 | 0.0794 | 0.0795 | 0.0796 | 0.0796 |
| 1.2 | 0.0171 | 0.0324 | 0.0450 | 0.0546 | 0.0615 | 0.0664 | 0.0698 | 0.0721 | 0.0738 | 0.0749 | 0.0774 | 0.0779 | 0.0782 | 0.0782 | 0.0783 |
| 1.4 | 0.0145 | 0.0278 | 0.0392 | 0.0483 | 0.0554 | 0.0606 | 0.0644 | 0.0672 | 0.0692 | 0.0707 | 0.0739 | 0.0748 | 0.0752 | 0.0752 | 0.0753 |
| 1.6 | 0.0123 | 0.0238 | 0.0339 | 0.0424 | 0.0492 | 0.0545 | 0.0586 | 0.0616 | 0.0639 | 0.0656 | 0.0697 | 0.0708 | 0.0714 | 0.0715 | 0.0715 |
| 1.8 | 0.0105 | 0.0204 | 0.0294 | 0.0371 | 0.0435 | 0.0487 | 0.0528 | 0.0560 | 0.0585 | 0.0604 | 0.0652 | 0.0666 | 0.0673 | 0.0675 | 0.0675 |
| 2.0 | 0.0090 | 0.0176 | 0.0255 | 0.0324 | 0.0384 | 0.0434 | 0.0474 | 0.0507 | 0.0533 | 0.0553 | 0.0607 | 0.0624 | 0.0634 | 0.0636 | 0.0636 |
| 2.5 | 0.0063 | 0.0125 | 0.0183 | 0.0236 | 0.0284 | 0.0325 | 0.0362 | 0.0393 | 0.0419 | 0.0440 | 0.0504 | 0.0529 | 0.0543 | 0.0547 | 0.0548 |
| 3.0 | 0.0046 | 0.0092 | 0.0135 | 0.0176 | 0.0214 | 0.0249 | 0.0280 | 0.0307 | 0.0331 | 0.0352 | 0.0419 | 0.0449 | 0.0469 | 0.0474 | 0.0476 |
| 5.0 | 0.0018 | 0.0036 | 0.0054 | 0.0071 | 0.0088 | 0.0104 | 0.0120 | 0.0134 | 0.0148 | 0.0161 | 0.0214 | 0.0248 | 0.0283 | 0.0296 | 0.0301 |
| 7.0 | 0.0009 | 0.0019 | 0.0028 | 0.0038 | 0.0047 | 0.0056 | 0.0064 | 0.0073 | 0.0081 | 0.0089 | 0.0124 | 0.0152 | 0.0186 | 0.0204 | 0.0212 |
| 10.0 | 0.0005 | 0.0009 | 0.0014 | 0.0019 | 0.0023 | 0.0028 | 0.0032 | 0.0037 | 0.0041 | 0.0046 | 0.0066 | 0.0084 | 0.0111 | 0.0128 | 0.0139 |

注: $b$ 为荷载变化方向的边长。

$$\sigma_z = \int_{-\infty}^{+\infty} \mathrm{d}\sigma_z = \frac{2\bar{p}z^3}{\pi(x^2+z^2)^2}$$

$$= \frac{2\bar{p}z^3}{\pi R_1^4} = \frac{2\bar{p}}{\pi R_1}\cos^3\beta \qquad (3\text{-}8)$$

按弹性力学方法还可推得

$$\sigma_x = \frac{2\bar{p}x^2z}{\pi R_1^4} = \frac{2\bar{p}x^2z}{\pi(x^2+z^2)^2} = \frac{2\bar{p}}{\pi R_1}\cos\beta\sin^2\beta \qquad (3\text{-}9)$$

$$\tau_{xz} = \tau_{zx} = \frac{2\bar{p}xz^2}{\pi(x^2+z^2)^2} = \frac{2\bar{p}xz^2}{\pi R_1^4}\cos^2\beta\sin\beta \qquad (3\text{-}10)$$

式中 $\bar{p}$——单位长度上的线荷载（kN/m）。

2. 条形面积上的竖直均布荷载

条形荷载沿宽度方向某微段 $\mathrm{d}x$ 上的荷载 $\mathrm{d}\bar{p} = p_0\mathrm{d}x$ 可视为线荷载，并假定 $M$ 点到该微段的连线与 $z$ 轴的夹角为 $\beta$，如图 3-15 所示。

因为 $\mathrm{d}\bar{p} = p_0\mathrm{d}x = \dfrac{p_0 R_1}{\cos\beta}\mathrm{d}\beta$，

所以

$$\sigma_z = \int_{\beta_1}^{\beta_2} \mathrm{d}\sigma_z = \int_{\beta_1}^{\beta_2} \frac{2p_0}{\pi}\cos^2\beta\mathrm{d}\beta = \frac{p_0}{\pi}\big[\sin\beta_2\cos\beta_2 - \sin\beta_1\cos\beta_1 + $$
$$(\beta_2 - \beta_1)\big] \qquad (3\text{-}11)$$

同理得

$$\sigma_x = \frac{p_0}{\pi}\big[-\sin(\beta_2-\beta_1)\cdot\cos(\beta_2+\beta_1) + (\beta_2-\beta_1)\big] \quad (3\text{-}12)$$

$$\tau_{xz} = \tau_{zx} = \frac{p_0}{\pi}\big[\sin^2\beta_2 - \sin^2\beta_1\big] \qquad (3\text{-}13)$$

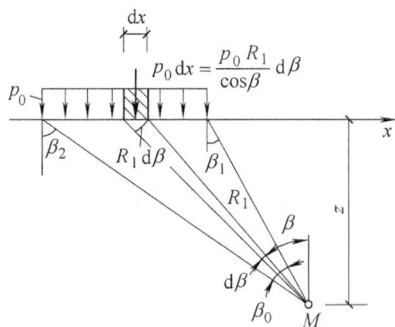

图 3-15　条形面积在竖直均布荷载作用下地基中的应力

以上三式中当 $M$ 点直接位于荷载分布之下时，$\beta_1$ 为负。

$M$ 点的最大和最小主应力分别为

$$\left.\begin{array}{c}\sigma_1\\\sigma_3\end{array}\right\} = \frac{\sigma_z+\sigma_x}{2} \pm \sqrt{\left(\frac{\sigma_z-\sigma_x}{2}\right)^2 + \tau_{xz}^2} = \frac{p_0}{\pi}\big[(\beta_2-\beta_1) \pm \sin(\beta_2-\beta_1)\big]$$

$$(3\text{-}14)$$

设 $\beta_0$ 为 $M$ 点与条形荷载两侧连线的夹角,则 $\beta_0 = \beta_2 - \beta_1$,于是上式可以进一步变换为

$$\left.\begin{array}{r}\sigma_1 \\ \sigma_3\end{array}\right\} = \frac{p_0}{\pi}(\beta_0 \pm \sin\beta_0) \qquad (3\text{-}15)$$

$\sigma_1$ 的作用方向与 $\beta_0$ 的平分线一致。上式表明,若 $p_0$ 一定,$\sigma_1$、$\sigma_3$ 仅取决于 $\beta_0$,在研究地基承载力时具有重要作用。

式 (3-11)、式 (3-12) 和式 (3-13) 中的 $\sigma_z$、$\sigma_x$ 和 $\tau_{xz}$ 还可改用下面三个工程上常用的直角坐标表示式,但此时的坐标原点取在荷载的中心。

$$\sigma_z = K_{sz}p_0 \qquad (3\text{-}16)$$

$$\sigma_x = K_{sx}p_0 \qquad (3\text{-}17)$$

$$\tau_{xz} = K_{sxz}p_0 \qquad (3\text{-}18)$$

以上三式中的 $K_{sz}$、$K_{sx}$、$K_{sxz}$ 分别为条形面积受竖直均布荷载作用时的竖直应力、水平应力和剪切应力附加系数。其值可按 $m = x/b$,和 $n = z/b$,的数值由表3-6查得。

## 3.3.4　地基中附加应力的影响因素

以上介绍的地基中附加应力计算,都是按弹性理论把地基土视为均质、等向的线弹性体,而实际工程中遇到的地基均在不同程度上与上述理想条件偏离,因此计算出的应力与实际中的应力相比都有一定的误差,下面简要讨论实际土体的非线性、非均质性和各向异性对土中应力分布的影响。

1. 材料非线性的影响

土体实际是非线性材料,许多学者的研究表明,非线性对于竖直应力 $\sigma_z$ 的影响较小,最大误差也只有 25% ~ 30%,但对水平应力有显著影响。

2. 成层地基的影响

通常竖直方向土层的松密、软硬程度不同,地基中的附加应力分布也将不同。变形特性差别也很大。如在软土区常可遇到一层硬黏土或密实的砂覆盖在较软的土层上;在山区,常可见厚度不大的可压缩土层覆盖于绝对刚性的岩层上。这种情况下地基中的应力分布显然不会同前面分析的均质土层一样,如图 3-16 所示。

3. 变形模量 (modulus of deformation) $E_0$ 随深度增加的影响

实际地基中土的变形模量 $E_0$ 随深度的增加而增大,特别是砂土。这一特点是土体在沉积过程中形成的。

费洛列希 (O. K. Frohlich) 对集中力作用下这种地基中附加应力进行了研究,提出的半经验公式

表 3-6　条形面积受竖直均布荷载作用时的应力系数 $K_s$

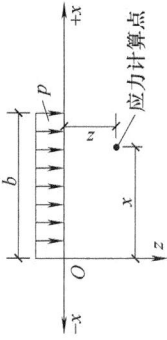

| $m=x/b$ | $n=z/b$ | 0.01 | 0.1 | 0.2 | 0.4 | 0.6 | 0.8 | 1.0 | 1.2 | 1.4 | 2.0 |
|---|---|---|---|---|---|---|---|---|---|---|---|
| 0 | $K_{sz}$ | 0.500 | 0.499 | 0.498 | 0.489 | 0.468 | 0.440 | 0.409 | 0.375 | 0.348 | 0.275 |
|  | $K_{sx}$ | 0.494 | 0.437 | 0.376 | 0.269 | 0.188 | 0.130 | 0.091 | 0.067 | 0.047 | 0.020 |
|  | $K_{sxz}$ | -0.318 | -0.315 | -0.306 | -0.274 | -0.234 | -0.194 | -0.159 | -0.131 | -0.108 | -0.064 |
| 0.25 | $K_{sz}$ | 0.999 | 0.988 | 0.936 | 0.797 | 0.679 | 0.586 | 0.511 | 0.450 | 0.401 | 0.298 |
|  | $K_{sx}$ | 0.935 | 0.685 | 0.469 | 0.215 | 0.143 | 0.087 | 0.055 | 0.037 | 0.026 | 0.010 |
|  | $K_{sxz}$ | -0.001 | -0.039 | -0.103 | -0.159 | 0.147 | -0.121 | -0.096 | -0.078 | -0.061 | -0.034 |
| 0.50 | $K_{sz}$ | 0.999 | 0.997 | 0.978 | 0.881 | 0.756 | 0.642 | 0.549 | 0.478 | 0.420 | 0.306 |
|  | $K_{sx}$ | 0.848 | 0.752 | 0.538 | 0.260 | 0.129 | 0.070 | 0.040 | 0.026 | 0.017 | 0.006 |
|  | $K_{sxz}$ | 0.000 | 0.000 | 0.000 | 0.000 | 0.000 | 0.000 | 0.000 | 0.000 | 0.000 | 0.000 |
| 0.75 | $K_{sz}$ | 0.999 | 0.988 | 0.936 | 0.797 | 0.679 | 0.586 | 0.511 | 0.450 | 0.401 | 0.298 |
|  | $K_{sx}$ | 0.935 | 0.685 | 0.469 | 0.215 | 0.143 | 0.087 | 0.055 | 0.037 | 0.026 | 0.010 |
|  | $K_{sxz}$ | 0.001 | 0.039 | 0.103 | 0.159 | 0.147 | 0.121 | 0.096 | 0.078 | 0.061 | 0.034 |

（续）

| $m=x/b$ | $n=z/b$ | 0.01 | 0.1 | 0.2 | 0.4 | 0.6 | 0.8 | 1.0 | 1.2 | 1.4 | 2.0 |
|---|---|---|---|---|---|---|---|---|---|---|---|
| 1.00 | $K_{sz}$ | 0.500 | 0.499 | 0.498 | 0.489 | 0.468 | 0.440 | 0.409 | 0.375 | 0.348 | 0.275 |
|  | $K_{sx}$ | 0.494 | 0.437 | 0.376 | 0.269 | 0.188 | 0.130 | 0.091 | 0.067 | 0.047 | 0.020 |
|  | $K_{szx}$ | 0.318 | 0.315 | 0.306 | 0.274 | 0.234 | 0.194 | 0.159 | 0.131 | 0.108 | 0.064 |
| 1.25 | $K_{sz}$ | 0.000 | 0.011 | 0.091 | 0.174 | 0.243 | 0.276 | 0.288 | 0.237 | 0.279 | 0.242 |
|  | $K_{sx}$ | 0.021 | 0.180 | 0.270 | 0.274 | 0.221 | 0.169 | 0.127 | 0.096 | 0.073 | 0.035 |
|  | $K_{szx}$ | 0.001 | 0.042 | 0.116 | 0.199 | 0.212 | 0.197 | 0.175 | 0.153 | 0.132 | 0.085 |
| −0.25 | $K_{sz}$ | 0.000 | 0.011 | 0.091 | 0.174 | 0.243 | 0.276 | 0.288 | 0.237 | 0.279 | 0.242 |
|  | $K_{sx}$ | 0.021 | 0.180 | 0.270 | 0.274 | 0.221 | 0.169 | 0.127 | 0.096 | 0.073 | 0.035 |
|  | $K_{szx}$ | −0.001 | −0.042 | −0.116 | −0.199 | −0.212 | −0.197 | −0.175 | −0.153 | −0.132 | −0.085 |
| −0.50 | $K_{sz}$ | 0.001 | 0.002 | 0.011 | 0.056 | 0.111 | 0.155 | 0.186 | 0.202 | 0.210 | 0.205 |
|  | $K_{sx}$ | 0.008 | 0.082 | 0.147 | 0.208 | 0.204 | 0.177 | 0.146 | 0.117 | 0.094 | 0.049 |
|  | $K_{szx}$ | −0.0001 | 0.001 | −0.038 | −0.103 | −0.144 | −0.158 | −0.157 | −0.147 | −0.133 | −0.096 |

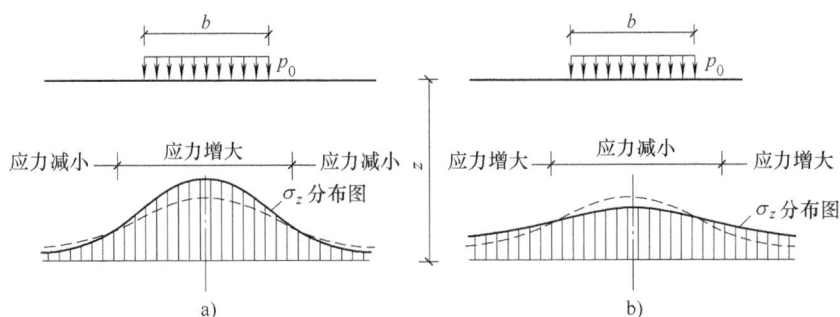

图 3-16 双层地基中的竖向附加应力分布

a) 刚性下卧层（出现应力集中） b) 软弱下卧层（产生应力扩散）

$$\sigma_z = \frac{\lambda p}{2\pi R^2}\cos^\lambda\theta \qquad (3\text{-}19)$$

式中 $\lambda$——大于3的应力集中因数，对于 $E_0$ 为常数的均质弹性体，如均匀的黏土 $\lambda = 3$，与布辛奈斯克解相同；对于砂土，连续非均质现象最显著，取 $\lambda = 6$；介于黏土与砂土之间的土，$\lambda = 3 \sim 6$。

分析式（3-19）还能得到：

1）当 $\theta = 0$ 或很小时，也就是集中力的作用附近，$\lambda$ 越大，$\sigma_z$ 越高。

2）当 $\theta$ 很大时，也就是地表附近，$\lambda$ 越大，$\sigma_z$ 越小。

土的这种连续非均质现象使地基中的应力向力的作用线附近集中。

# 3.4 基底压力分布

基础底面传递给地基表面的压力称为基底压力（foundation pressure）或基底接触压力。它是研究地基中附加应力的基础，也是计算基础结构内力的外荷载。因此，在计算地基附加应力和基础内力时，都必须研究基底压力的分布规律和计算方法。

## ● 3.4.1 基底压力的分布规律

1. 弹性地基上的完全柔性基础（$EI = 0$）

柔性基础的上下应力分布必须相同，否则基础中必将产生弯矩。基础上的荷载是均布的，基底压力也应当是均布的；基础上的荷载是驼峰式的，基底压力也应当是驼峰式的，如图 3-17 所示。

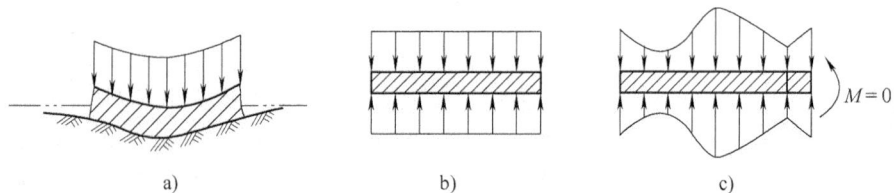

图 3-17　柔性基础基底压力分布

a）基础变形　b）均布荷载作用　c）驼峰式荷载作用

工程上的土坝和储油罐的基底压力可以根据这种情况计算。

2. 弹性土体上的刚性基础（$EI \to \infty$）

如果基础上作用均布荷载，并假设基底压力也是均布的，那么基础变形与地基变形就不会协调，基底中部将与地基脱离，如图 3-18a 所示。实际变形要协调，如图 3-18c 所示，基底压力必然要重新调整，最终在两端出现应力集中，如图 3-18b 所示。

3. 弹塑性地基上的有限刚性（弹性）基础

基础不可能是完全刚性的，地基也不可能是完全弹性体，而是弹塑性体，因此基础底部两端的应力不会无限大，而是在达到土体极限后，多余的应力向中部自行调整，所以出现图 3-18b 中虚线所示分布。

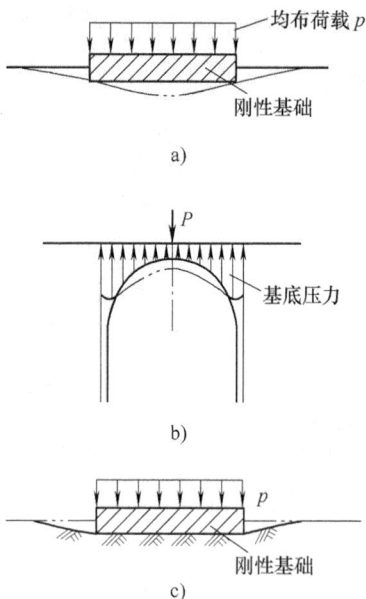

图 3-18　刚性基础基底
压力分布

实际基底压力分布还受到荷载及土性的影响，分布形式十分复杂。

## 3.4.2　基底压力的简化计算

从上述分析可知，基底压力的分布形式是很复杂的，但由于基底压力都是作用在地表附近，根据圣维南原理可知，基底压力的具体分布形成对地基中应力计算的影响将限制在一定深度之内，超过这一深度后的应力分布与基底压力分布无关，而决定于其合力的大小和位置，因此在工程计算中，允许采用简化方法，即假定基底压力按直线分布的材料力学方法进行计算。

1. 中心荷载作用

当荷载作用于基底形心时，基底压力按均匀分布，如图 3-19

所示。

对于矩形基础

$$p = \frac{P}{A} \qquad (3\text{-}20)$$

式中　$p$——基底压力（kPa）；

$P$——作用于基础底面的竖直荷载（kN）；

$A$——基底面积（m$^2$），$A = bl$，$b$、$l$ 分别为矩形基底的宽度与长度。

对于条形基础，在长度方向取 1m 计算，故

$$p_0 = \frac{P}{b} \qquad (3\text{-}21)$$

式中　$p_0$——沿长度方向 1m 内的基底上的荷载值（kN/m）。

2. 偏心荷载

矩形基础受偏心荷载作用时，按材料力学偏心受压柱计算，如图 3-20 所示。基底任意点的压力为

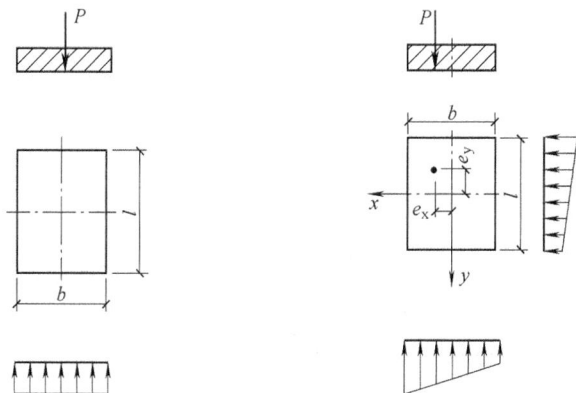

图 3-19　中心荷载下的基底压力　　图 3-20　偏心荷载下的基底压力

$$p(x,y) = \frac{P}{A} + \frac{M_x y}{I_x} + \frac{M_y x}{I_y} \qquad (3\text{-}22)$$

式中　$M_x$、$M_y$——竖直荷载 $P$ 对基础底面 $x$ 轴和 $y$ 轴的力矩（kN·m），$M_x = Pe_y$，$M_y = Pe_x$

$I_x$、$I_y$——基础底面对 $x$ 轴和 $y$ 轴的惯性矩（m$^4$）；

$e_x$、$e_y$——竖直荷载对 $y$ 轴和 $x$ 轴的偏心矩（m）。

若基底在宽度方向受单向偏心荷载时，作用在基底任意点的压力为

$$p(x,y) = \frac{P}{A} + \frac{M_y x}{I_y} = \frac{P}{A} + \frac{Pex}{\dfrac{lb^3}{12}} = \frac{P}{A} + \frac{Pex}{A\dfrac{b^2}{12}} = \frac{P}{A}\left(1 + \frac{12ex}{b^2}\right)$$

当 $x = \pm\dfrac{b}{2}$ 时，可得基底两端的压力

$$p_{\substack{max \\ min}} = \frac{P}{A}\left[1 \pm \frac{12e \times (b/2)}{b^2}\right] = \frac{P}{A}\left(1 \pm \frac{6e}{b}\right) \qquad (3\text{-}23)$$

根据该式可知：当 $e < b/6$ 时，基底压力为梯形分布如图 3-21a 所示；当 $e = b/6$ 时，基底压力为三角形分布如图 3-21b 所示；当 $e > b/6$ 时，基底压力将出现负值，即拉力，但基础和地基之间不可能存在拉力，因此，基底压力必将重新分布如图 3-21c 所示，且 $p_{max} = \frac{2P}{3Kl}$（其中 $K = \frac{b}{2} - e$），这种情况在设计中应当尽量避免。

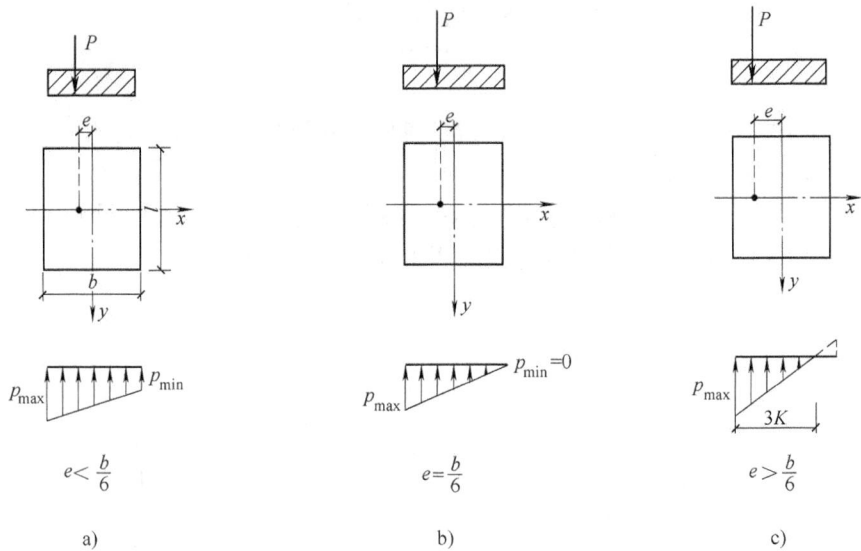

图 3-21  单向偏心荷载下的基底压力

条形基础在宽度方向受偏心荷载时，在长度方向取 1m 计算有

$$p_{\substack{max \\ min}} = \frac{P}{b}\left(1 \pm \frac{6e}{b}\right) \qquad (3\text{-}24)$$

式中    $P$——沿长度方向 1m 范围内的总荷载。

## 3.5    饱和土体中的有效应力原理

前面介绍的各种应力在三相土中由谁来分担？它们是如何分配与转化的？这些问题在土力学中都极为重要，太沙基提出的有效应力原理和固结理论不但回答了上述问题，也说明了碎散性材料和连续固体材料在力学特性上的本质区别，是使土力学成为一门独立学科的重要标志。

### ● 3.5.1    有效应力原理

在饱和土体中取面积为 $A$ 的柱状体进行研究，如图 3-22 所示。

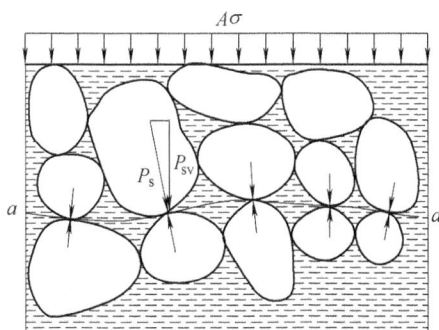

图 3-22　有效应力概念

当外力（自重或外荷载）$A\sigma$ 作用于土体后，一部分由土骨架承担，并通过颗粒之间的接触面进行应力的传递，称为粒间应力；另一部分则由可以承受法向应力的水来承担，并通过连通的孔隙水传递，这部分水压力称为孔隙水压力（pore water pressure），即

$$A\sigma = \sum P_{sv} + A_w u$$
$$\sigma = \sum P_{sv}/A + (A_w/A) u$$

式中　$\sum P_{sv}/A$——断面 $A$ 上的平均竖向粒间应力，定义为有效应力（effective stress），用 $\sigma'$ 表示。

由于在断面 $A$ 上颗粒之间的接触是点接触，因此颗粒接触面积接近为零，也就是 $A_w \approx A$，所以著名的有效应力原理表达式为

$$\sigma = \sigma' + u \tag{3-25}$$

式中　$\sigma$——作用在土中任意面上总应力（kPa）；

$\sigma'$——作用在土中同一平面骨架上有效应力（kPa）；

$u$——作用在土中同一孔隙水上孔隙水压力（kPa）。

以上讨论可以归纳为以下两个有效应力原理的要点：

1）饱和土体内任一平面受到的总应力 $\sigma$ 可分为由土颗粒承担的有效应力和孔隙水承担的孔隙水压力，即 $\sigma = \sigma' + u$。

2）土的变形与强度只取决于有效应力 $\sigma'$。

土的变形一般指土中孔隙的变化（如图 3-23 所示），主要包括：颗粒移到更稳定的位置；接触点破碎；土粒断裂。孔隙水压力对土颗粒的作用是各向相等的，不会使土颗粒移动，造成孔隙的变化。同时，孔隙水压力对土粒的压缩而引起颗粒本身体积的变化比起孔隙的变化可以忽略。例如，海绵放在海底，尽管孔隙水压力很大，却不会产生变形。

由于水不能承受剪应力，因此孔隙水压力的变化也不会引起土的抗剪强度的变化，土的强度主要取决于粒间正应力 $\sigma'$ 引起的粒间摩擦力 $\tau_f = f\sigma'$。

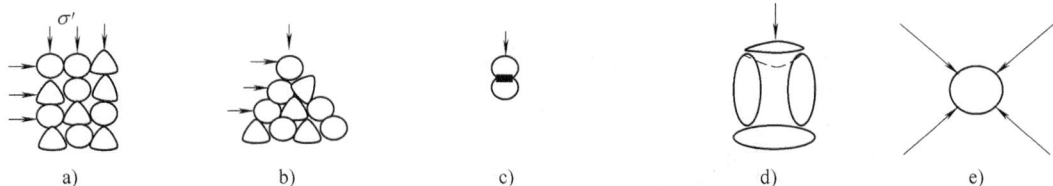

图 3-23 土的变形形式

例如，在空气中推动一个重力为 $W$ 的物体，接触面不绝对光滑，摩擦系数为 $\mu$，则需要的力为 $F = W\mu$，如果将该物体放到 1 万 m 深的海底，总应力 $\sigma$ 增大了约 100MPa，但 $\sigma'$ 减小了。不考虑摩擦系数 $\mu$ 的变化，$F = \sigma'\mu = (W - V\gamma_w)\mu$，因而推动物体所需要的力 $F$ 反而减小了。

## 3.5.2  自重应力下的有效应力计算

1. 静水（地下水）条件下的应力分布

图 3-24 所示为一土层剖面，地下水位位于地面以下 $H_1$ 深处，地下水位以上土的湿重度为 $\gamma_1$，地下水位以下为饱和重度 $\gamma_{sat}$。地下水位以下 $A$ 点的应力分析如下：

总应力 $\quad\quad \sigma = \gamma_1 H_1 + \gamma_{sat} H_2 = \sum \gamma_i H_i$

孔隙水压力 $\quad u = \gamma_w H_2$

有效应力 $\quad\quad \sigma' = \sigma - u = \gamma_1 H_1 + \gamma_{sat} H_2 - \gamma_w H_2 = \gamma_1 H_1 + (\gamma_{sat} - \gamma_w) H_2 = \gamma_1 H_1 + \gamma' H_2 = \sum \gamma_i H_i = \sigma_c$

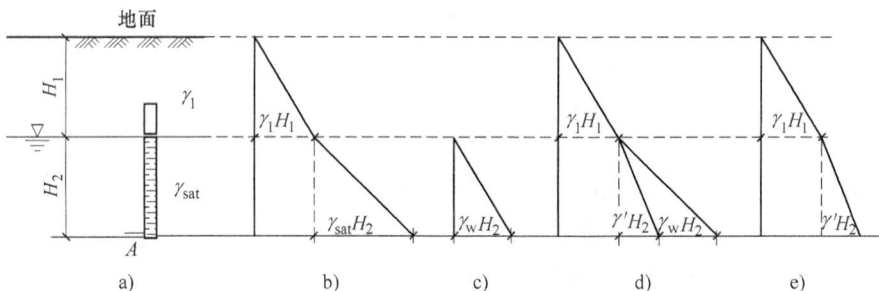

图 3-24  静水条件下的应力分布

a) 土层剖面  b) 总应力 $\sigma$ 分布  c) $u$ 分布
d) 求 $\sigma' = \sigma - u$  e) 直接计算 $\sigma' = \sum H_i \gamma_i$

若地下水位下降，导致孔隙水压力和总应力下降，有效应力增大，必然会进一步导致土体下沉，这就是为什么城市过量抽取地下水后，地下水位下降，引起地面下沉的一个原因，如图 3-25 所示。

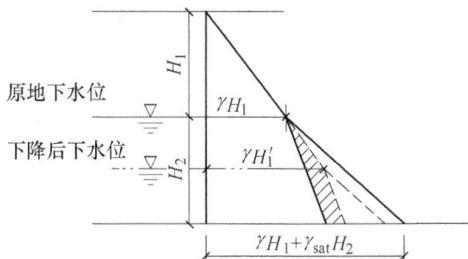

图 3-25　地下水位下降时各种应力变化

## 2. 毛细饱和区内应力分布

毛细饱和区内的水压力与静止孔隙水压力的分布规律相同，大小与自由水表面的距离成正比，但其中的水呈张拉状态，孔隙水压力为负值，如图 3-26 所示。

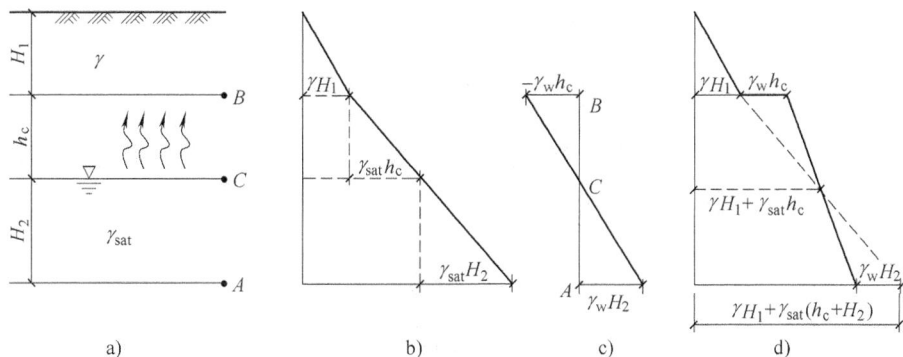

图 3-26　考虑毛细水时土层中的应力
a）地层情况　b）总应力　c）孔隙水压力　d）有效应力

任一点的孔隙水压力为 $u = -z\gamma_w$。其中 $z$ 为该点至自由水面的距离。

根据静水中总水头（测压管水头）必相等的原理得各点水头，见表 3-7。

表 3-7　水头计算

| 点 | 位置水头 | 压力水头 | 测压管水头 |
|---|---|---|---|
| $C$ | $H_2$ | $0$ | $H_2$ |
| $A$ | $0$ | $H_2$ | $H_2$ |
| $B$ | $h_c + H_2$ | $-h_c$ | $H_2$ |

## 3. 稳定渗流条件下的应力分布

稳定渗流是指与时间无关的常水头渗流，所以各点的 $\partial u/\partial t = 0$（孔隙水压力不随时间变化）。

（1）有向上渗流

1）采用有效应力原理的分析方法。如图 3-27 所示，先画总应力图，再画孔隙水压力图，相减就得到有效应力图。该方法简单、直观、可靠。

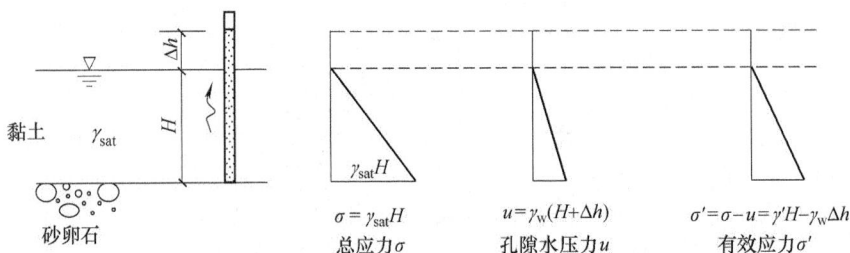

图 3-27  有向上渗流时土体中的应力分布（有效应力解法）

2）取土骨架为隔离体直接确定有效应力（如图 3-28 所示）。该方法易错。

自重应力 $\gamma'H$，方向向下。

渗透力为 $j = i\gamma_w = \dfrac{\Delta h}{H}\gamma_w$，方向向上。

渗透力产生的应力为 $J = \dfrac{jV}{A} = \dfrac{jAH}{A} = jH = \gamma_w\Delta h$，方向向上。

有效应力为 $\sigma' = \gamma'H - jH = \gamma'H - \gamma_w\Delta h$。

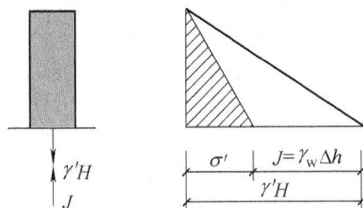

图 3-28  有向上渗流时土体中的应力（直接解法）

（2）有向下渗流

1）采用有效应力原理的分析方法（如图 3-29 所示）$\sigma = \sigma' + u$。

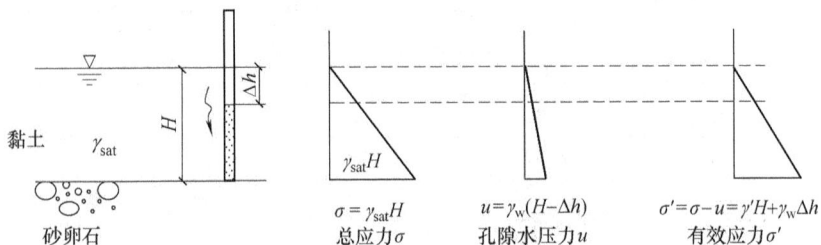

图 3-29  有向下渗流时土体中的应力分布（有效应力解法）

2）直接确定有效应力（如图 3-30 所示）

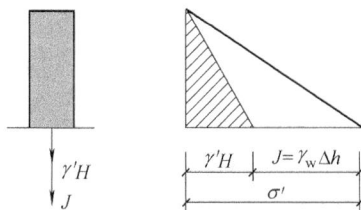

图 3-30  有向下渗流时土体中的应力分布（直接解法）

自重应力为 $\gamma'H$，方向向下。

渗透力产生的应力为 $J = jH = \gamma_w \Delta h$，方向向下。

有效应力为 $\sigma' = \gamma'H + jH = \gamma'H + \gamma_w \Delta h$。

与静水条件相比，在发生向上渗流时，孔隙水压力增加了 $\gamma_w \Delta h$，有效应力减少了 $\gamma_w \Delta h$；在发生向下渗流时，孔隙水压力减少了 $\gamma_w \Delta h$，有效应力增加了 $\gamma_w \Delta h$，这是抽取地下水引起地面下沉的原因之一。

【本章小结】  土中应力大小及其分布是土力学最基本的课题之一。在对建筑物地基基础进行变形（沉降）、承载力与稳定性分析之前，首先需要掌握建筑前后土中应力的分布和变形情况。自重应力和附加应力由于产生的原因不同，因而分布规律和计算方法也不同。在计算土中应力时，一般假定地基为均匀的、连续的、各向同性的半无限线性变形体，采用弹性理论公式计算。这种假定与土体的实际情况是有出入的，因为土是不连续的多向分散介质，具有明显的层理构造和各向异性，变形也具有明显的非线性特征，严格地说不能按弹性理论来研究重大工程的土力学问题。但从实际角度来看，塑性分析极为繁琐，同时土的塑性理论也有待进一步完善。实践证明，当基底压力在一定范围内（即一般建筑物荷载作用下地基中应力的变化范围不太大时），用弹性理论的计算结果能够满足实际工程要求。本章应重点掌握：土中自重应力的计算及其分布规律；基底压力的简化计算方法；矩形和条形均布荷载作用下附加应力的计算及其分布规律。此外，有效应力原理是土力学中极其重要的原理，深刻理解有效应力原理，将有助于学好本课程和以后的工程实践。

## 复习思考题

1. 什么叫做土的自重应力和附加应力？

2. 地下水位的升降对土中自重应力有什么影响？

3. 说明饱和土体的有效应力原理。

4. 地基中附加应力的影响因素有哪些？

5. 简述基底压力的分布规律。

6. 土的变形与连续体的变形有哪些不同（本质是什么，有哪些类型）？

7. 某土层及其物理指标如图 3-31 所示，计算土中自重应力。（38kPa，67.6kPa，95.7kPa）

8. 已知某矩形基础宽为 4m，长为 8m，基底附加应力为 90kPa，中心线下 6m 处竖向附加应力为 58.28kPa，试问另一矩形基础，宽为 2m，长为 4m，基底附加应力为 100kPa，角点下 6m 处竖向附加应力为多少？（16.2kPa）

9. 一矩形基础，宽为 3m，长为 4m，在长边方向作用一偏心荷载 $F + G = 1200$kN。偏心距为多少时，基底不会出现拉应力？试问当 $p_{min} = 0$ 时，最大压力为多少？（0.67m，200kPa）

10. 一矩形基础（$l = 5$m、$b = 3$m）三角形分布荷载作用在地基表面，荷载最大值 $p = 100$kPa，计算在矩形面积内 $O$ 点下深度 $z = 3$m 处的竖向应力 $\sigma_z$ 值（见图 3-32）。（16.7kPa）

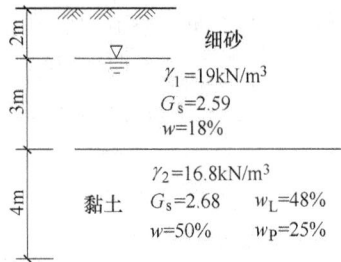

图　3-31

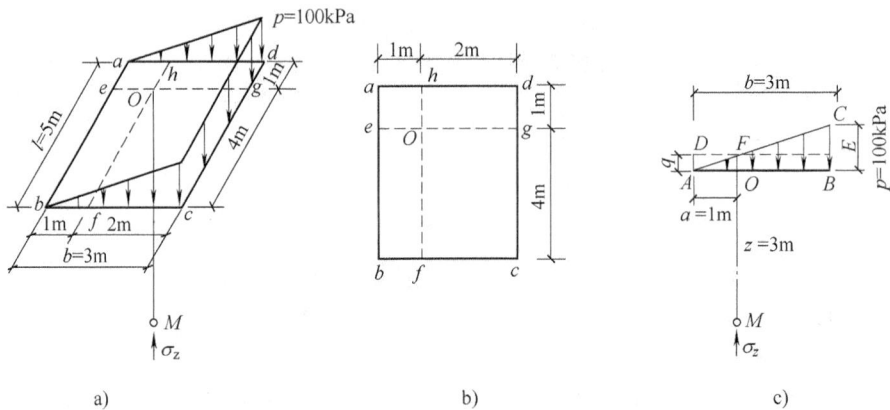

图　3-32

# 第4章 土的压缩性与地基沉降量计算

在地面荷载作用下，土的压缩引起基础沉降。沉降计算是工程设计中非常重要的方面，根据土体工程的实际情况选取合理的计算方法和计算参数是解决问题的关键。本章主要介绍土的压缩性及压缩指标的测定方法，地基沉降的计算法，沉降与时间的关系。变形模量可以用来表征天然土体的可压缩性，通过土的压缩试验可得到土的压缩指数等压缩指标。对于深部土体的固结计算及动力荷载作用下地基沉降问题应根据工程实际条件进行专门研究。

## 4.1 土的压缩特性

天然土体具有孔隙，在受到外力及周围环境作用时会产生体积或形状的改变，称为土的可压缩性。天然地基在上部荷载的作用下会产生沉降，沉降量的大小除与荷载的分布有关外，还与土层本身的压缩性有关。地基基础的沉降，特别是差异沉降必然在上部结构（超静定结构）中产生附加应力，影响建筑物的安全。通过试验和理论分析的方法可以计算地基沉降，进行地基设计时，必须计算在上部荷载作用下的地基沉降，以便使沉降控制在允许范围之内。

### 4.1.1 土的变形机理与特点

土颗粒的变形、破碎以及重新排列是土体变形的主要方式，土中水对土体变形也有影响，土的变形机理如图4-1所示。

土的变形具有非线性、非弹（弹塑）性、剪胀（剪缩）性、与时间有关（流变）等特点。

### 4.1.2 三轴试验中的应力-应变关系

1. 三轴试验

三轴压缩试验（triaxial compression test），也称为三轴剪切试验，是测定土的应力-应变关系（压缩性）和强度的一种常用室内试验方法。三轴压缩试验的装置如图4-2所示，压力室是三轴仪的主要组成部分。试验时将土切成直径为35mm、高度为70mm

**比萨斜塔**

The Leaning Tower of Pisa 坐落在意大利（Italy）西部古城比萨（Pisa）的教堂广场，建于1174年，1350年竣工，全部用大理石砌成。该塔开始建造时是直立的，但建到第三层时，由于地基打得不深，上层强度低，塔身开始倾斜（incline），工程遂中止。94年后，又重新继续施工，并加强了一系列防倾斜措施。但全塔建成后，塔顶中心点还是偏离垂直中心线。目前，塔顶中心点已偏离垂直中心线4.4 m。比萨斜塔54m多高，经过600多年的风雨，该塔巍然屹立，"斜而不倾"，使该塔闻名于世。

或直径为50mm、高度为100mm的圆柱体，用薄乳胶膜套起来，装到密封的压力室中，向压力室内注水，给试件施加 $\sigma_2 = \sigma_3$ 的周围压力，并使它在试验过程中保持不变。然后通过活塞杆对试件顶面分级施加竖向应力 $\Delta\sigma_1$，即偏差应力 $\sigma_1 - \sigma_3$，同时测量每级压力作用下的竖向变形，计算相应的应变 $\varepsilon_1$，得到 $(\sigma_1 - \sigma_3)$-$\varepsilon_1$ 关系曲线。对饱和试样还可以通过测量排水管中的进出水量，计算每级压力作用下的体积应变 $\varepsilon_V$。

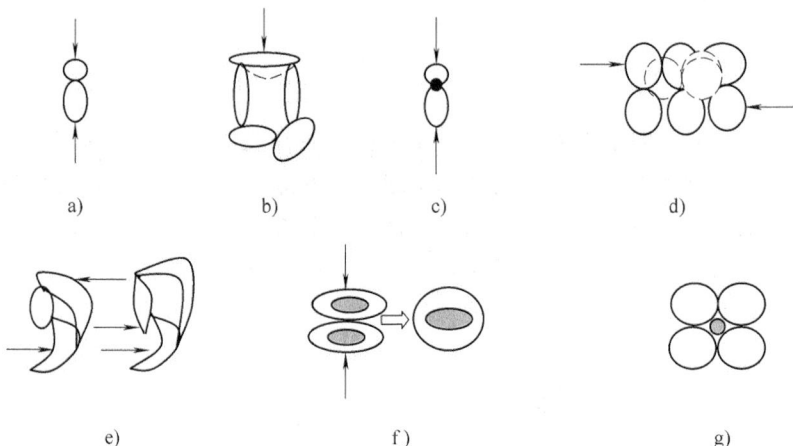

图 4-1　土的变形机理

a）接触点变形（弹性）　　b）挠曲（弹性）断裂（塑性）
c）接触点破碎（塑性）　d）颗粒滑动（伴剪切）　e）颗粒错动（转动）（伴剪胀）
f）结合水膜变形（与时间有关）　g）孔隙流体的渗透变形（弹性）

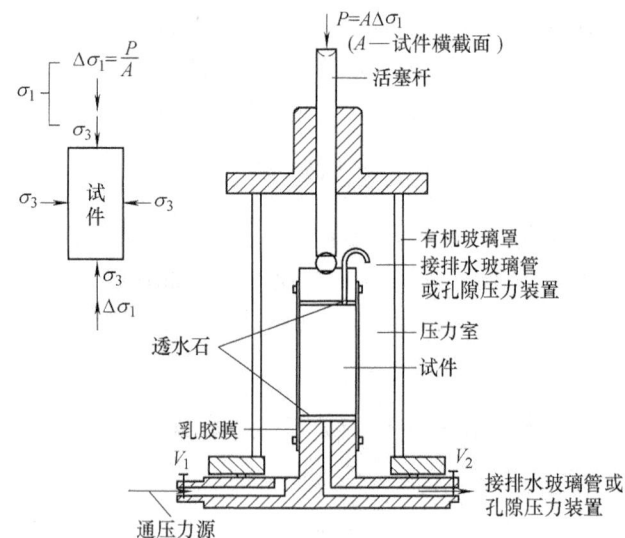

图 4-2　三轴压缩试验装置

三轴试验有三种类型，即固结排水试验（简称排水试验），固结不排水试验，不固结不排水试验（简称不排水试验）。所谓固结 (consolidation)，就是在施加周围压力 $\sigma_2 = \sigma_3$ 时打开排水阀门，让土样充分排水，直至变形稳定。所谓排水 (drainage) 就是在施加竖向应力 $\Delta\sigma_1 = \sigma_1 - \sigma_3$ 时，打开排水阀门，并且加载速度要慢，保证在加载过程中不产生超静孔隙水压力 (excess pore water pressure)。

2. 试验结果及特点

不同试验条件下土的应力-应变关系特点如图4-3所示。土在三轴应力状态下破坏时的最大主应力 $\sigma_1$，随围压 $\sigma_3$ 的增加而增大（见图4-3a）。对于砂土，其应力-应变关系密实程度不同而呈现出较大的差异（见图4-3b）。在循环加载、卸载应力作用下，土会产生残余变形，具有明显塑性特征（见图4-3c）。黏土在长期荷载作用下表现出蠕变性（见图4-3d）。

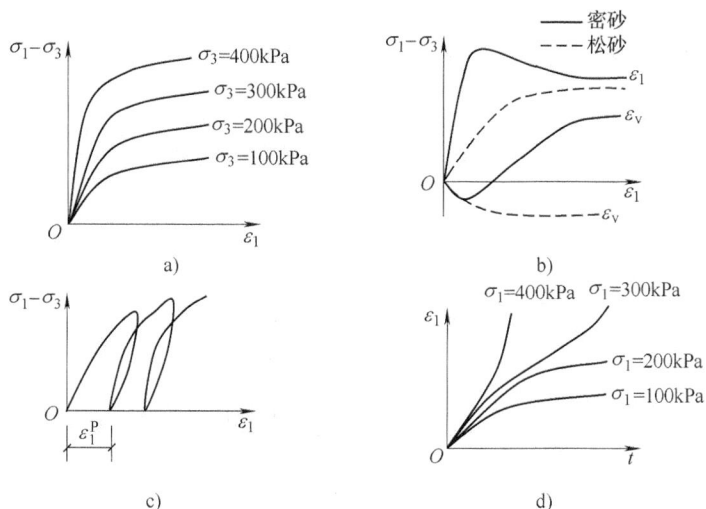

图4-3　土的应力-应变关系特点

a) 与围压 $\sigma_3$ 的关系　b) 与土的密度关系　c) 有残余应变　d) 黏土的蠕变性

3. 土的应力-应变关系数学模型

各种土的应力-应变关系可以用图4-4中的数学模型表达。

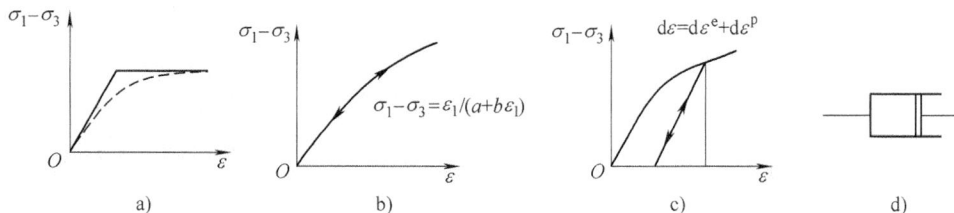

图4-4　各种土的应力-应变关系数学模型

a) 完全弹塑性　b) 非线弹性　c) 弹塑性　d) 流变模型

土的直剪试验仪

土的固结试验仪

土的固结试验
（动画）

## 4.1.3　压缩曲线和压缩性指标

1. 侧限压缩试验

侧限压缩试验也称为固结试验（consolidation test or oedometer test），一般适用于黏性土。砂土因无法取得原状试样和压缩性小而难以做侧限压缩试验。

（1）侧限压缩试验简介　用金属环刀（内径 79.8mm，高 20mm）从原状土样切取试样，将试样连同环刀装入侧限压缩仪（也称固结仪）的护环内，如图 4-5 所示。由于金属环刀及刚性护环的限制，使得土样在竖向压力作用下只能发生竖向变形，而无侧向变形。在土样上下放置的透水石是土样受压后排出孔隙水的两个界面。压缩过程中竖向压力通过刚性板施加给土样，土样产生的压缩量可通过百分表量测。常规压缩试验通过逐级加荷进行试验，常用的分级加荷量 $p$ 为：50kPa、100kPa、200kPa、300kPa、400kPa。

应力状态

$$\varepsilon_x = \varepsilon_y = 0$$

即

$$\sigma_x = \sigma_y = \frac{\mu}{1-\mu}\sigma_z = K_0\sigma_z$$

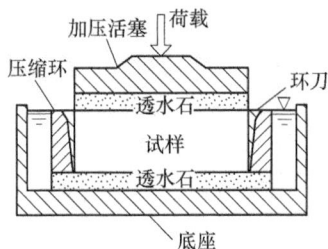

图 4-5　土的压缩试验

（2）压缩曲线的获得　侧限压缩试验中土样孔隙比的变化如图 4-6 所示。

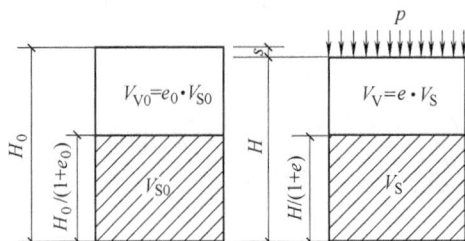

图 4-6　侧限压缩试验中土样孔隙比的变化

$$V_{s0} = \frac{H_0}{1+e_0}A, V_s = \frac{H}{1+e}A \quad (\text{其中} A \text{为土样横截面积})$$

因为 $$V_s = V_{s0}$$

则有 $$\frac{H_0}{1+e_0}A = \frac{H}{1+e}A = \frac{H_0-s}{1+e}A$$

即 $$e = e_0 - \frac{s}{H_0}(1+e_0) \tag{4-1}$$

式中 $e_0$——土的初始孔隙比，需由土的三相试验结果通过计算得到。

这样，只要测得土样在各级压力 $p$ 作用下的稳定压缩量 $s$ 后，就可以按上式计算出相应的孔隙比 $e$，从而绘制土的压缩曲线，如图 4-7 所示。

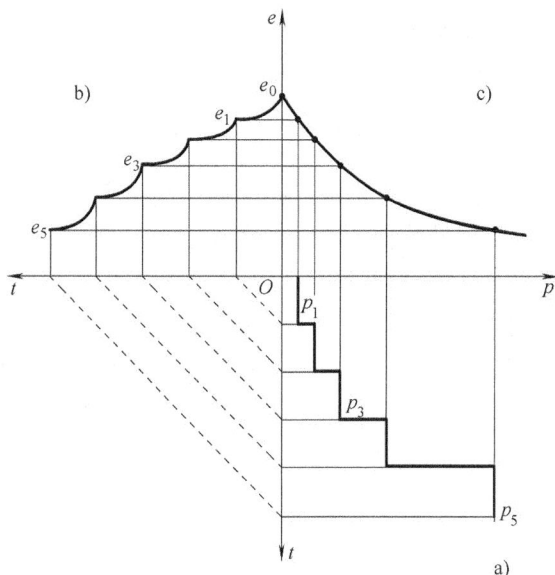

图 4-7　侧限压缩试验曲线
a）载荷时间曲线　b）变形时间曲线　c）压缩曲线

（3）侧限压缩与三轴压缩应力-应变关系比较　对图 4-8 所示侧限应力-应变关系曲线与三轴应力-应变关系曲线比较可以看出：

1）侧限应力-应变曲线唯一，$p$ 无限增长，但以 $e_0/(1+e_0)$ 为渐近线。

2）三轴压缩应力-应变曲线随围压变化而变化；侧限压缩时土体的刚度（变形模量）越来越大，也就是密度越来越大。

3）三轴压缩时变形模量越来越小。

4）侧限压缩时 $\varepsilon_V = \varepsilon_z$，土样总在压缩，无剪胀可能；密砂

在三轴压缩时却很容易出现剪胀。

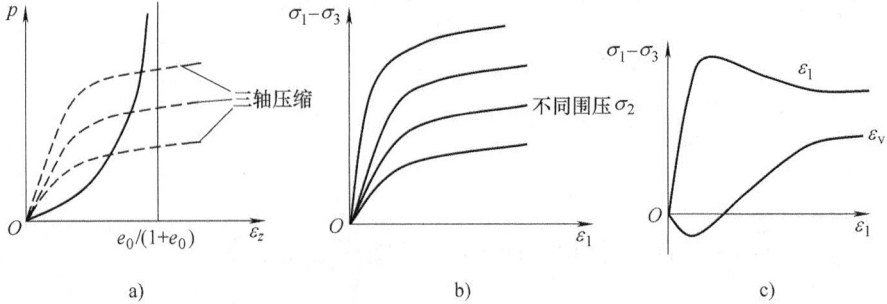

图 4-8 侧限压缩与三轴压缩应力-应变曲线比较

a) 侧限压缩刚度越来越大　b) 三轴应力应变曲线随围压而变化　c) 三轴压缩时的剪胀

2. $e$-$p$ 曲线及有关压缩性指标

1) 侧限压缩系数（oedometric coefficient）$a$。如图 4-9 所示，$e$-$p$ 曲线的割线斜率 $\tan\alpha$ 就是侧限压缩系数 $a$，即

$$a = -\frac{\Delta e}{\Delta p} = \frac{e_1 - e_2}{p_2 - p_1} = \tan\alpha \qquad (4-2)$$

$a$ 反映了 $e$-$p$ 曲线的陡缓，即土的压缩性大小，表示了单位压力增量所导致的孔隙比的减小。由于它不是常数，为了便于比较，通常采用压力由 $p_1 = 100\text{kPa}$ 增加到 $p_2 = 200\text{kPa}$ 时的压缩系数 $a_{1-2}$ 来评定土的压缩性高低。当 $a_{1-2} < 0.1\text{MPa}^{-1}$ 时，为低压缩性土；当 $0.1\text{MPa}^{-1} \leqslant a_{1-2} < 0.5\text{MPa}^{-1}$ 时，为中压缩性土；当 $a_{1-2} \geqslant 0.5\text{MPa}^{-1}$ 时，为高压缩性土。

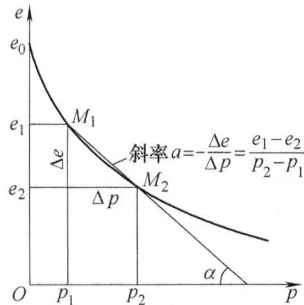

图 4-9 压缩系数 $a$ 的确定

2) 体积压缩系数（coefficient of volume compressibility）$m_V$

$$m_V = \frac{\Delta \varepsilon_V}{\Delta p} = \frac{\Delta \varepsilon_z}{\Delta p} = \frac{\dfrac{-\Delta e}{1 + e_1}}{\Delta p} = \frac{a}{1 + e_1} \qquad (4-3)$$

3) 侧限压缩模量（oedometric modulus）$E_s$

$$E_s = \frac{\Delta p}{\Delta \varepsilon_V} = \frac{\Delta \sigma_z}{\Delta \varepsilon_z} = \frac{1 + e_1}{a} = \frac{1}{m_V} \qquad (4-4)$$

【**例 4-1**】 某土样的压缩系数为 $0.15\mathrm{MPa}^{-1}$，其天然孔隙比为 $0.752$，计算该土的压缩模量。

**解：** $E_{\mathrm{s}} = \dfrac{1+e_1}{a} = \left(\dfrac{1+0.752}{0.15}\right)\mathrm{MPa} = 11.68\mathrm{MPa}$

故该土的压缩模量为 $11.68\mathrm{MPa}$。

4）变形模量（modulus of deformation）$E$。变形模量相当于弹性理论中的弹性模量，即土样在无侧限条件下的应力增量与应变增量之比，也就是单轴压缩时的应力增量与应变增量之比。由于土的变形中含有不可恢复的塑性变形，加载与卸载时的 $E$ 不相等，在土力学中称为变形模量。

5）变形模量 $E$ 与压缩模量 $E_{\mathrm{s}}$ 的关系。由于 $E = \Delta\sigma/\Delta\varepsilon$，若 $\Delta\sigma_x$、$\Delta\sigma_y \neq 0$，那么，对于一般应力状态

$$\Delta\varepsilon_z = \frac{\Delta\sigma_z}{E} - \frac{\mu(\Delta\sigma_x + \Delta\sigma_y)}{E}$$

对于侧限状态 $\quad \Delta\sigma_x = \Delta\sigma_y = \dfrac{\mu}{1-\mu}\Delta\sigma_z$

$$\Delta\varepsilon_z = \frac{1}{E}\left(1 - \frac{2\mu^2}{1-\mu}\right)\Delta\sigma_z$$

则 $\quad E = \left(1 - \dfrac{2\mu^2}{1-\mu}\right)\dfrac{\Delta\sigma_z}{\Delta\varepsilon_z} = \left(1 - \dfrac{2\mu^2}{1-\mu}\right)E_{\mathrm{s}} = \beta E_{\mathrm{s}}$ （4-5）

因为 $\beta < 1.0$，所以 $E_{\mathrm{s}} > E$，即有侧限时土的刚度大于无侧限时土的刚度。

**3. $e\text{-}\lg p$ 曲线及其相应的压缩性指标**

（1）压缩指数（compression index）$C_{\mathrm{c}}$  如图 4-10 所示，土的半对数压缩曲线的后段有很长的一段是近似的直线。该直线的斜率称为土的压缩指数 $C_{\mathrm{c}}$，即

$$C_{\mathrm{c}} = -\frac{\Delta e}{\lg p} = \frac{e_1 - e_2}{\lg p_2 - \lg p_1} = -\frac{\Delta e}{\lg \dfrac{p_2}{p_1}}$$ （4-6）

与压缩系数 $a$ 一样，压缩指数 $C_{\mathrm{c}}$ 越大，土的压缩性越高，低压缩性土的 $C_{\mathrm{c}}$ 值一般小于 $0.2$，高压缩性土的 $C_{\mathrm{c}}$ 值一般大于 $0.4$。

（2）回弹指数（swelling index）$C_{\mathrm{e}}$  在卸载—再加载曲线段上，卸载段和再加载段的平均斜率称为土的回弹指数或再压缩指数 $C_{\mathrm{e}}$，通常 $C_{\mathrm{e}} \ll C_{\mathrm{c}}$。对黏土来讲，$C_{\mathrm{e}} \approx \left(\dfrac{1}{10} \sim \dfrac{1}{5}\right)C_{\mathrm{c}}$。

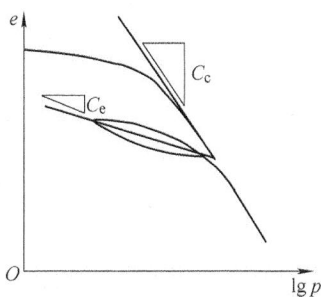

图 4-10  土的 $e\text{-}\lg p$ 曲线及压缩指数

室内试验得到的均为室内压缩曲线，试样的取样过程有卸载和扰动问题，原状土在原位现场受压有一个压缩曲线，它是客观存在的，但却无法直接得到，如图 4-11 所示。

（3）先期固结压力（preconsolidation pressure）$p_c$　如图 4-11 所示，土经过压缩卸荷再压缩，对应于同一压力强度可以有不同的孔隙比。其数值取决于土样过去曾经受到过的压力情况。土层在地质历史中，在不同压力作用下压缩的情况称为应力历史。天然土层在历史上所经受过的最大有效固结压力，称为先期固结压力，用 $p_c$ 表示。

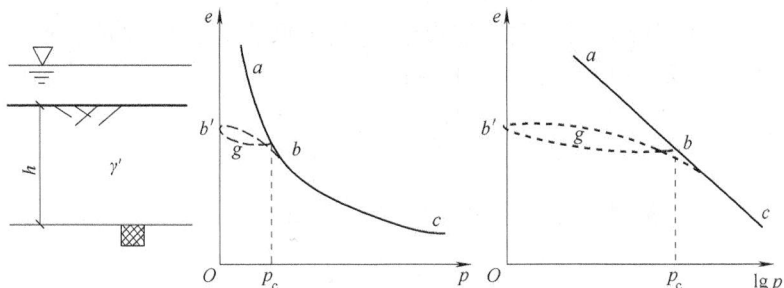

图 4-11　原位压缩曲线和再压缩曲线
abc—原位压缩曲线　bgb′—取样回弹曲线　b′gc—室内压缩曲线

用 e-lg$p$ 曲线确定先期固结压力 $p_c$，采用卡萨格兰德（Casagrande）图解法，如图 4-12 所示。

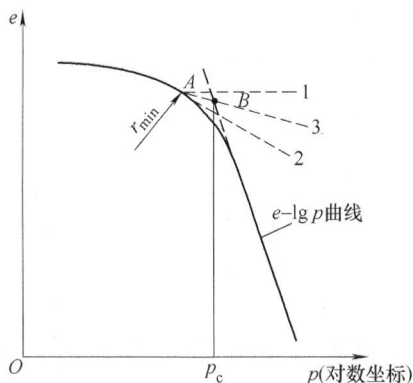

图 4-12　卡萨格兰德法确定先期固结压力

1）在 e-lg$p$ 曲线上找出最大曲率点（即曲率半径最小的点）A。

2）过 A 点作水平线 A1 和切线 A2。

3）作∠1A2 的角平分线 A3，延长 e-lg$p$ 曲线后部的直线段交 A3 线于 B 点，B 点所对应的 $p$ 为先期固结压力 $p_c$。

（4）超固结比　先期固结压力 $p_c$ 与现有压力 $p_0$ 的比值即为土的超固结比 $OCR$（overconsolidation ratio）。根据 $OCR$ 的结果可将土分为表 4-1 所列三种固结状态。

表 4-1　土的三种固结状态

| 固 结 土 | 欠固结土<br>（under consolidated soil） | 正常固结土<br>（normally consolidated soil） | 超固结土<br>（overconsolidated soil） |
|---|---|---|---|
| 固结状态 | 欠固结状态 | 正常固结状态 | 超固结状态 |
| 超固结比 $OCR$ | $OCR < 1$ | $OCR = 1$ | $OCR > 1$ |
| $p_0$ 与 $p_c$ 关系 | $p_0 > p_c$ | $p_0 = p_c$ | $p_0 < p_c$ |
| 固结特征 | 土层形成后，尚未达到固结稳定状态，如新近沉积的黏性土、人工填土等，由于沉积后，土在自重下尚未完全固结 | 土层在其自身重力作用下已经固结稳定，其先期固结压力 $p_c$ 等于上覆土的重力 | 土体在历史上曾经受到较大的荷载 $p_c$ 的作用，$p_c$ 大于上覆土重 $p_0$。冲刷使上覆土层剥蚀而形成现地面，或是原土层表面覆盖有冰川，后冰川融化，造成土体的超固结；在某些情况下，由于地下水位长期下沉，使土体发生干缩，也可形成土体的超固结状态 |

【例 4-2】　某地层自地表以下 10m 范围内均为粉土，其天然重度为 $18.5 \mathrm{kN/m^3}$，地下水位在 16m 处，已知该土层在 10m 处受到的先期固结压力为 200kPa，判断该处粉土处于何种固结状态。

**解：**

$$OCR = \frac{p_c}{\sigma_c} = \frac{200}{18.5 \times 10} = 1.08$$

故该处粉土处于超固结状态。

4. 现场初始压缩曲线的推求

现场初始压缩曲线既不知道，也不易测量，可以用卡萨格兰德（Casagrande）方法近似推求。

（1）正常固结土　对于正常固结土可按如图 4-13 所示方法推求土的原始压缩曲线。

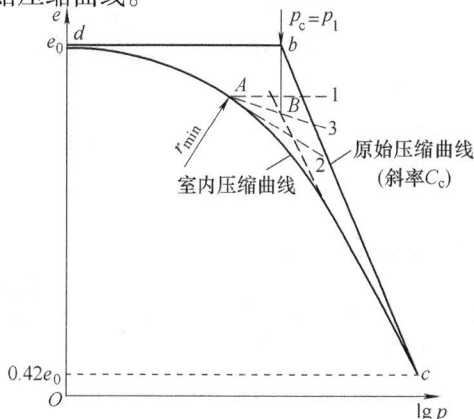

图 4-13　正常固结土的原始压缩曲线推求

假定条件：$e_0$ 代表现场原位（$p_1$）孔隙比，取样过程中无回弹，并且 $e = 0.42e_0$ 时，试样不受扰动（试验结果的总结）。

确定方法：用卡萨格兰德法从试验曲线上找到先期固结压力 $p_c$；确定原位状态点 $b$（$p_1$，$e_0$），$p_1 = p_c$；在试验曲线上找到纵坐标 $e = 0.42e_0$ 的点 $c$；连接 $b$、$c$ 两点即得原位压缩曲线 $bc$，其斜率就是土的原位压缩指数 $C_c$。

（2）超固结土　对于超固结土可按如图 4-14 所示方法推求土的原始压缩曲线。

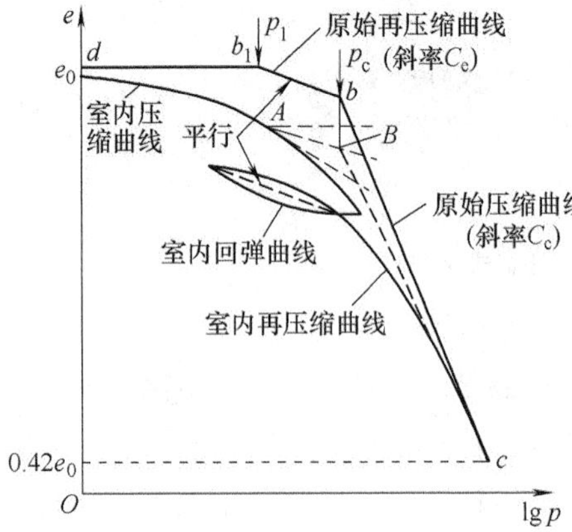

图 4-14　超固结土的原始压缩曲线推求

假定条件：$e_0$ 代表现场原位（$p_1$）孔隙比，取样过程中无回弹，再压缩指数 $C_e$ 为常数，$e = 0.42e_0$ 时，试样不受扰动（试验结果的总结）。

确定方法：用卡萨格兰德法从室内试验曲线上找到先期固结压力 $p_c$；确定原位状态点 $b_1(p_1, e_0)$，$p_1 = \gamma'h$；从 $b_1$ 点作斜率为 $C_e$ 的直线交垂线 $p = p_c$ 于 $b$ 点；在室内试验曲线上找到纵坐标 $e = 0.42e_0$ 的点 $c$；连接 $b$、$c$ 两点得直线 $bc$，$b_1b$ 为现场原状土的再压缩曲线，$bc$ 为现场原状土的压缩曲线，$b_1bc$ 可以称为现场原位土的压缩特性曲线。

（3）欠固结土　对于欠固结土近似按正常固结土的方法求原始压缩曲线。

## ● 4.1.4　现场载荷试验

现场载荷试验是以一定的加荷方式，通过一定尺寸的荷载板，在土体上施加荷载，观测荷载板在各级荷载下的沉降量。试验结果可绘成荷载 $p$ 和荷载板沉降量 $s$ 的关系曲线。$p\text{-}s$ 曲线的初始段近似为直线，利用弹性理论公式可得土体的变形模量 $E$

$$E = \frac{pB(1-\mu^2)I_0}{s} \qquad (4-7)$$

式中 $p$——施加于荷载板上的荷载（kPa）；

$B$——试验用荷载板的宽度（m）；

$\mu$——土的泊松比；

$I_0$——反映荷载板形状和刚度的系数，对刚性方形荷载板，
可取 $I_0 = 0.88$；

$E$——土的变形模量。

# 4.2 地基最终沉降量计算

大量工程实测表明，黏性土地基的沉降随着荷载作用时间进展，地基土层在建筑物荷载作用下，不断产生压缩，直至压缩完全稳定后地基表面的沉降量称为地基的最终沉降量（ultimate settlement），对于土木工程设计、施工具有重要意义。

## ● 4.2.1 单向压缩的分层总和法

1. 分层总和法

分层总和法是假设土层只发生竖向压缩变形，没有侧向变形，分别计算基础中心点下地基中各个分层土的压缩变形量 $s_i$，认为基础的平均沉降量 $s$ 等于 $s_i$ 的总和。

1）确定地基分层厚度。将天然土层交界面处和地下水位处作为分层面，分层厚度 $\Delta h_i$ 一般控制在 $2 \sim 4\text{m}$，或 $\Delta h_i \leq 0.4B$（$B$ 为基础宽度）。

2）计算地基中的应力。从天然地面开始计算地基土各分层界面处的自重应力，再计算基础底面的有效基底应力，然后计算各分层界面处的有效总应力。

3）确定受压层下限。确定地基沉降计算深度，常用的方法有应力控制法及应变控制法两类。应力控制法一般取地基附加应力等于土体自重应力的 $0.1 \sim 0.2$ 倍深度处为沉降计算深度的下限。应力控制法的具体计算方法见例4-3。

2. 分层总和法计算的基本原理

（1）基本假设

1）基底压力。线性分布（材料力学方法）。

2）附加应力。均匀线弹性理论。

3）地基土变形。侧限试验资料（非线性）。

附加应力的弹性计算与地基土的非线性压缩特性之间存在明显矛盾，因而分层总和法实际上是一种半经验的方法。

（2）计算原理

1）对于第 $i$ 层土进行压缩试验，确定有关压缩性指标。

压前应力　　　$p_{1i} = (\sigma_{c(i-1)} + \sigma_{ci})/2$，然后根据 $e$-$p$ 曲线确定 $e_{1i}$。

附加应力　　　$\Delta p_i = (\sigma_{z(i-1)} + \sigma_{zi})/2$

压后应力　　　$p_{2i} = p_{1i} + \Delta p_i$，然后根据 $e$-$p$ 曲线确定 $e_{2i}$

2）计算该层土的沉降量

① 给出 $e$-$p$ 曲线则有　　　$\Delta s_i = \dfrac{e_{1i} - e_{2i}}{1 + e_{1i}} H_i$ 　　　　(4-8)

② 给出 $a$ 则有　　　$\Delta s_i = \dfrac{a_i \Delta p_i}{1 + e_i} H_i$ 　　　　(4-9)

③ 给出 $E_s$ 则有　　　$\Delta s_i = \dfrac{\Delta p_i}{E_{si}} H_i$ 　　　　(4-10)

④ 给出 $C_c$ 则有　　　$\Delta s_i = \dfrac{H_i}{1 + e_{0i}} C_{ci} \lg \dfrac{p_{2i}}{p_{1i}}$ 　　　　(4-11)

3）计算总的变形　　$s = \sum (\Delta s_i)$

## ● 4.2.2　用 $e$-$p$ 曲线计算沉降量

用 $e$-$p$ 曲线计算沉降量适用于小面积基础且施工速度快，即不计基坑开挖中地基的回弹。其原理是用 $p$ 中 $\gamma_0 D$ 部分荷载来充当原开挖土的自重，因而地基中自重应力分布不变，产生附加应力的荷载变成了 $p - \gamma_0 D$（见图 4-15）。

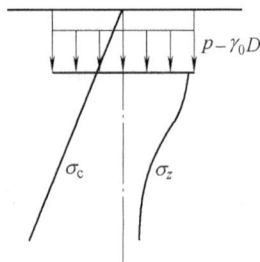

图 4-15　$e$-$p$ 曲线计算沉降原理

计算步骤：

1）确定计算点、基底中心点。

2）对地基进行分层、原则是：①天然土层变化处 $\gamma$ 及 $e$-$p$ 曲线的变化处分层；②地下水位线处分层；③每层厚度 $\Delta H_i \leqslant 0.4b$，且不大于 4m。

3）从地面算起计算（有效）自重应力分布 $\sigma_c$。

4）用 $p - \gamma_0 D$ 作为基底附加压力（即引起沉降的压力），用第 3 章的知识求地基中的附加应力 $\sigma_z$。

5）确定沉降计算的下限深度　一般黏土：$\sigma_z = 0.2\sigma_c$；软黏土：$\sigma_z = 0.1\sigma_c$；

**【例 4-3】** 试以分层总和法求在第 3 章例 3-1 中所示基础甲的最终沉降量（并应考虑左右相邻基础乙的影响），计算资料详如图 4-16 及图 4-17 所示。

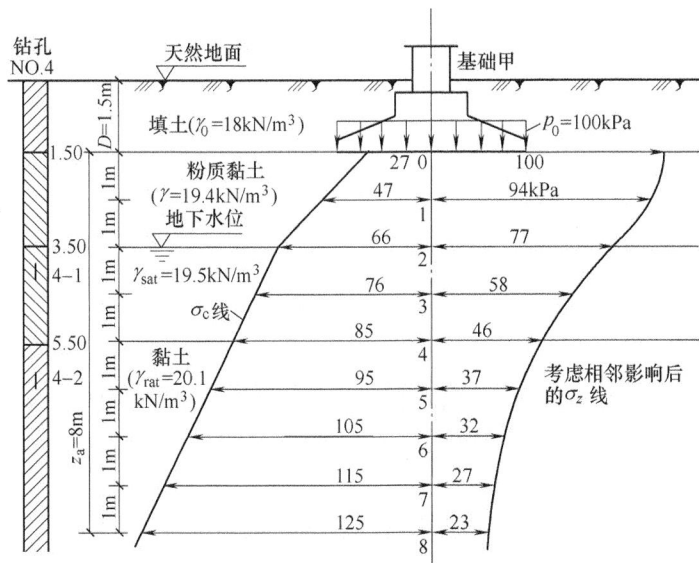

图 4-16　例 4-3 图

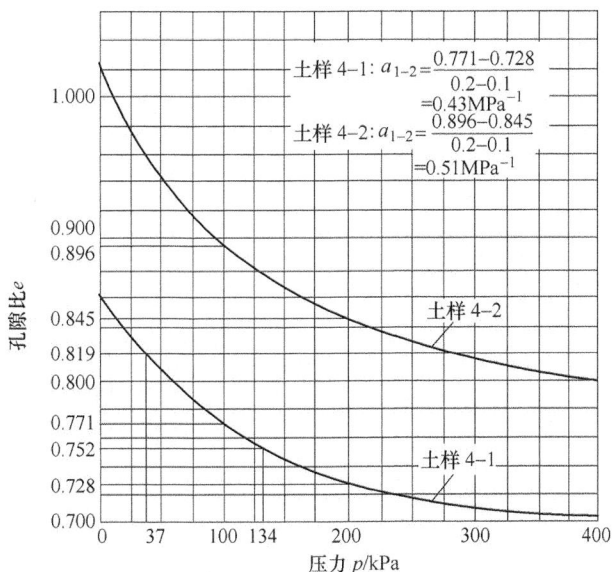

图 4-17　土样压缩曲线

**解：** 1）地基的分层。基底面下第一层粉质黏土厚 4m，地下水位分层面以上厚 2m，以下厚 2m，所以分层厚度均可取为 1m。

2）地基竖向自重应力 $\sigma_c$ 的计算。先分别计算基底处、土层层面处以及地下水位处各点的自重应力：

0 点　　　　$\sigma_c = (18 \times 1.5)\,\text{kPa} = 27\,\text{kPa}$

2 点 $\qquad \sigma_c = (27 + 19.4 \times 2)\text{kPa} = 65.8\text{kPa} \approx 66\text{kPa}$

4 点 $\qquad \sigma_c = [66 + (19.5 - 10) \times 2]\text{kPa} = 85\text{kPa}$

各分层层面处的 $\sigma_c$ 计算结果见图 4-17 和表 4-2。

3）地基竖向附加应力 $\sigma_z$ 的计算。在基础甲底面中心点下各分层界面处的 $\sigma_z$（包括相邻影响）的计算成果详见第 3 章例 1，现抄录于图 4-16 和表 4-2 中。

4）地基分层自重应力平均值和附加应力平均值的计算。例如，0-1 分层

$$p_{1i} = \frac{\sigma_{c(i-1)} + \sigma_{ci}}{2} = \left(\frac{27 + 47}{2}\right)\text{kPa} = 37\text{kPa},$$

$$\frac{\sigma_{z(i-1)} + \sigma_{zi}}{2} = \left(\frac{100 + 94}{2}\right)\text{kPa} = 97\text{kPa}$$

$$p_{2i} = p_{1i} + \frac{\sigma_{z(i-1)} + \sigma_{zi}}{2} = (37 + 97)\text{kPa} = 134\text{kPa}$$

其余各分层的计算结果列于表 4-2。

**表 4-2　例 4-3 分层总和法计算基础甲的沉降量**

| 点 | 深度 $z_i/\text{m}$ | 自重应力 $\sigma_c/\text{kPa}$ | 附加应力 $\sigma_z + \sigma_z'$ /kPa | 厚度 $H_i(\text{m})$ | 自重应力平均值 $\dfrac{\sigma_{c(i-1)} + \sigma_{ci}}{2}$ /kPa | 附加应力平均值 $\dfrac{\sigma_{z(i-1)} + \sigma_{zi}}{2}$ /kPa | 自重应力加附加应力 /kPa | 压缩曲线 | 受压前孔隙比 $e_{1i}$ | 受压后孔隙比 $e_{2i}$ | $\dfrac{e_{1i} - e_{2i}}{1 + e_{1i}}$ | $\Delta s_i$ /mm |
|---|---|---|---|---|---|---|---|---|---|---|---|---|
| 0 | 0.0 | 27 | 100 | | | | | | | | | |
| 1 | 1.0 | 47 | 94 | 1.0 | 37 | 97 | 134 | 土样 4-1 | 0.819 | 0.752 | 0.037 | 37 |
| 2 | 2.0 | 66 | 77 | 1.0 | 57 | 86 | 143 | | 0.801 | 0.748 | 0.029 | 29 |
| 3 | 3.0 | 76 | 58 | 1.0 | 71 | 68 | 139 | | 0.790 | 0.750 | 0.022 | 22 |
| 4 | 4.0 | 85 | 46 | 1.0 | 81 | 52 | 133 | | 0.784 | 0.752 | 0.018 | 18 |
| 5 | 5.0 | 95 | 37 | 1.0 | 90 | 42 | 132 | 土样 4-2 | 0.904 | 0.873 | 0.016 | 16 |
| 6 | 6.0 | 105 | 32 | 1.0 | 100 | 35 | 135 | | 0.896 | 0.872 | 0.013 | 13 |
| 7 | 7.0 | 115 | 27 | 1.0 | 110 | 30 | 140 | | 0.888 | 0.870 | 0.010 | 10 |
| 8 | 8.0 | 125 | 23 | 1.0 | 120 | 25 | 145 | | 0.882 | 0.867 | 0.008 | 8 |

注：$\sigma_z'$ 为由相邻荷载引起的附加应力。

5）地基各分层土的孔隙比变化值的确定。按各分层的 $p_{1i}$ 及 $p_{2i}$ 值从土样 4-1（粉质黏土）或土样 4-2（黏土）的压缩曲线（见图 4-17）查取孔隙比。例如，0-1 分层：$p_{1i} = 37\text{kPa}$ 从土样 4-1 的压缩曲线上得 $e_{1i} = 0.819$，按 $p_{2i} = 134\text{kPa}$ 则得 $e_{2i} = 0.752$（见图 4-17）；其余各分层孔隙比的确定结果列于表 4-2。

6）地基沉降计算深度的确定。一般按 $\sigma_z = 0.2\sigma_c$ 的要求来确定沉降深度的下限：7m 深处 $0.2\sigma_c = (0.2 \times 115)\text{kPa} = 23\text{kPa}$，$\sigma_z = 27\text{kPa} > 23\text{kPa}$（不够）；8m 深处 $0.2\sigma_c = (0.2 \times 125)\text{kPa} = 25\text{kPa}$，$\sigma_z = 23\text{kPa} < 25\text{kPa}$（可以）。

7）地基各分层沉降量的计算。例如，0-1 分层

$$\Delta s_i = \frac{e_{1i} - e_{2i}}{1 + e_{1i}} H_i = \left( \frac{0.819 - 0.752}{1 + 0.819} \times 1000 \right) mm = 37mm$$

其余各分层的计算结果列于表4-2。

8）计算基础甲的最终沉降量，从表4-2中得

$$s = \sum_{i=1}^{n} \Delta s_i = (37 + 29 + 22 + 18 + 16 + 13 + 10 + 8) mm = 153mm$$

## ● 4.2.3　用 $e\text{-}\lg p$ 曲线计算沉降量

（1）正常固结土　正常固结土的沉降可以根据图4-18所示的原始压缩曲线确定的压缩指数 $C_c$ 计算。

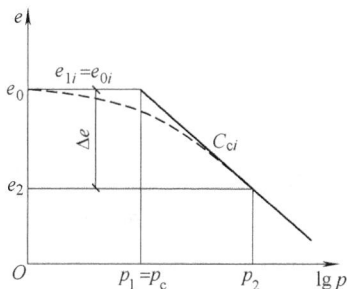

图4-18　正常固结土层的 $e\text{-}\lg p$ 曲线

对于第 $i$ 层土

$$p_{1i} = (\sigma_{c(i-1)} + \sigma_{ci})/2$$

$$\Delta p_i = (\sigma_{z(i-1)} + \sigma_{zi})/2$$

$$p_{2i} = p_{1i} + \Delta p_i = (\sigma_{c(i-1)} + \sigma_{ci})/2 + (\sigma_{z(i-1)} + \sigma_{zi})/2$$

$$\Delta e_i = -C_{ci} \lg \frac{p_{2i}}{p_{1i}} = -C_{ci} \lg \frac{p_{1i} + \Delta p_i}{p_{1i}} \tag{4-12}$$

$$\Delta s_i = \frac{-\Delta e_i}{1 + e_{0i}} H_i = \frac{H_i}{1 + e_{0i}} C_{ci} \lg \frac{p_{2i}}{p_{1i}} = \frac{H_i}{1 + e_{0i}} C_{ci} \lg \frac{p_{1i} + \Delta p_i}{p_{1i}} \tag{4-13}$$

$$s = \sum (\Delta s_i) = \sum \frac{H_i}{1 + e_{0i}} C_{ci} \lg \frac{p_{2i}}{p_{1i}} \tag{4-14}$$

（2）超固结土 $p_{1i} = \sigma_{ci} < p_{ci}$　超固结土的沉降计算需要同时用到由原始压缩曲线确定的压缩指数 $C_c$ 和原始再压缩曲线确定的回弹指数 $C_e$，如图4-19所示。

1）当 $p_{2i} = p_{1i} + \Delta p_i = \sigma_{ci} + \sigma_{zi} \leqslant p_{ci}$，或 $\Delta p_i \leqslant p_{ci} - p_{1i}$

$$\Delta e_i = -C_{ei} \lg(p_{2i}/p_{1i})$$

$$\Delta s_i = \frac{-\Delta e_i}{1 + e_{0i}} H_i = \frac{H_i}{1 + e_{0i}} C_{ei} \lg \frac{p_{2i}}{p_{1i}} = \frac{H_i}{1 + e_{0i}} C_{ei} \lg \frac{p_{1i} + \Delta p_i}{p_{1i}}$$

$$\tag{4-15}$$

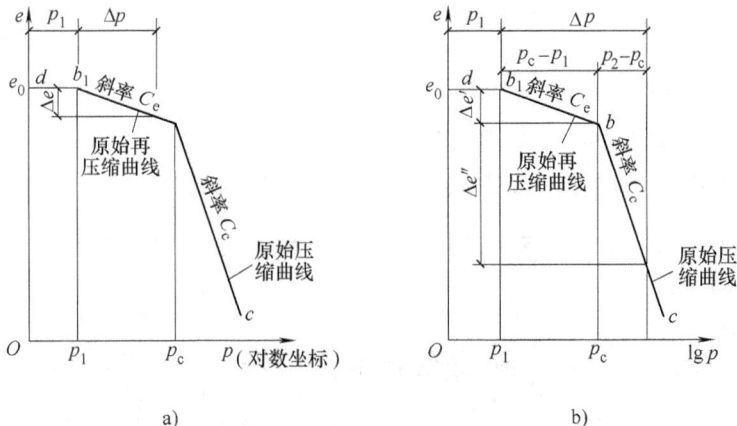

图 4-19　超固结的某土层的 $e\text{-}\lg p$ 曲线

2）当 $p_{2i} > p_{ci}$，或者 $\Delta p_i > p_{ci} - p_{1i}$

$$\Delta e_i = \Delta e_i' + \Delta e_i'' = -C_{ei}\lg(p_{ci}/p_{1i}) - C_{ci}\lg(p_{2i}/p_{ci})$$

$$\Delta s_i = \frac{H_i}{1 + e_{0i}}\left( C_{ei}\lg\frac{p_{ci}}{p_{1i}} + C_{ci}\lg\frac{p_{2i}}{p_{ci}} \right) \qquad (4\text{-}16)$$

（3）欠固结土　欠固结土的沉降包括地基附加应力所引起的沉降和尚未完成的自重固结沉降。其计算与正常固结土类似，如图 4-20 所示。

$$\Delta e_i = -C_{ci}\lg\frac{p_{2i}}{p_{ci}} = -C_{ci}\lg\frac{p_{1i} + \Delta p_i}{p_{ci}} \qquad (4\text{-}17)$$

$$\Delta s_i = \frac{H_i}{1 + e_{0i}}C_{ci}\lg\frac{p_{1i} + \Delta p_i}{p_{ci}} \qquad (4\text{-}18)$$

### ● 4.2.4　考虑地基回弹的沉降量计算

这种计算方法适用于大面积基础且施工时间长，即回弹充分（正常固结土，$e\text{-}\lg p$ 曲线）。大面积深基坑地基土的 $e\text{-}\lg p$ 曲线如图 4-21 所示，沉降计算如图 4-22 所示。

（1）计算步骤

1）自原地面起画出天然状态下的自重应力分布 $\sigma_c$。

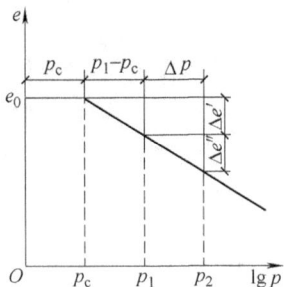

图 4-20　欠固结土
的 $e\text{-}\lg p$ 曲线

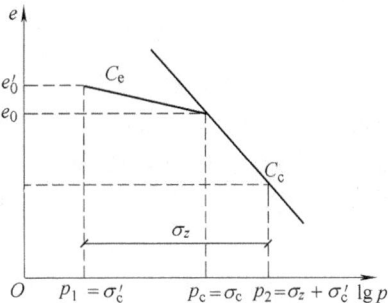

图 4-21　大面积深基坑
地基土的 $e\text{-}\lg p$ 曲线

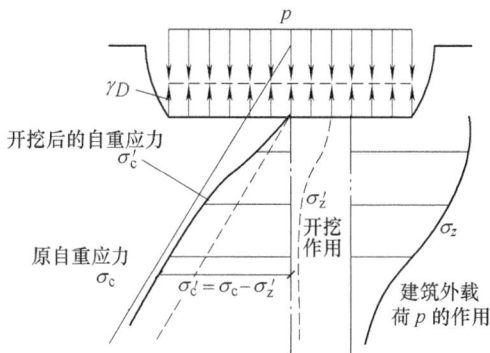

图 4-22 大面积深基坑的地基沉降计算

2）开挖：相当于在基底施加了一个向上的局部荷载 $\gamma D$，计算 $\gamma D$ 引起的附加应力 $\sigma_z'$，则开挖后而导致的地基内新的自重应力 $\sigma_c' = \sigma_c - \sigma_z'$。

3）建筑物建成以后，产生基底压力 $p$，计算 $p$ 引起的附加应力 $\sigma_z$（以 $p$ 计算，因为基底现在的自重应力 $\sigma_c = 0$）

$$\Delta s_i = \frac{H_i}{1 + e_{0i}} \left( C_{ei} \lg \frac{\sigma_c}{\sigma_c'} + C_{ci} \lg \frac{\sigma_z + \sigma_c'}{\sigma_c} \right) \qquad (4\text{-}19)$$

（2）注意事项

1）计算类似于超固结土，原先的自重应力 $\sigma_c$ 相当于先期固结应力 $p_c$。

2）所用 $e_0$ 为原来天然状态的 $e_0$，而不是回弹后的 $e_0'$，与超固结土不同。

3）沉降量是从开始建设时的地基表面算起的。

# 4.3 按规范方法计算地基变形

GB 50007—2011《建筑地基基础设计规范》规定的地基最终沉降量计算方法，是在分层总和法的基础上，总结了我国建筑工程中大量沉降观测资料，引入了沉降计算经验系数对计算结果进行修正，使计算结果与基础实际沉降更趋一致；它采用侧限条件的压缩性指标，并运用了平均附加应力系数计算；同时由于采用了"应力面积"的概念，一般可以按地基土的天然层进行分层，使计算得以简化。与以往规范相比，增加了回弹再压缩变形计算方法。

## ● 4.3.1 按规范计算地基最终沉降量

1. 计算方法

计算地基变形时，地基内的应力分布可采用各向同性均质线性变形体理论。假定地基是均质的，即侧限条件下压缩模量 $E_s$ 不随深度变化，则基底至地基任意深度 $z$ 范围内的最终变形量可按下式计算

$$s = \psi_s s' = \psi_s \sum_{i=1}^{n} \frac{p_0}{E_{si}} (z_i \overline{\alpha}_i - z_{i-1} \overline{\alpha}_{i-1}) \qquad (4\text{-}20)$$

式中　　$s$——地基最终变形量（即基础最终沉降量）（mm）；

　　　　$s'$——按分层总和法计算的地基变形量（即基础沉降量）（mm）；

　　　　$\psi_s$——沉降计算经验系数，根据地区沉降观测资料及经验确定，无地区经验时可根据变形计算深度内压缩模量的当量值（$\overline{E}_s$）、基底附加压力按表 4-3 取值；

　　　　$n$——地基变形计算范围内所划分的土层数（见图 4-23）；

　　　　$p_0$——相应于作用的准永久组合时基础底面的附加压力（kPa）；

　　　　$E_{si}$——基础底面下第 $i$ 层土的压缩模量，按实际应力段范围取值（MPa）；

　　$z_i$、$z_{i-1}$——基础底面至第 $i$ 层土、第 $i-1$ 层土底面的距离（m）；

　　$\overline{\alpha}_i$、$\overline{\alpha}_{i-1}$——基础底面的计算点至第 $i$ 层土、第 $i-1$ 层土底面范围内平均附加应力系数，可按表 4-4 查用。

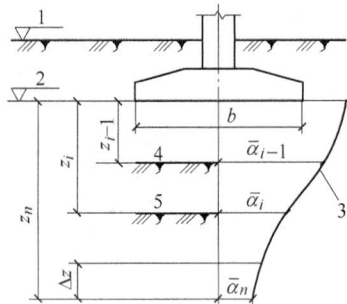

图 4-23　基础沉降计算的分层示意图

1—天然地面标高　2—基座标高　3—平均附加应力系数 $\overline{\alpha}$ 曲线　4—$i-1$ 层　5—$i$ 层

表 4-3　沉降计算修正系数 $\psi_s$

| $\overline{E}_s$/MPa | 2.5 | 4.0 | 7.0 | 15.0 | 20.0 |
|---|---|---|---|---|---|
| $p_0 \geq f_k$ | 1.4 | 1.3 | 1.0 | 0.4 | 0.2 |
| $p_0 \leq 0.75 f_k$ | 1.1 | 1.0 | 0.7 | 0.4 | 0.2 |

注：$\overline{E}_s$ 为沉降计算深度范围内压缩模量的当量值，$f_k$ 为地基承载力标准值。

表 4-4　矩形面积上均布荷载作用下角点的竖向平均附加应力系数 $\overline{\alpha}$

| $z/b$ \ $l/b$ | 1.0 | 1.2 | 1.4 | 1.6 | 1.8 | 2.0 | 2.4 | 2.8 | 3.2 | 3.6 | 4.0 | 5.0 | 10.0 |
|---|---|---|---|---|---|---|---|---|---|---|---|---|---|
| 0.0 | 0.2500 | 0.2500 | 0.2500 | 0.2500 | 0.2500 | 0.2500 | 0.2500 | 0.2500 | 0.2500 | 0.2500 | 0.2500 | 0.2500 | 0.2500 |
| 0.2 | 0.2496 | 0.2497 | 0.2497 | 0.2498 | 0.2498 | 0.2498 | 0.2498 | 0.2498 | 0.2498 | 0.2498 | 0.2498 | 0.2498 | 0.2498 |
| 0.4 | 0.2474 | 0.2477 | 0.2481 | 0.2483 | 0.2483 | 0.2484 | 0.2485 | 0.2485 | 0.2485 | 0.2485 | 0.2485 | 0.2485 | 0.2485 |
| 0.6 | 0.2423 | 0.2437 | 0.2444 | 0.2448 | 0.2451 | 0.2452 | 0.2454 | 0.2455 | 0.2455 | 0.2455 | 0.2455 | 0.2455 | 0.2456 |
| 0.8 | 0.2346 | 0.2372 | 0.2387 | 0.2395 | 0.2406 | 0.2403 | 0.2407 | 0.2408 | 0.2409 | 0.2409 | 0.2410 | 0.2410 | 0.2410 |

（续）

| z/b \ l/b | 1.0 | 1.2 | 1.4 | 1.6 | 1.8 | 2.0 | 2.4 | 2.8 | 3.2 | 3.6 | 4.0 | 5.0 | 10.0 |
|---|---|---|---|---|---|---|---|---|---|---|---|---|---|
| 1.0 | 0.2252 | 0.2291 | 0.2313 | 0.2326 | 0.2335 | 0.2340 | 0.2346 | 0.2349 | 0.2351 | 0.2352 | 0.2352 | 0.2353 | 0.2353 |
| 1.2 | 0.2149 | 0.2199 | 0.2229 | 0.2248 | 0.2260 | 0.2268 | 0.2278 | 0.2282 | 0.2285 | 0.2286 | 0.2287 | 0.2288 | 0.2289 |
| 1.4 | 0.2043 | 0.2102 | 0.2140 | 0.2164 | 0.2180 | 0.2191 | 0.2204 | 0.2211 | 0.2215 | 0.2217 | 0.2218 | 0.2220 | 0.2221 |
| 1.6 | 0.1939 | 0.2006 | 0.2049 | 0.2079 | 0.2099 | 0.2113 | 0.2130 | 0.2138 | 0.2143 | 0.2146 | 0.2148 | 0.2150 | 0.2152 |
| 1.8 | 0.1840 | 0.1912 | 0.1960 | 0.1994 | 0.2018 | 0.2034 | 0.2055 | 0.2066 | 0.2073 | 0.2077 | 0.2079 | 0.2082 | 0.2084 |
| 2.0 | 0.1746 | 0.1822 | 0.1875 | 0.1912 | 0.1938 | 0.1958 | 0.1982 | 0.1996 | 0.2004 | 0.2009 | 0.2012 | 0.2015 | 0.2018 |
| 2.2 | 0.1659 | 0.1737 | 0.1793 | 0.1833 | 0.1862 | 0.1883 | 0.1911 | 0.1927 | 0.1937 | 0.1943 | 0.1947 | 0.1952 | 0.1955 |
| 2.4 | 0.1578 | 0.1657 | 0.1715 | 0.1757 | 0.1789 | 0.1812 | 0.1843 | 0.1862 | 0.1873 | 0.1880 | 0.1885 | 0.1890 | 0.1895 |
| 2.6 | 0.1503 | 0.1583 | 0.1642 | 0.1686 | 0.1719 | 0.1745 | 0.1779 | 0.1799 | 0.1812 | 0.1820 | 0.1825 | 0.1832 | 0.1838 |
| 2.8 | 0.1433 | 0.1514 | 0.1574 | 0.1619 | 0.1654 | 0.1680 | 0.1717 | 0.1739 | 0.1753 | 0.1763 | 0.1769 | 0.1777 | 0.1784 |
| 3.0 | 0.1369 | 0.1449 | 0.1510 | 0.1556 | 0.1592 | 0.1619 | 0.1658 | 0.1682 | 0.1698 | 0.1708 | 0.1715 | 0.1725 | 0.1733 |
| 3.2 | 0.1310 | 0.1390 | 0.1450 | 0.1497 | 0.1533 | 0.1562 | 0.1602 | 0.1628 | 0.1645 | 0.1657 | 0.1664 | 0.1675 | 0.1685 |
| 3.4 | 0.1256 | 0.1334 | 0.1394 | 0.1441 | 0.1478 | 0.1508 | 0.1550 | 0.1577 | 0.1595 | 0.1607 | 0.1616 | 0.1628 | 0.1639 |
| 3.6 | 0.1205 | 0.1282 | 0.1342 | 0.1389 | 0.1427 | 0.1456 | 0.1500 | 0.1528 | 0.1548 | 0.1561 | 0.1570 | 0.1583 | 0.1595 |
| 3.8 | 0.1158 | 0.1234 | 0.1293 | 0.1340 | 0.1378 | 0.1408 | 0.1452 | 0.1482 | 0.1502 | 0.1516 | 0.1526 | 0.1541 | 0.1554 |
| 4.0 | 0.1114 | 0.1189 | 0.1248 | 0.1294 | 0.1332 | 0.1362 | 0.1408 | 0.1438 | 0.1459 | 0.1474 | 0.1485 | 0.1500 | 0.1516 |
| 4.2 | 0.1073 | 0.1147 | 0.1205 | 0.1251 | 0.1289 | 0.1319 | 0.1365 | 0.1396 | 0.1418 | 0.1434 | 0.1445 | 0.1462 | 0.1479 |
| 4.4 | 0.1035 | 0.1107 | 0.1164 | 0.1210 | 0.1248 | 0.1279 | 0.1325 | 0.1357 | 0.1379 | 0.1396 | 0.1407 | 0.1425 | 0.1444 |
| 4.6 | 0.1000 | 0.1070 | 0.1127 | 0.1172 | 0.1209 | 0.1240 | 0.1287 | 0.1319 | 0.1342 | 0.1359 | 0.1371 | 0.1390 | 0.1410 |
| 4.8 | 0.0967 | 0.1036 | 0.1091 | 0.1136 | 0.1173 | 0.1204 | 0.1250 | 0.1283 | 0.1307 | 0.1324 | 0.1337 | 0.1357 | 0.1379 |
| 5.0 | 0.0935 | 0.1003 | 0.1057 | 0.1102 | 0.1139 | 0.1169 | 0.1216 | 0.1249 | 0.1273 | 0.1291 | 0.1304 | 0.1325 | 0.1348 |
| 5.2 | 0.0906 | 0.0972 | 0.1026 | 0.1070 | 0.1106 | 0.1136 | 0.1183 | 0.1217 | 0.1241 | 0.1259 | 0.1273 | 0.1295 | 0.1320 |
| 5.4 | 0.0878 | 0.0943 | 0.0996 | 0.1039 | 0.1075 | 0.1105 | 0.1152 | 0.1186 | 0.1211 | 0.1229 | 0.1243 | 0.1265 | 0.1292 |
| 5.6 | 0.0852 | 0.0916 | 0.0968 | 0.1010 | 0.1046 | 0.1076 | 0.1122 | 0.1156 | 0.1181 | 0.1200 | 0.1215 | 0.1238 | 0.1266 |
| 5.8 | 0.0828 | 0.0890 | 0.0941 | 0.0983 | 0.1018 | 0.1047 | 0.1094 | 0.1128 | 0.1153 | 0.1172 | 0.1187 | 0.1211 | 0.1240 |
| 6.0 | 0.0805 | 0.0866 | 0.0916 | 0.0957 | 0.0991 | 0.1021 | 0.1067 | 0.1101 | 0.1126 | 0.1146 | 0.1161 | 0.1185 | 0.1216 |
| 6.2 | 0.0783 | 0.0842 | 0.0891 | 0.0932 | 0.0966 | 0.0995 | 0.1041 | 0.1075 | 0.1101 | 0.1120 | 0.1136 | 0.1161 | 0.1193 |
| 6.4 | 0.0762 | 0.0820 | 0.0869 | 0.0909 | 0.0942 | 0.0971 | 0.1016 | 0.1050 | 0.1076 | 0.1096 | 0.1111 | 0.1137 | 0.1171 |
| 6.6 | 0.0742 | 0.0799 | 0.0847 | 0.0886 | 0.0919 | 0.0948 | 0.0993 | 0.1027 | 0.1053 | 0.1073 | 0.1088 | 0.1114 | 0.1149 |
| 6.8 | 0.0723 | 0.0779 | 0.0826 | 0.0865 | 0.0898 | 0.0926 | 0.0970 | 0.1004 | 0.1030 | 0.1050 | 0.1066 | 0.1092 | 0.1129 |
| 7.0 | 0.0705 | 0.0761 | 0.0806 | 0.0844 | 0.0877 | 0.0904 | 0.0949 | 0.0982 | 0.1008 | 0.1028 | 0.1044 | 0.1071 | 0.1109 |
| 7.2 | 0.0688 | 0.0742 | 0.0787 | 0.0825 | 0.0857 | 0.0884 | 0.0928 | 0.0962 | 0.0987 | 0.1008 | 0.1023 | 0.1051 | 0.1090 |
| 7.4 | 0.0672 | 0.0725 | 0.0769 | 0.0806 | 0.0838 | 0.0865 | 0.0908 | 0.0942 | 0.0967 | 0.0988 | 0.1004 | 0.1031 | 0.1071 |
| 7.6 | 0.0656 | 0.0709 | 0.0752 | 0.0789 | 0.0820 | 0.0846 | 0.0889 | 0.0922 | 0.0948 | 0.0968 | 0.0984 | 0.1012 | 0.1055 |
| 7.8 | 0.0642 | 0.0693 | 0.0736 | 0.0771 | 0.0802 | 0.0828 | 0.0871 | 0.0904 | 0.0929 | 0.0950 | 0.0966 | 0.0994 | 0.1036 |
| 8.0 | 0.0627 | 0.0678 | 0.0720 | 0.0755 | 0.0785 | 0.0811 | 0.0853 | 0.0886 | 0.0912 | 0.0932 | 0.0948 | 0.0976 | 0.1020 |
| 8.2 | 0.0614 | 0.0663 | 0.0705 | 0.0739 | 0.0769 | 0.0795 | 0.0837 | 0.0869 | 0.0894 | 0.0914 | 0.0931 | 0.0959 | 0.1004 |
| 8.4 | 0.0601 | 0.0649 | 0.0690 | 0.0724 | 0.0754 | 0.0779 | 0.0820 | 0.0852 | 0.0878 | 0.0893 | 0.0914 | 0.0943 | 0.0989 |
| 8.6 | 0.0588 | 0.0636 | 0.0676 | 0.0710 | 0.0739 | 0.0764 | 0.0805 | 0.0836 | 0.0862 | 0.0882 | 0.0898 | 0.0927 | 0.0973 |
| 8.8 | 0.0576 | 0.0623 | 0.0663 | 0.0696 | 0.0724 | 0.0749 | 0.0790 | 0.0821 | 0.0846 | 0.0866 | 0.0882 | 0.0912 | 0.0959 |

（续）

| z/b \ l/b | 1.0 | 1.2 | 1.4 | 1.6 | 1.8 | 2.0 | 2.4 | 2.8 | 3.2 | 3.6 | 4.0 | 5.0 | 10.0 |
|---|---|---|---|---|---|---|---|---|---|---|---|---|---|
| 9.2 | 0.0554 | 0.0599 | 0.0637 | 0.0670 | 0.0697 | 0.0721 | 0.0761 | 0.0792 | 0.0817 | 0.0837 | 0.0853 | 0.0882 | 0.0931 |
| 9.6 | 0.0533 | 0.0577 | 0.0614 | 0.0645 | 0.0672 | 0.0696 | 0.0734 | 0.0765 | 0.0789 | 0.0809 | 0.0825 | 0.0855 | 0.0905 |
| 10.0 | 0.0514 | 0.0556 | 0.0592 | 0.0622 | 0.0649 | 0.0672 | 0.0710 | 0.0739 | 0.0763 | 0.0783 | 0.0799 | 0.0829 | 0.0880 |
| 10.4 | 0.0496 | 0.0537 | 0.0572 | 0.0601 | 0.0627 | 0.0649 | 0.0686 | 0.0716 | 0.0739 | 0.0759 | 0.0775 | 0.0804 | 0.0857 |
| 10.8 | 0.0479 | 0.0519 | 0.0553 | 0.0581 | 0.0606 | 0.0628 | 0.0664 | 0.0693 | 0.0717 | 0.0736 | 0.0751 | 0.0781 | 0.0834 |
| 11.2 | 0.0463 | 0.0502 | 0.0535 | 0.0563 | 0.0587 | 0.0609 | 0.0644 | 0.0672 | 0.0695 | 0.0714 | 0.0730 | 0.0759 | 0.0813 |
| 11.6 | 0.0448 | 0.0486 | 0.0518 | 0.0545 | 0.0569 | 0.0590 | 0.0625 | 0.0652 | 0.0675 | 0.0694 | 0.0709 | 0.0738 | 0.0793 |
| 12.0 | 0.0435 | 0.0471 | 0.0502 | 0.0529 | 0.0552 | 0.0573 | 0.0606 | 0.0634 | 0.0656 | 0.0674 | 0.0690 | 0.0719 | 0.0774 |
| 12.8 | 0.0409 | 0.0444 | 0.0474 | 0.0499 | 0.0521 | 0.0541 | 0.0573 | 0.0599 | 0.0621 | 0.0639 | 0.0654 | 0.0682 | 0.0739 |
| 13.6 | 0.0387 | 0.0420 | 0.0448 | 0.0472 | 0.0493 | 0.0512 | 0.0543 | 0.0568 | 0.0589 | 0.0607 | 0.0621 | 0.0649 | 0.0707 |
| 14.4 | 0.0367 | 0.0398 | 0.0425 | 0.0448 | 0.0468 | 0.0486 | 0.0516 | 0.0540 | 0.0561 | 0.0577 | 0.0592 | 0.0619 | 0.0677 |
| 15.2 | 0.0349 | 0.0379 | 0.0404 | 0.0426 | 0.0446 | 0.0463 | 0.0492 | 0.0515 | 0.0535 | 0.0551 | 0.0565 | 0.0592 | 0.0650 |
| 16.0 | 0.0332 | 0.0361 | 0.0385 | 0.0407 | 0.0425 | 0.0442 | 0.0469 | 0.0492 | 0.0511 | 0.0527 | 0.0540 | 0.0567 | 0.0625 |
| 18.0 | 0.0297 | 0.0323 | 0.0345 | 0.0364 | 0.0381 | 0.0396 | 0.0422 | 0.0442 | 0.0460 | 0.0475 | 0.0487 | 0.0512 | 0.0570 |
| 20.0 | 0.0269 | 0.0292 | 0.0312 | 0.0330 | 0.0345 | 0.0359 | 0.0383 | 0.0402 | 0.0418 | 0.0432 | 0.0444 | 0.0468 | 0.0524 |

$\overline{E}_s$ 为深度 $z_n$ 范围内土的压缩模量当量值，按下式计算

$$\overline{E}_s = \frac{\sum A_i}{\sum \dfrac{A_i}{E_{si}}} \tag{4-21}$$

式中　$A_i$——第 $i$ 层土附加应力系数沿土层厚度的积分值，按下式计算

$$A_i = p_0 \left( z_i \overline{\alpha}_i - z_{i-1} \overline{\alpha}_{i-1} \right)$$

2. 确定沉降计算的下限深度

1）地基变形计算深度应符合下式的规定

$$\Delta s_n \leqslant 0.025 \sum_{i=1}^{n} \left( \Delta s_i \right)$$

即 $z_n$ 之上厚度为 $\Delta z_n$ 的土层的沉降量不应大于总计算沉降量的 2.5%，$\Delta z_n$ 的取值规定见表 4-5。

表 4-5　计算厚度 $\Delta z_n$ 的确定　　（单位：m）

| $b$ | $b \leqslant 2$ | $2 < b \leqslant 4$ | $4 < b \leqslant 8$ | $b > 8$ |
|---|---|---|---|---|
| $\Delta z_n$ | 0.3 | 0.6 | 0.8 | 1.0 |

2）当计算深度下部仍有较软土层时，应继续计算。

3）经验公式。若无相邻荷载影响，基础宽度在 1～30m 范围内时，基础中点的地基变形计算深度也可按下式计算

$$z_n = b(2.5 - 0.4\ln b) \qquad (4\text{-}22)$$

式中　$b$——基础宽度（m）。

4）具有刚性下卧层。在计算深度内存在基岩时，$z_n$ 可取至基岩表面；当存在较厚的坚硬黏性土层，其孔隙比小于 0.5、压缩模量大于 50MPa，或存在较厚的密实砂卵石层，其压缩模量大于 80MPa 时，$z_n$ 可取至该层土表面。

## ● 4.3.2　地基沉降量计算的其他情况

1）具有刚性下卧层。此时，地基土附加应力分布应考虑相对硬层（刚性下卧层）存在影响，按规范规定用下式计算地基最终变形量

$$s_{gz} = \beta_{gz}s_z \qquad (4\text{-}23)$$

式中　$s_{gz}$——具刚性下卧层时，地基土的变形计算值（mm）；

　　　$\beta_{gz}$——刚性下卧层对上覆土层的变形增大系数，按表 4-6 采用；

　　　$s_z$——变形计算深度相当于实际土层厚度按（4-20）计算确定的地基最终变形计算值（mm）。

表 4-6　具有刚性下卧层时地基变形增大系数 $\beta_{gz}$

| $h/b$ | 0.5 | 1.0 | 1.5 | 2.0 | 2.5 |
|---|---|---|---|---|---|
| $\beta_{gz}$ | 1.26 | 1.17 | 1.12 | 1.09 | 1.00 |

注：$h$ 为基底下的土层厚度；$b$ 为基础底面宽度

2）当存在相邻荷载时，应计算相邻荷载引起的地基变形，其值可按叠加原理，采用角点法计算。

3）当建筑物地下室基础埋置较深时，地基的回弹变形量可按下式计算

$$s_c = \psi_c \sum_{i=1}^{n} \frac{p_c}{E_{ci}}(z_i\,\overline{\alpha}_i - z_{i-1}\,\overline{\alpha}_{i-1}) \qquad (4\text{-}24)$$

式中　$s_c$——地基的回弹变形量（mm）；

　　　$\psi_c$——回弹量计算的经验系数，无地区经验是可取 1.0；

　　　$p_c$——基坑底面以上土的自重压力（kPa），地下水位以下应扣除浮力；

　　　$E_{ci}$——土的回弹模量（kPa），按现行国家标准 GB/T 50123《土工试验方法标准》中土的固结实验试验回弹曲线的不同应力段计算。

4）回弹再压缩变形量可采用再加荷的压力小于卸荷土的自重压力段内再压缩变形线性分布的假定按下式进行计算

$$s_c' = \begin{cases} r_0' s_c \dfrac{p}{p_c R_0'} & p < R_0' p_c \\[3mm] s_c \left[ r_0' + \dfrac{r_{R'=1.0}' - r_0'}{1 - R_0'} \left( \dfrac{p}{p_c} - R_0' \right) \right] & R_0' p_c \leqslant p \leqslant p_c \end{cases} \qquad (4\text{-}25)$$

式中　　$s_c'$——地基土回弹再压缩变形量（mm）；

$s_c$——地基的回弹变形量（mm）；

$r_0'$——临界再压缩比率，相应于再压缩比率与再加荷比关系曲线上两段线性交点对应的再压缩比率，由土的固结回弹再压缩试验确定；

$R_0'$——临界再加荷比，相应在再压缩比率与再加荷比关系曲线上两段线性交点对应的再加荷比，由土的固结回弹再压缩试验确定；

$r_{R'=1.0}'$——对应于再加荷比 $R' = 1.0$ 时的再压缩比率，由土的固结回弹再压缩试验确定，其值等于回弹再压缩变形增大系数；

$p$——再加荷的基底压力（kPa）。

5）在同一整体大面积基础上建有多栋高层和低层建筑，宜考虑上部结构、基础与地基共同作用进行变形计算。

**【例 4-4】**　试按规范推荐按方法计算第 3 章例 3-1 中基础甲的最终沉降量，并应考虑相邻基础乙的影响。计算资料（见例 4-3）：从基础底面向下第 1 层（持力层）为 4m 厚粉质黏土层；第 2 层（下卧层）为很厚的黏土层。

**解：**

（1）计算 $p_0$　见例 3-1，$p_0 = 100$kPa。

（2）计算 $\overline{\alpha}$（分层厚度取为 2m）

1）当 $z = 0$ 时，$\overline{\alpha}$ 虽不为零（见表 4-4），但 $z\overline{\alpha} = 0$。

2）计算 $z = 2$m 范围内的 $\overline{\alpha}$。

①基础甲（荷载面积为 $A_{oabc} \times 4$）

对荷载面积 $A_{oabc}$，$l/b = 2.5/2 = 1.25$，$z/b = 2/2 = 1$，查表 4-4

$$l/b = 1.2，z/b = 1，得 \overline{\alpha} = 0.2291$$

$$l/b = 1.4，z/b = 1，得 \overline{\alpha} = 0.2313$$

当 $l/b = 1.25$，$z/b = 1$ 时，内插得 $\overline{\alpha} = 0.2291 + (0.2313 - 0.2291) \times \dfrac{1.25 - 1.2}{1.4 - 1.2} = 0.2297$ 基础甲底下 $z = 2$m 范围内的 $\overline{\alpha} = 4 \times 0.2297 = 0.9188$。

② 考虑相邻基础乙的影响后（荷载面积为 $(A_{oafg} - A_{oaed}) \times 2 \times 2$）。

对荷载面积 $A_{oafg}$，$l/b = 8/2.5 = 3.2$，$z/b = 2/2.5 = 0.8$，查表 4-4 得 $\overline{\alpha} = 0.2409$。

对荷载面积 $A_{oaed}$，$l/b = 4/2.5 = 1.6$，$z/b = 2/2.5 = 0.8$，查表 4-4 得 $\overline{\alpha} = 0.2395$。

由于相邻柱基础乙的影响，基础甲在 $z = 2$m 范围内的 $\overline{\alpha} = 2 \times 2 \times (0.2409 - 0.2395) = 0.0056$。

③ 考虑相邻基础乙的影响后，基础甲在 $z = 2$m 范围内的 $\overline{\alpha} = 0.9188 + 0.0056 = 0.9244$。

3）按表 4-5 规定，当 $b = 4$m 时，确定沉降计算深度处向上取计算厚度 $\Delta z_n = 0.6$m，分别计算 $z = 4$m、6m、8m、8.4m、9m 深度范围内的 $\alpha$ 值，列于表 4-7。

表 4-7　例 4-4 计算表

| $z/$m | 基础甲 | | | 两相邻基础乙对基础甲的影响 | | | 考虑影响后的基础甲 $\alpha$ | $z_i\overline{\alpha}$ /m | $z_i\overline{\alpha}_i - z_{i-1}\overline{\alpha}_{i-1}$ /m |
|---|---|---|---|---|---|---|---|---|---|
| | $l/b$ | $z/b$ | $\overline{\alpha}$ | $l/b$ | $z/b$ | $\overline{\alpha}$ | | | |
| 0 | $\frac{2.5}{2}=1.25$ | 0 | $4\times0.2500$ $=1.0000$ | $\frac{8}{2.5}=3.2$ $\frac{4}{2.5}=1.6$ | 0 0 | $4\times(0.2500-0.2500)$ $=0$ | 1.0000 | 0 | — |
| 2 | 1.25 | $\frac{2}{2}=1$ | $4\times0.2297$ $=0.9188$ | 3.2 1.6 | $\frac{2}{2.5}=0.8$ 0.8 | $4\times(0.2409-0.2395)$ $=0.0056$ | 0.9244 | 1.849 | 1.849 |
| 4 | 1.25 | $\frac{4}{2}=2$ | $4\times0.1835$ $=0.7340$ | 3.2 1.6 | $\frac{4}{2.5}=1.6$ 1.6 | $4\times(0.2143-0.2079)$ $=0.0256$ | 0.7596 | 3.038 | 1.189 |
| 6 | 1.25 | $\frac{6}{2}=3$ | $4\times0.1464$ $=0.5856$ | 3.2 1.6 | $\frac{6}{2.5}=2.4$ 2.4 | $4\times(0.1873-0.1757)$ $=0.0464$ | 0.6320 | 3.792 | 0.754 |
| 8 | 1.25 | $\frac{8}{2}=4$ | $4\times0.1204$ $=0.4816$ | 3.2 1.6 | $\frac{8}{2.5}=3.2$ 3.2 | $4\times(0.1645-0.1497)$ $=0.0592$ | 0.5408 | 4.326 | 0.534 |
| 8.4 | 1.25 | $\frac{8.4}{2}=4.2$ | $4\times0.1162$ $=0.4648$ | 3.2 1.6 | $\frac{8.4}{2.5}=3.36$ 3.36 | $4\times(0.1605-0.1452)$ $=0.0612$ | 0.5260 | 4.418 | 0.092 |
| 9 | 1.25 | $\frac{9}{2}=4.5$ | $4\times0.1102$ $=0.4408$ | 3.2 1.6 | $\frac{9}{2.5}=3.6$ 3.6 | $4\times(0.1548-0.1389)$ $=0.0636$ | 0.5044 | 4.540 | 0.122 |

（3）计算 $E_{si}$

1）计算各分层中点的自重应力作为 $p_{1i}$，在表 4-8 中其值录自表 4-2 中相应于第 1、3、5、7 各点的值。

2）按下式计算各分层的平均附加应力 $\Delta p_i$（考虑相邻影响）

$$\Delta p_i = \Delta A_i / \Delta z_i = p_0(z_i \overline{\alpha_i} - z_{i-1} \overline{\alpha_{i-1}}) / \Delta z_i$$

式中 $\Delta A_i$ 和 $\Delta z_i$——分别为第 $i$ 层内的附加应力图面积和层厚，$(z_i \overline{\alpha_i} - z_{i-1} \overline{\alpha_{i-1}})$ 值由表 4-7 取得。

3）以 $p_{1i}$ 及 $p_{2i} = p_{1i} + \Delta p_i$ 查图 4-17 压缩曲线得 $e_{1i}$ 和 $e_{2i}$ 各值后，计算压缩模量 $E_{si}$ 值列于表 4-8 中。

表 4-8　计算沉降量

| 分层深度 $z_{i-1} \sim z_i$/m | 自重应力 $p_{1i}$/kPa | 附加应力图面积 $\Delta A_i$/ (kPa·m) | 分层厚度 $\Delta z_i$/m | 附加应力 $\Delta p_i$/kPa | $p_{2i} = p_{1i} + \Delta p_i$/kPa | 压缩曲线编号 | 受压前孔隙比 $e_{1i}$ | 受压后孔隙比 $e_{2i}$ | $E_{si} = \dfrac{1 + e_{1i}}{e_{1i} - e_{2i}} \Delta p_i$/MPa | $\Delta s'_i$/mm | $\sum \Delta s'_i$/mm |
|---|---|---|---|---|---|---|---|---|---|---|---|
| 0~2 | 47 | 184.9 | 2 | 93 | 140 | 土样 4-1 | 0.810 | 0.749 | 2.79 | 66 | 66 |
| 2~4 | 76 | 118.9 | 2 | 59 | 135 | 4-1 | 0.787 | 0.751 | 2.93 | 41 | 107 |
| 4~6 | 95 | 75.4 | 2 | 37 | 132 | 4-2 | 0.900 | 0.873 | 2.60 | 29 | 136 |
| 6~8 | 115 | 53.4 | 2 | 27 | 142 | 4-2 | 0.885 | 0.869 | 3.18 | 17 | 153 |
| 8~8.4 | 127 | 9.2 | 0.4 | 23 | 150 | 4-2 | 0.872 | 0.861 | 3.06 | 3 | 156 |
| 8.4~9 | 132 | 12.2 | 0.6 | 20 | 152 | 4-2 | 0.872 | 0.861 | 3.06 | 4 | 160 |

（4）计算 $\Delta s'_i$

$z = 0 \sim 2$m（粉质黏土层）

$$\Delta s'_i = \frac{\Delta A_i}{E_{si}} = \left(\frac{184.9}{2.79}\right)\text{mm} = 66\text{mm}$$

$z = 2 \sim 4$m（粉质黏土层）

$$\Delta s'_i = \left(\frac{118.9}{2.93}\right)\text{mm} = 41\text{mm}$$

其余详见例表 4-8。

（5）确定 $z_n$

由表 4-8，$z = 9$m 深度范围内的计算沉降量 $s' = \sum \Delta s'_i = 160$mm，相当于 $z = 8.4 \sim 9$m（按表 4-5 规定为向上取 0.6m）土层的计算沉降量 $\Delta s'_i = 4$mm $\leqslant 0.25 \times 160$mm，满足要求，故确定沉降计算深度 $z_n = 9$m。

（6）确定 $\psi_s$　按式（4-21）计算沉降计算深度范围内的压缩模量当量值

$$\overline{E_s} = \sum \Delta A_i / \sum \frac{\Delta A_i}{E_{si}} = p_0 z_n \alpha_n / s' = (100 \times 4.540/160)\text{MPa} = 2.84\text{MPa}$$

查表 4-3（当 $p_0 = 0.75f_k$）得：$\psi_s = 1.08$。

（7）计算地基最终沉降量

$$s = \psi_s s' = \psi_s \sum_{i=1}^{n} \Delta s_i' = (1.08 \times 160)\,\mathrm{mm} = 173\mathrm{mm}$$

## ● 4.3.3 关于基础沉降的几个问题

（1）黏性土的初始沉降、固结沉降与次固结沉降

分层总和法是目前广泛采用的沉降计算方法，也是规范中规定采用的方法。但是，根据对黏性土地基在局部荷载作用下的实际沉降观测与分析，知道黏性土地基的沉降 $s$ 由机理不同的三部分沉降所组成，即

$$s = s_d + s_c + s_s \qquad (4\text{-}26)$$

式中　$s_d$——初始沉降（瞬时沉降）（immediate settlement），由于土体实际上是非侧限的，因此在土体中就会产生剪应变，由剪应变引起的沉降就是初始沉降。

$s_c$——固结沉降（主固结）（primary consolidation settlement），由土中超静孔隙水压力逐渐转化为有效应力而发生的变形，用分层总和法计算。

$s_s$——次固结沉降（蠕变沉降）（secondary consolidation settlement），土骨架蠕变（creep）引起的沉降，主要决定于土的黏滞性。对一般黏性土而言，此项很小，可以忽略。

当采用规范规定的分层总和法，按侧限计算的 $s'$ 乘以修正系数 $\psi_s$ 后的沉降 $s$，已经包括了瞬时沉降。

（2）分层总和法评述

1）基本假设。

① 基底压力按直线分布（$b$ 及 $p$ 较小）。

② 采用均匀线弹性理论计算附加应力 $\sigma_z$。

③ 土体的变形参数用侧限压缩试验成果。

④ 不计初始沉降和次固结沉降。

2）优点。

① 可计算分层地基（地下水上、下）的沉降。

② 可计算不同基础（条、矩等）及不同荷载（均布、梯形、水平等）下的沉降。

③ 计算用指标通过压缩试验可以确定，比较容易。

④ 经过了几十年应用，经验较多，只要适当修正，能够满足工程应用。

（3）$e\text{-}p$ 曲线与 $e\text{-}\lg p$ 曲线计算的比较　见表 4-9。

表 4-9　*e-p* 曲线与 *e-*lg*p* 曲线的比较

| *e-p* | *e-*lg*p* |
|---|---|
| 无法确定现场初始压缩曲线 | 可确定现场初始压缩曲线 |
| 无法区分正常固结、超固结、欠固结 | 可区分正常固结、超固结、欠固结土，可考虑回弹 |
| 结果偏小 | 结果偏大 |
| 二者与实测结果均有较大误差，都要根据经验修正 ||

（4）砂层沉降量的计算　$\Delta s$ 绝对值不大，施工中完成（快）。$E_s$ 值难以在室内确定，主要是在砂土层中取样达到不受干扰极其困难，而且 $E_s$ 随深度增加。因此，可通过触探、旁压等现场测试手段确定。

# 4.4　饱和土体的渗流固结理论

上节所讲的变形是指固结终了时土体的最终变形。在工程设计中，除了要知道最终变形外，还要知道变形随时间的关系；另外，在稳定分析时，需要知道土体中的孔隙水压力有多大，这两个问题都依赖于土体的渗流固结理论。孔隙水压力分为静孔隙水压力和超静孔隙水压力。静孔隙水压力是由水的自重引起的，静止的地下水位以下的孔隙水压力都是静孔隙水压力。由外荷载引起的孔隙水压力是超静孔隙水压力。超静孔隙水压力是由外部作用（如荷载、振动等）或边界条件变化（如水位升降）所引起的，它不同于静孔隙水压力，它会随着时间持续而逐步消散，并伴以土的体积改变。

## 4.4.1　一维渗流固结问题

固结指土体在长期荷载及自重作用下产生变形及结构变化的过程。

如图 4-24 所示，在厚度为 $H$ 的饱和土层上面施加无限宽广的荷载 $p_0$ 后，土层中的超静孔隙水压力、有效应力以及土层的沉降将发生如下变化。

1）$t=0$，$\Delta u = p_0$，$\sigma' = 0$，孔压分布 abce，沉降 $s=0$。

2）$0 < t < \infty$，$\Delta u = p_0 - \sigma'$，孔压分布 ade，$s = s_t$。

3）$t \rightarrow \infty$，$\Delta u = 0$，$\sigma' = p_0$，孔压分布 ae，$s = s_\infty$。

此变化过程称为渗流固结。因为变形和渗流只发生在一个方向，故称为一维渗流固结。

点的渗流固结过程引用一个弹簧渗压模型来说明（见图 4-25），并得到渗流固结过程有效应力和超静孔隙水应力随时间变化的关系（见表 4-10）。

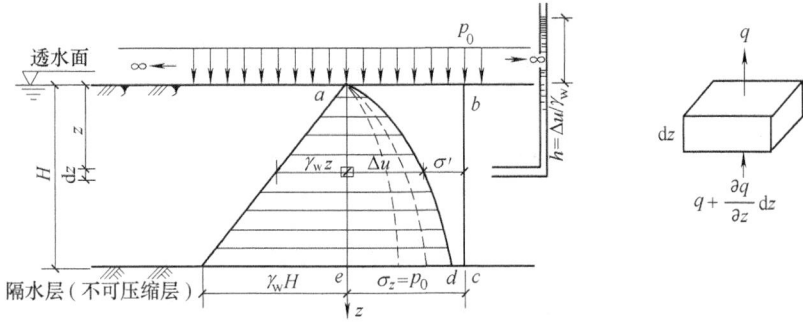

图 4-24　一维渗流固结过程

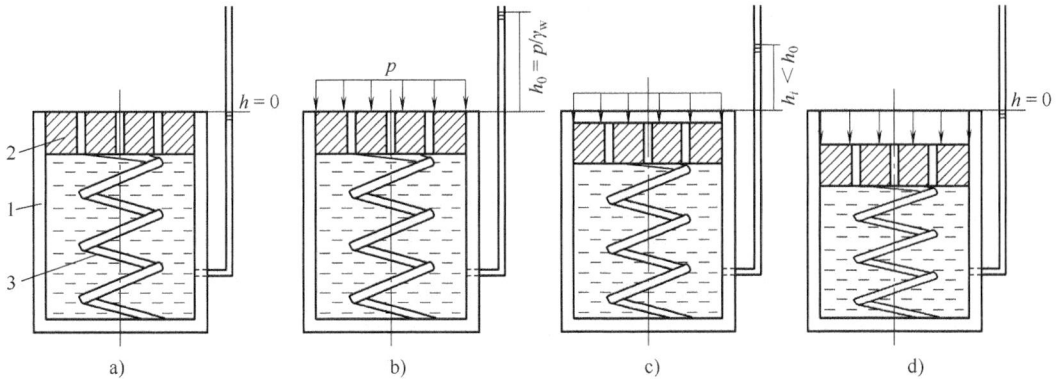

图 4-25　渗流固结过程的弹簧渗压模型

a）渗压模型　b）$t=0$，$\Delta u=p$，$\sigma'=0$　c）$t=t_i$，$\Delta u=\gamma_w h_i$，$\sigma'=p-\Delta u$

d）$t\rightarrow\infty$，$\Delta u=0$，$\sigma'=p$

1—钢筒　2—活塞　3—弹簧

表 4-10　应力随时间的变化

| 时　　间 | 应力变化 | 解　　　释 |
|---|---|---|
| $t=0$ | $\Delta u=p$，$\sigma'=0$ | 活塞受力瞬间，水尚未流出，外界力 $\sigma$ 完全由水承担，弹簧没有变形和受力 |
| $0<t<\infty$ | $\sigma'=p-\Delta u$ | 经过一段时间，水流出，超静孔隙水压力变小，活塞下降，弹簧压缩受力 |
| $t\rightarrow\infty$ | $\Delta u=0$，$\sigma'=p$ | 经过很长时间后，超静孔隙水压力接近为零，水停止流出，外界力 $\sigma$ 完全作用在弹簧上 |

## ● 4.4.2　一维固结微分方程

1. 基本假设

1）土层均匀、饱和、各向同性。

2）土颗粒和水本身不可压缩，土体压缩完全由于孔隙的减小。

3）外荷载 $p_0$ 连续均布（无限宽广），一次瞬时施加，不再变化。

4）土的压缩与渗流仅发生在竖直方向，无侧向变形及渗流。

5）渗流符合达西定律，并且渗透系数 $k$ 为常数。

6）固结过程中，压缩系数 $a = -\mathrm{d}e/\mathrm{d}\sigma'$ 为常数。

2. 方程的建立

在饱和土体中取一个单位面积的高为 $\mathrm{d}z$ 的微元体，在渗流场中，$v$，$q$，$h$，$u$，$\sigma'$ 均是 $z$ 和 $t$ 的函数，在 $\mathrm{d}t$ 时段内考虑：

（1）微元内水量的变化

流入水量：$\left(q + \dfrac{\partial q}{\partial z}\mathrm{d}z\right)\mathrm{d}t$

流出水量：$q\mathrm{d}t$

$$\mathrm{d}Q = \frac{\partial q}{\partial z}\mathrm{d}z\mathrm{d}t$$

1）$\mathrm{d}h = \mathrm{d}u/\gamma_w$，只计超静孔隙水压力，不计位置水头即静压。

2）达西定律 $q = ki = k\left(-\dfrac{\partial h}{\partial z}\right) = -\dfrac{k}{\gamma_w}\dfrac{\partial u}{\partial z}$，则

$$\frac{\partial q}{\partial z} = -\frac{k}{\gamma_w} \cdot \frac{\partial^2 u}{\partial z^2}$$

$$\mathrm{d}Q = -\frac{k}{\gamma_w}\frac{\partial^2 u}{\partial z^2}\mathrm{d}z\mathrm{d}t$$

（2）微元的体积变化

$$\mathrm{d}V = \varepsilon_z\mathrm{d}z = \frac{-\mathrm{d}e}{1+e_1}\mathrm{d}z = \frac{a\mathrm{d}\sigma'}{1+e_1}\mathrm{d}z = \frac{a}{1+e_1} \cdot \frac{\partial\sigma'}{\partial t}\mathrm{d}t\mathrm{d}z$$

由 $\sigma' = \sigma - u = p - u$

则有 $\mathrm{d}\sigma' = -\mathrm{d}u \qquad (\mathrm{d}\sigma = \mathrm{d}p = 0)$

$$\mathrm{d}V = -\frac{a}{1+e_1}\frac{\partial u}{\partial t}\mathrm{d}t\mathrm{d}z$$

（3）微元中水量的变化 $\mathrm{d}Q$ 应等于微元体本身体积的变化 $\mathrm{d}V$

由

$$\frac{a}{1+e_1}\frac{\partial u}{\partial t}\mathrm{d}t\mathrm{d}z = \frac{k}{\gamma_w}\frac{\partial^2 u}{\partial z^2}\mathrm{d}t\mathrm{d}z$$

则

$$\frac{\partial u}{\partial t} = \frac{k(1+e_1)}{a\gamma_w}\frac{\partial^2 u}{\partial z^2} = C_v\frac{\partial^2 u}{\partial z^2}$$

得到一维固结微分方程

$$C_v\frac{\partial^2 u}{\partial z^2} = \frac{\partial u}{\partial t} \tag{4-27}$$

式中　$C_v$——土的固结系数（coefficient of consolidation）（$\mathrm{cm}^2/$年），$C_v = \dfrac{k(1+e)}{a\gamma_w}$；

$\dfrac{\partial u}{\partial t}$——超静孔隙水压力消散的速度；

$\dfrac{\partial^2 u}{\partial z^2}$——超静孔隙水压力梯度的变化。

3. 讨论

1）$C_v$ 反映了土体固结速度的快慢，也是土的一个重要性质。

2）$a$ 实际并非常数，应选用 $a_{p1-p2}$，取为常数。

3）$k$ 大，土的渗透速度快，固结（超静孔隙水压力消散）快，$C_v$ 与 $k$ 成正比；$a$ 大，则压缩性大，排水量大，因而超静孔隙水压力消散慢，$C_v$ 与 $a$ 成反比。

4. 方程的求解

$\dfrac{\partial u}{\partial t} = C_v \dfrac{\partial^2 u}{\partial z^2}$ 是一个线性齐次抛物线型微分方程（热传导方程），可以采用傅里叶分离变量法求出一般解。设

$$u = (C_1 \cos Az + C_2 \sin Az)\,\mathrm{e}^{-A^2 C_v t}$$

式中 $C_1$、$C_2$、$A$ 均为待定常数，与渗流方向无关，与排水条件无关，与初始的 $\sigma_z$ 无关。

利用如下定解条件：

初始条件　$t = 0$ 时，$u_0 = p_0$，即 $u(0, z) = p_0$

　　　　　$t \to \infty$ 时　$u = 0$

边界条件　$z = 0$，$u = 0$，即 $u(t, 0) = 0$

　　　　　$z = H$ 时，$\dfrac{\partial u}{\partial z} = 0\,(i = 0,\ v = q = 0)$，即 $\left.\dfrac{\partial u}{\partial z}\right|_{H, t} = 0$

可以得到特解

$$u(z, t) = \frac{4 p_0}{\pi} \sum_{m=1}^{\infty} \frac{1}{m} \sin \frac{m\pi z}{2H} \exp\left(\frac{m^2 \pi^2}{4} T_v\right) \qquad (4\text{-}28)$$

式中　$m$——正奇数（1、3、5……）；

　　　$T_v$——为一无因次固结时间因数，$T_v = C_v t / H^2$（见图 4-26）。

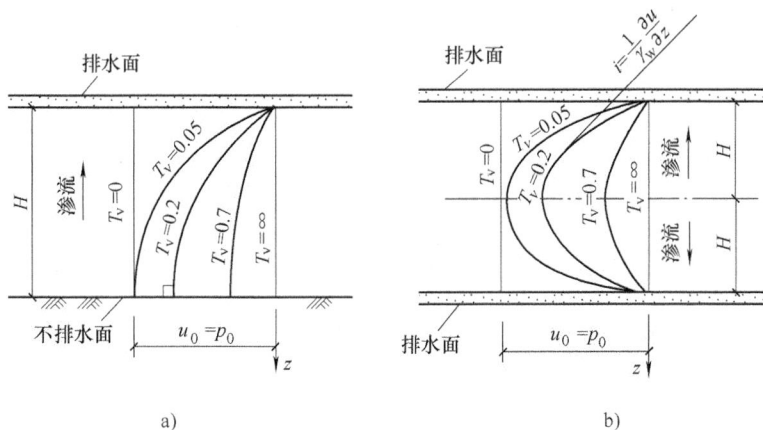

图 4-26　土层在固结过程中超静孔隙水压力的分布

a）单面排水　b）双面排水

## 4.4.3　固结度

固结度是指在某一固结应力作用下，经某一时间 $t$ 后，土体发生固结或孔隙水应力消散的程度。表达式为

$$U_t = \frac{s_t}{s} \qquad (4\text{-}29)$$

式中　$s_t$——经某段时间产生的变形量;

$s$——地基最终变形量;

$U_t$——为固结度(degree of consolidation)。

根据定义,得到一维固结度的计算公式

$$U_t = 1 - \frac{8}{\pi^2} e^{-\frac{\pi^2}{4} T_v} \qquad (4\text{-}30)$$

式中　$T_v$——时间因数 $T_v = \frac{C_v t}{H^2}$;

$H$——孔隙水的渗径,单面排水时为土层厚度,双面排时为土层厚度的 $1/2$。

1. 一点的固结度(在某一时刻 $t$)

$$U_{z,t} = \frac{\sigma'_{z,t}}{\sigma_{z,t}} = \frac{\sigma_{z,t} - u_{z,t}}{\sigma_{z,t}} = 1 - \frac{u_{z,t}}{\sigma_{z,t}} \qquad (4\text{-}31)$$

2. 某一时刻一层土的固结度(厚 $H$)(见图 4-27)

$U_t = U_{H,t} = $ 有效应力面积 $abcd/$ 总应力面积 $abce$

$$= \frac{\int_0^H \sigma'_{z,t} \mathrm{d}z}{\int_0^H \sigma_{z,t} \mathrm{d}z} = \frac{\int_0^H \frac{a \sigma'_{z,t}}{1+e_1} \mathrm{d}z}{\int_0^H \frac{a}{1+e_1} \sigma_{z,t} \mathrm{d}z} = \frac{s_t}{s_\infty} \qquad (a \text{ 为常数})(4\text{-}32)$$

其实质是目前的沉降量与最终沉降量的比值。

3. 在无限均布应力下的固结度的计算($\sigma = p_0$,不随 $z$ 变化)

$$U_{H,t} = \frac{\int_0^H (\sigma - u_{z,t}) \mathrm{d}z}{H \cdot \sigma} = 1 - \frac{\int_0^H u_{z,t} \mathrm{d}z}{H \cdot \sigma}$$

$$= 1 - \frac{1}{\sigma H} \frac{4\sigma}{\pi} \sum_{m=1}^{\infty} \frac{1}{m} \exp\left(-\frac{m^2 \pi^2}{4} T_v\right) \int_0^H \sin \frac{m\pi z}{2H} \mathrm{d}z$$

$$= 1 - \frac{8}{\pi^2} \sum_{m=1}^{\infty} \frac{1}{m^2} \exp\left(-\frac{m^2 \pi^2}{4} T_v\right) \qquad (4\text{-}33)$$

该级数收敛很快,$T_v$ 大于 0.1 时,取第一项即可满足工程要求,也就是

$$U_{H,t} = 1 - \frac{8}{\pi^2} \exp\left(-\frac{\pi^2}{4} T_v\right)$$

(1) 固结度 $U_{H,t}$ 与荷载的绝对值无关(但与应力沿 $z$ 的分布有关)。

(2) $U_{H,t}$ 只与 $T_v$(时间因数)有单值函数关系(见图 4-28 曲线)

$$T_v \propto \frac{t}{H^2} \begin{cases} \text{土层增厚一倍,比原来的慢四倍。} \\ \text{单面排水 } t, \text{ 双面排水用 } \dfrac{t}{4}。 \end{cases}$$

(3) 在同一固结过程中

$$T_v \propto C_v = \frac{k(1+e)}{a\gamma_w} \quad \begin{cases} k \text{ 越大，固结时间越短。} \\ a \text{ 越大，固结时间越长。} \end{cases}$$

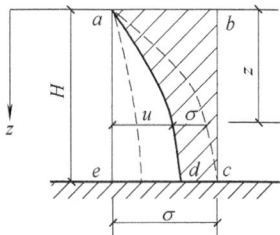

图 4-27　某点的固结度　　　　　图 4-28　固结度与时间因数的关系

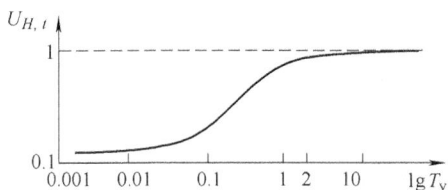

4. 其他情况下固结度的计算

（1）应力分布（见图 4-29）

（2）情况"（1）"和"（2）"的特解

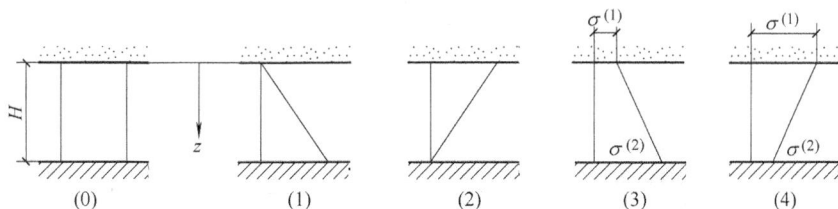

图 4-29　一维固结中几种起始孔隙水压力（总应力）分布

（0）连续均布荷载　　（1）自重应力欠固结土　　（2）深压缩层小面积基础

（3）应力集中情况　　（4）一般条件

情况"（1）"

定解条件：

初始　$t=0$，$u = \sigma \cdot z/H$

边界　$z=0$，$u=0$

　　　$z=H$，$\dfrac{\partial u}{\partial z}=0$

特解

$$U_{1t} = 1 - \frac{32}{\pi^3}\exp\left(-\frac{\pi^2}{4}T_v\right) \tag{4-34}$$

同理可得情况"（2）"的特解

$$U_{2t} = 1 - \frac{16(\pi-2)}{\pi^3}\exp\left(-\frac{\pi^2}{4}T_v\right) = 2U_{0t} - U_{1t} \tag{4-35}$$

（3）情况"（3）"，由于线性假设，可叠加

$$U_{3t} = \frac{A'_{3t}}{A} = \frac{A'_{0t} + A'_{1t}}{A} = \frac{\left(U_{0t}\sigma^{(1)} + U_{1t}\dfrac{\sigma^{(2)}-\sigma^{(1)}}{2}\right)H}{\frac{1}{2}(\sigma^{(1)}+\sigma^{(2)})H}$$

$$= \frac{2\sigma^{(1)}U_{0t} + (\sigma^{(2)}-\sigma^{(1)})U_{1t}}{\sigma^{(1)}+\sigma^{(2)}} \tag{4-36}$$

设 $\sigma^{(1)}/\sigma^{(2)} = \alpha$，代入上式，得

$$U_{3t} = \frac{1}{\alpha + 1}\big[ (1 - \alpha) U_{1t} + 2\alpha U_{0t} \big] \tag{4-37}$$

同理可得情况"（4）"的解

$$U_{4t} = \frac{2\sigma^{(2)} U_{0t} + (\sigma^{(1)} - \sigma^{(2)}) U_{2t}}{\sigma^{(1)} + \sigma^{(2)}} = \frac{1}{\alpha + 1}\big[ (\alpha - 1) U_{2t} + 2U_{0t} \big]$$

$$\tag{4-38}$$

综上所述，五种情况下固结度计算见表 4-11。

表 4-11　五种情况下固结度计算

| 情况 | （0） | （1） | （2） | （3） | （4） |
|------|------|------|------|------|------|
| $\alpha$ | 1.0 | 0 | $\infty$ | $<1.0$ | $>1.0$ |
| $U$ | $U_{0t}$ | $U_{1t}$ | $2U_{0t} - U_{1t}$ | （0）+（1） | （0）+（2） |

5. 双面排水情况

如图 4-30 所示

$$A = \bar{\sigma} H$$

$$A' = ( U_0\bar{\sigma} + U_2\Delta\sigma + U_0\bar{\sigma} - U_2\Delta\sigma )\frac{H}{2} = U_0\bar{\sigma} H$$

则　　　　　　　　　　　　　$U = A'/A = U_0$

所以凡是双面排水均按矩形应力分布计算 $U$。

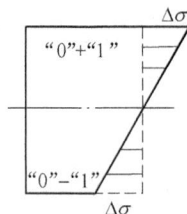

图 4-30　双面排水中的梯形初始孔压分布

## ● 4.4.4　固结系数 $C_v$ 的确定

$$C_v = k(1 + e)/a\gamma_w$$

方法 1：分别进行渗透试验和压缩试验确定 $k$ 和 $a$（黏性土的 $k$ 很难测定，也很难测准确）。

方法 2：通过压缩试验的 $s$-$t$ 曲线及理论公式确定，如图 4-31 所示。

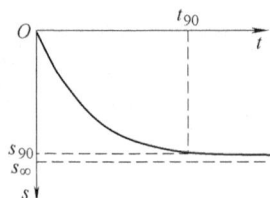

图 4-31　固结系数 $C_v$ 的确定

1）确定图中 $s_{90}$，$s_{90} = 0.9 \times s_\infty$，以及与其对应的时间为 $t_{90}$。

2）根据 $U = 1 - \dfrac{8}{\pi^2} \exp(-\dfrac{\pi^2}{4} T_v)$，得 $U = 90\%$ 时，$T_v = 0.848$。

3）$T_v = C_v t / H^2$，$0.848 = C_v t_{90} / H^2$，$C_v = 0.848 H^2 / t_{90}$。

但由于次固结的原因，$s_\infty$ 有时很难从试验曲线上确定。

方法3：通过压缩试验，用经验方法确定 $C_v$，现对常用的时间平方根法加以说明。

（1）求解原理

$$U = 1 - \sum \frac{1}{m^2} \frac{8}{\pi^2} \exp(-m^2 \frac{\pi^2}{4} T_v) \qquad (4\text{-}39)$$

$$U = \frac{2}{\sqrt{\pi}} \sqrt{T_v} \qquad \left( \sqrt{T_v} = \frac{\sqrt{\pi} U}{2} \right) \qquad (4\text{-}40)$$

比较式（4-39）与式（4-40）可知

1）当 $U < 50\%$ 时，式（4-39）与式（4-40）得出的结果相差极少。

2）当 $U = 90\%$ 时，式（4-39）与式（4-40）得出的结果相差较多 $\sqrt{\dfrac{T_{v90}^{(1)}}{T_{v90}^{(2)}}} = 1.15$。

3）所以在 $\sqrt{T_v}\text{-}U$ 坐标内，$\sqrt{T_v} = 1.15 \dfrac{\sqrt{\pi}}{2} U$ 直线一定交于式（4-39）所表达曲线于 $U = 90\%$。

4）因 $\sqrt{t} = \sqrt{T_v} \sqrt{\dfrac{H^2}{C_v}}$，$s_t = U_t \cdot s_\infty$，故 $\sqrt{t} - s_t$ 曲线也存在上述关系。

（2）求解步骤

1）确定压缩试验的 $\sqrt{t} - s_t$ 曲线（见图4-32），将坐标原点下移到 $s_0$，消除初始沉降，在试验曲线上，直线段为 $\sqrt{t} = k s_t$。

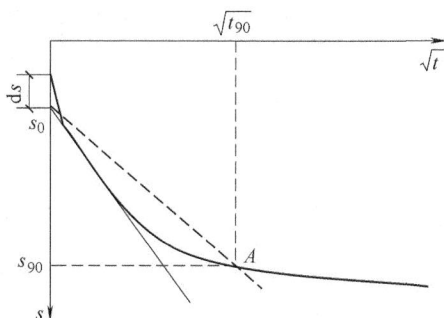

图4-32 时间平方根法

2）作 $\sqrt{t} = 1.15ks_t$ 交试验曲线于点 $A$。

3）$A$ 点对应的横坐标即为 $\sqrt{t_{90}}$（$T_v = 0.849$）。

4）$C_v = 0.848H^2/t_{90}$。

此外，还有时间对数法等经验方法，可参阅相关文献。

### 🔘 4.4.5　有关沉降——时间过程的问题

（1）求某一时刻 $t$ 基础的沉量

已知：$t$，$s_\infty$，$C_v$，$H$。

求：$S_t$

**解：** $t \rightarrow T_v = C_v t/H^2 \rightarrow U_t = 1 - \dfrac{8}{\pi^2}\exp\left(-\dfrac{\pi^2}{4}T_v\right) \rightarrow s_t = U_t s_\infty$

（2）求达到某沉降量 $S_t$ 所需时间

已知：$s_t$，$s_\infty$，$C_v$，$H$。

求：$t$。

**解：** $s_t/s_\infty = U_t \rightarrow T_v \rightarrow t = T_v H^2/C_v$

（3）实测前段时间的沉降曲线，推求以后的沉降

已知：$t_1$，$t_2$，$t_3$，$s_1$，$s_2$，$s_3$。

求 $t$-$s_t$ 关系及 $s_\infty$。

**解：** 见 4.5.2 节。

## 4.5　地基沉降量与时间的关系

地基沉降会随时间持续发生，从施工阶段到建筑完成后的一段时间内都会发生相应的沉降，影响地基稳定性。

对于大多数工程问题，次固结沉降与主固结沉降相比是不重要的。因此，地基的最终沉降量通常仅取瞬时沉降量与固结沉降量之和，沉降量如按一维固结理论计算，其结果往往与实测成果不相符合，因为地基沉降多属于三维课题而实际情况又更复杂，因此，利用沉降观测资料推算后期沉降（包括最终沉降量），有其重要的现实意义。常用对数曲线法（三点法）和双曲线法（二点法）等经验方法进行计算。

### 🔘 4.5.1　单向固结地基沉降量与时间的关系

在 4.4 节中已给出了一维固结微分方程及其解答，根据孔隙水压力随时间 $t$ 和深度 $z$ 变化的函数解，即可求出地基在任一时间的固结沉降。

竖向排水情况下固结沉降与有效应力面积成正比，如式（4-41）所示，所以固结度实质上也等于在任一时刻 $t$ 时有

效应力面积与最终有效应力面积之比（见图4-24），称为竖
向排水的平均固结度

$$U_t = \frac{应力面积\ abcd}{应力面积\ abce} = \frac{应力面积\ abce - 应力面积\ ade}{应力面积\ abce}$$

$$= 1 - \frac{\displaystyle\int_0^H u_{z,t}\mathrm{d}z}{\displaystyle\int_0^H \sigma_z\mathrm{d}z} \qquad (4\text{-}41)$$

式中　$u_{z,t}$——深度 $z$ 处某一时刻 $t$ 的孔隙水压力；

　　　$\sigma_z$——深度 $z$ 处的附加应力（即 $t = 0$ 时该深度处的超静孔

　　　　　隙水压力）；在连续均布荷载 $p_0$ 作用下，$\displaystyle\int_0^H \sigma_z\mathrm{d}z =$

　　　　　$\sigma_z H = p_0 H$

将式（4-28）代入式（4-41），得

$$U_t = 1 - \frac{8}{\pi^2}\sum_{m=1}^{\infty}\frac{1}{m^2}\exp\left(-\frac{m^2\pi^2}{4}T_v\right) \qquad (4\text{-}42)$$

为便于应用，可将式（4-42）简化为如下的近似公式：

1）当固结度 $U_t < 0.6$ 时，

$$T_v = \frac{\pi}{4}U_t^2 \qquad (4\text{-}43)$$

或　　　　　　　　　$U_t = 1.128\sqrt{T_v} \qquad (4\text{-}44)$

2）当固结度 $U_t \geqslant 0.6$ 时，可取式（4-42）中的第一项

$$U_t = 1 - \frac{8}{\pi^2}\exp\left(-\frac{\pi^2}{4}T_v\right) \qquad (4\text{-}45)$$

或　　　　　　$T_v = -\frac{4}{\pi^2}\ln\left[\frac{\pi^2}{8}(1 - U_t)\right] \qquad (4\text{-}46)$

将式（4-42）绘制成 $U_t$-$T_v$ 曲线（图4-33中 $\alpha = 1$ 的曲线），
根据该曲线也可以求出不同时刻 $t$ 的竖向固结度，从而计算出 $t$
时的沉降量。

图4-33中 $\alpha = \dfrac{\sigma_{z2}}{\sigma_{z1}}$，$\sigma_{z1}$ 和 $\sigma_{z2}$ 分别为压缩层不排水面和排水面
的附加应力。

上述推导仅限于饱和黏性土中附加应力为均匀分布的情况，
相当于地基在自重作用下固结已完成，荷载作用面很大而压缩土
层较薄的情况。实际工程中土层及荷载并不一定符合这些条件。
按照饱和黏性土层内实际应力的分布和排水条件分为5种情况
（如图4-33左上角所示），见表4-12。

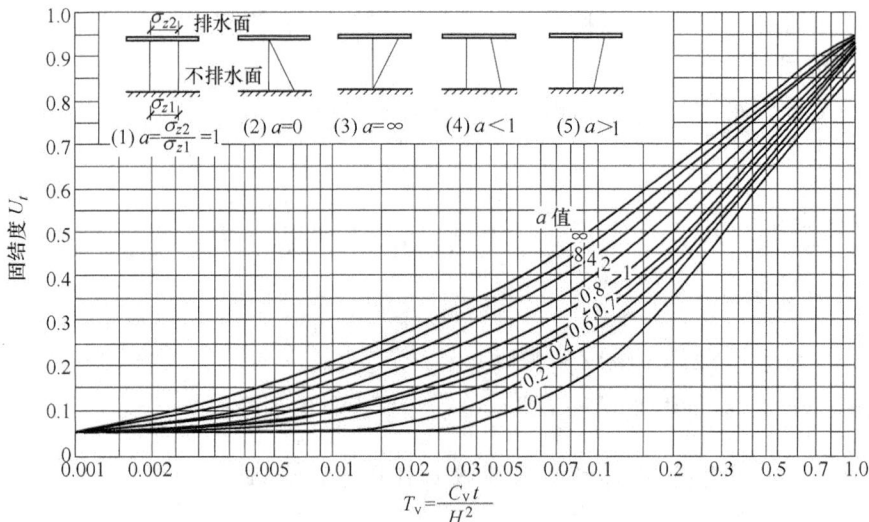

图 4-33　$U_t$-$T_v$ 关系曲线

表 4-12　固结度曲线考虑的几种情况

| 情况 | 对应应力分布及排水条件 |
|---|---|
| (1) | 大面积荷载作用，压缩土层较薄 |
| (2) | 大面积新近沉积或新填的土层由于自重应力而产生固结 |
| (3) | 自重固结已完成而基础底面积小，压缩土层很厚，在土层底面处的附加应力已接近于零 |
| (4) | 自重应力作用下，土层尚未固结完毕，又在地面上施加荷载 |
| (5) | 与情况（3）相似，但压缩层底面的附加应力大于零 |

以上情况适用于单面排水（排水层也可以在压缩层底面）。对于双面排水，可按情况（1）计算，但最大渗透距离 $h$ 取压缩土层厚度的一半。

## 4.5.2　利用观测资料推测后期沉降量

由于根据理论计算的沉降量与实际情况往往不相符，因此利用沉降观测资料推测后期沉降量在工程实践中具有重要意义。在大多数情况下，沉降与时间关系可用双曲线法或对数曲线法推算。

（1）双曲线法

$$s_t = \frac{t}{\alpha + t} s \qquad (4-47)$$

式中　$s$——待定的地基最终沉降量；

　　　$s_t$——时间为 $t$（从施工期一半算起，见图 4-34）时的实测沉降量；

α——待定的经验参数。

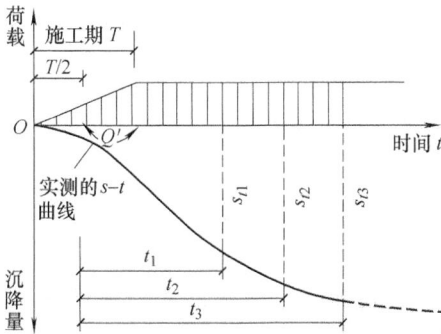

图 4-34　沉降与时间关系实测曲线

从实测的沉降—时间曲线的后半部分，取任意两组已知的 $s_{t1}$、$t_1$ 和 $s_{t2}$、$t_2$ 值，代入式（4-47），联立方程，可解得

$$s = \frac{t_2 - t_1}{\dfrac{t_2}{s_{t2}} - \dfrac{t_1}{s_{t1}}} \tag{4-48}$$

$$\alpha = s\frac{t_1}{s_{t1}} - t_1 \tag{4-49}$$

将 $s$、$\alpha$ 值代入式(4-47)，即可求出任意时间的沉降量。

为了消除观测资料可能带来的误差，可将 $s_t$-$t$ 曲线后端的每一组观测值 $s_t$、$t$ 都予以利用。式（4-47）改写为如下形式

$$\frac{1}{s_t} = \frac{1}{s} + \frac{\alpha}{s} \cdot \frac{1}{t} = b + a\frac{1}{t} \tag{4-50}$$

由于上式为一直线方程，故可以 $\dfrac{1}{s_t}$ 为纵坐标，$\dfrac{1}{t}$ 为横坐标，绘制 $\dfrac{1}{s_t}$ 与 $\dfrac{1}{t}$ 散点图，作出回归直线（图 4-35），然后根据直线的截距 $b = \dfrac{1}{s}$ 和斜率 $a = \dfrac{\alpha}{s}$，即可求得 $s$ 和 $a$。

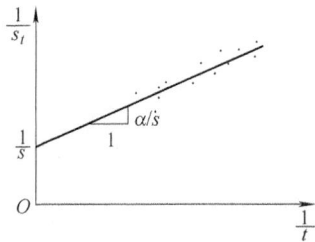

图 4-35　$\dfrac{1}{s_t}$-$\dfrac{1}{t}$ 回归直线图

（2）对数曲线法

$$s_t = (1 - e^{-at})s \tag{4-51}$$

同理，利用实测 $s$-$t$ 曲线后部分资料，可求得 $s$ 与 $a$ 值或推算任意时间 $t$ 时的沉降量 $s_t$。

【本章小结】　本章主要介绍土的侧限压缩试验、现场载荷试验原理、方法；介绍压缩系数、压缩模量、压缩指数、变形模量等土的压缩性指标，以及压缩模量与变形模量的关系；介绍土的三种固结状态，前期固结压力的定义及求解方法，现场压缩曲

线的概念及推求；详细介绍分层总和法、规范法、考虑应力历史的沉降计算方法；同时介绍一维固结理论，地基沉降量与时间的关系。

## 复习思考题

1. 土的压缩系数、压缩指数、压缩模量、变形模量各具有什么意义？它们是如何获得的？相互之间有什么关系？

2. 什么是超固结土，欠固结土和正常固结土？

3. 分层总和法计算地基最终沉降量的原理是什么？

4. 什么是固结度？

5. 在荷载为 100kPa 作用下，非饱和土样孔隙比 $e = 1.0$，饱和度为 80%，当荷载增至 200kPa 时，饱和度为 90%，试问土样的压缩系数 $a$ 为多少？并求土样的压缩模量。　　　　　　　　　　　　　($1.1MPa^{-1}$, $1.82MPa$)

6. 有一基础埋置深度 1m，地下水位在地表处，饱和重度为 $\gamma_{sat} = 18kN/m^3$，孔隙比与应力之间的关系为 $e = 1.15 - 0.00125p$。若在基底下 5m 处的附加应力为 75kPa，试问在基底下 4~6m 的压缩量是多少？　　　　　　　　　　　(90mm)

7. 如图 4-36 所示的矩形基础的底面尺寸为 $4m \times 2.5m$，基础埋深 1m。地下水位于基底标高，地基土的物理指标见图，室内压缩试验结果见表 4-13。用分层总和法计算基础中点的沉降。　　　　　　　　　　　　(101.4mm)

表 4-13　室内压缩试验结果

| $p/kPa$ | | 0 | 50 | 100 | 200 | 300 |
|---|---|---|---|---|---|---|
| $e$ | 粉质黏土 | 0.942 | 0.889 | 0.855 | 0.807 | 0.733 |
| | 淤泥质粉质黏土 | 1.045 | 0.925 | 0.891 | 0.848 | 0.823 |

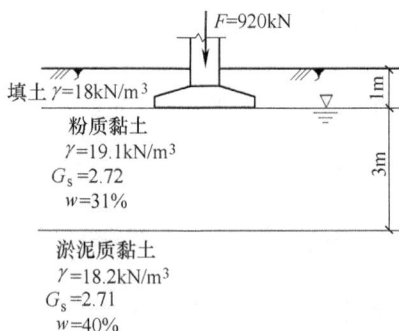

图　4-36

8. 试用"规范法"计算"7 题"中基础中点下粉质黏土层的压缩量（土层分层同"7 题"）。

　　　　　　　　　　　　　　　　　　　　　　　　　　　(87.8mm)

9. 如图 4-37 所示，已知某土层受无限大均布荷载 $p = 60kPa$，土层厚 2m，在其中点取样得到先期固结压力为 $p_c = 10kPa$，土层的压缩指数 $C_c =$

0.108，固结系数 $C_v = 3.4 \times 10^{-4} cm^2/s$，饱和重度为 $20kN/m^3$，$e_0 = 0.8$。

    求：1）按一层计算土层固结的最终沉降量。          （101.4mm）

        2）土层固结度 $U = 0.7$ 时所需的时间和沉降量。

$$(4.74 \times 10^7 s，70.98mm)$$

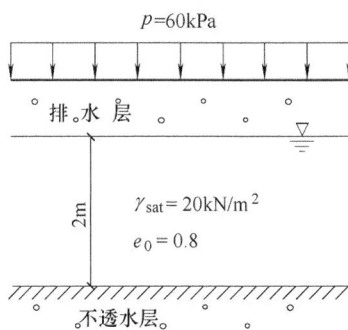

图 4-37

# 第5章 土的抗剪强度

土体承受荷载的能力称为土的强度，如果由荷载引起的应力（包括自重应力和附加应力）达到土体的强度值，土体会发生破坏，通常沿土体内某一面发生剪切破坏。由土体产生的抵抗剪切破坏的能力称为抗剪强度，抗剪强度对土的破坏起控制作用。土的抗剪强度在地基基础设计、挡土墙设计、边坡稳定性评价以及其他与土的稳定性和强度有关的问题评价中，具有十分重要的意义。控制土的力学特性的黏聚力 $c$ 和内摩擦角 $\varphi$ 是抗剪强度最基本的两个指标，可以从现场及室内试验获得。

## 5.1 概述

在一定条件下，固体中某个应力分量增大到一定数值后就会发生破坏，这个使材料破坏的应力分量就叫做固体强度。

土的强度一般指其在压力作用下的抗剪强度，代表土体抵抗压剪破坏的极限能力。压剪破坏（土的抗剪）是土的主要强度特征。

土的强度首先取决于第 1 章讲过的三相组成、物理状态、结构与构造；其次取决于它当前的应力状态和先期应力状态。

抗剪强度是土的重要力学性质之一。地基土的承载能力需要由强度确定，基坑与土坡的稳定性等也是由土的抗剪强度控制的。

强度理论是研究材料的破坏机理和强度条件的理论。它能够回答材料的某种破坏是什么原因引起的。

材料力学中一般讲述四个经典强度理论，分别是第一强度理论（最大拉应力理论）、第二强度理论（最大拉应变理论）、第三强度理论（最大剪应力理论）和第四强度理论（形状改变比能理论），它们都不适用于土体。可以用于土体的古典强度理论主要有广义 Tresca 理论、Mises 理论和 Mohr-Coulomb 理论，由于前两种的理论基础是塑性力学，并且工程上也不常用，因此，本章重点讲莫尔-库仑（Mohr-Coulomb）破坏理论。

# 5.2 莫尔-库仑强度理论

## 5.2.1 库仑公式

1773 年库仑（Coulomb）根据砂土试验，提出了

$$\tau_f = \sigma \tan\varphi \tag{5-1}$$

1776 年他又提出了适用于黏土的更普遍公式

$$\tau_f = c + \sigma \tan\varphi \tag{5-2}$$

式中 $\tau_f$——土的抗剪强度（破裂面上的剪应力）；

$\sigma$——破裂面上的法向应力；

$c$——土的黏聚力（cohesion）；

$\varphi$——土的内摩擦角（angle of internal friction）。

$c$ 和 $\varphi$ 是决定土的抗剪强度的两个指标，称为抗剪强度指标。

随着有效应力原理的发展，人们认识到土体内的剪应力只能由土骨架承担，只有有效应力的变化才能引起抗剪强度的变化。因此，上述库仑公式应修改为

$$\left.\begin{array}{l} \tau_f = \sigma' \tan\varphi' \\ \tau_f = c' + \sigma' \tan\varphi' \end{array}\right\} \tag{5-3}$$

式中 $\sigma'$——剪切破裂面上的法向有效应力，$\sigma' = \sigma - u$；

$c'$——土的有效黏聚力；

$\varphi'$——土的有效内摩擦角。

以上将土的抗剪强度分成了总应力表达法和有效应力表达法。

## 5.2.2 莫尔理论

莫尔（Mohr）继库仑的早期研究工作之后，提出了材料的剪切破坏理论。

莫尔认为，根据试验得到的各种应力状态下的极限应力圆具有一条公共包络线，如图 5-1 所示。一般来讲，这条包络线是曲线，并被称为莫尔包（络)线（Mohr's envelope）或抗剪强度包线。如果材料中某点的应力圆位于包线之下，表明该点安全，如果某点的应力圆与莫尔包线相切，表明该点处于极限平衡状态，如果应力圆与莫尔包线相交说明该点已经破坏。

莫尔包线的一般表达式是

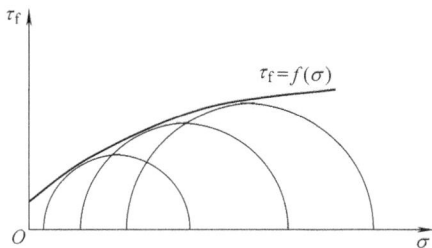

图 5-1 莫尔包络线

**Charles Augustin de Coulomb**（1736 ~ 1806）

1736 年 6 月 14 日生于法国 Angoul，1806 年 8 月 23 日卒于法国巴黎。

Coulomb 对土木工程以及自然科学和物理学等都有重要的贡献，如物理学中著名的库仑定律就是他提出的。1774 年当选为法国科学院院士。

Coulomb 研究了土的抗剪强度，并提出了土的抗剪强度准则（即库仑定律），还对挡土结构上的土压力的确定进行了系统研究，首次提出了主动土压力和被动土压力的概念及其计算方法（即库仑土压理论）。被认为是古典土力学的基础，他因此也称为"土力学始祖"。

$$\tau_f = f(\sigma) \tag{5-4}$$

其具体形式多种多样，有斜直线、双曲线、抛物线、摆线等，应当通过试验确定，而不是靠什么理论和假设推导出来。对各种形式的莫尔包络线在岩石力学课程中进行讨论。

### 5.2.3 莫尔-库仑强度理论

试验证明，在应力变化范围不很大的情况下，土的莫尔破坏包线可以近似的用直线代替，该直线的方程与库仑公式一致。这种用库仑公式来表示莫尔包线的强度理论就称为莫尔-库仑强度理论（Mohr-Coulomb strength theory）。

### 5.2.4 主应力表示的莫尔-库仑准则

在 $\tau$-$\sigma$ 平面上作莫尔应力圆，如图 5-2 所示。

由于土体处于极限平衡状态，根据莫尔-库仑理论，破坏应力圆必定与破坏包线相切，切点 $A$ 的位置也就是破坏面的位置，并且

$$2\alpha_f = \varphi + 90°$$

$$\alpha_f = 45° + \varphi/2 \tag{5-5}$$

破坏面与最大主应力面成 $45° + \varphi/2$ 的夹角，与最大剪应力面成 $\varphi/2$ 的夹角，这是岩土类材料与钢等连续材料在强度上的又一区别，由于内摩擦的作用，破坏既不发生在最大主应力作用面，也不发生在最大剪应力作用面。通常情况下，只要土样均质，应力均匀，试件内就会出现两组共轭破裂面，如图 5-3 所示。

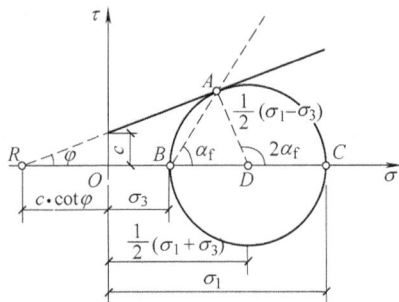

图 5-2 土体中某点极限平衡时的莫尔圆与抗剪强度包线

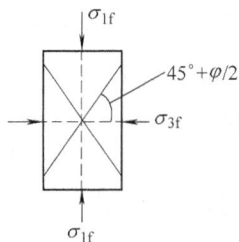

图 5-3 土中的共轭破裂面

进一步分析莫尔包线与莫尔破坏应力圆，还会发现以下关系

$$AD = RD\sin\varphi$$

而

$$AD = \frac{1}{2}(\sigma_1 - \sigma_3)$$

$$RD = c\cot\varphi + \frac{1}{2}(\sigma_1 + \sigma_3)$$

故

$$\frac{1}{2}(\sigma_1 - \sigma_3) = \left[c\cot\varphi + \frac{1}{2}(\sigma_1 + \sigma_3)\right]\sin\varphi$$

$$\sigma_1(1 - \sin\varphi) = \sigma_3(1 + \sin\varphi) + 2c\cos\varphi$$

$$\sigma_1 = \sigma_3\frac{1 + \sin\varphi}{1 - \sin\varphi} + 2c\frac{\cos\varphi}{1 - \sin\varphi}$$

$$\sigma_1 = \sigma_3\tan^2\left(45° + \frac{\varphi}{2}\right) + 2c\tan\left(45° + \frac{\varphi}{2}\right) \qquad (5\text{-}6)$$

$$\sigma_3 = \sigma_1\tan^2\left(45° - \frac{\varphi}{2}\right) - 2c\tan\left(45° - \frac{\varphi}{2}\right) \qquad (5\text{-}7)$$

式（5-6）和式（5-7）就是主应力表示的莫尔-库仑准则，也称为土体的极限平衡条件，在土力学与地基基础中广泛应用，是研究边坡与基坑稳定性、地基承载力等土工问题的基础。

对于无黏性土，由于 $c = 0$，式（5-6）和式（5-7）可以简化为

$$\sigma_1 = \sigma_3\tan^2\left(45° + \frac{\varphi}{2}\right) \qquad (5\text{-}8)$$

$$\sigma_3 = \sigma_1\tan^2\left(45° - \frac{\varphi}{2}\right) \qquad (5\text{-}9)$$

虽然上述莫尔-库仑准则在不同土体中的有效性都得到了较好的证实，但有时也不尽准确，造成差别的重要原因就是它没有考虑中间主应力 $\sigma_2$ 的影响，但已有资料表明 $\sigma_2$ 对土的抗剪强度是有影响的。因此，更完善的土的破坏理论尚需研究探索。

由于 $\tau_f$ 取决于有效应力，所以，以上各式中的 $\varphi$ 也应当是 $\varphi'$。

【例 5-1】图 5-4a 所示地基表面作用条形均布荷载 $p$，在地基内 $M$ 点引起的附加应力为 $\sigma_z = 94\text{kPa}$，$\sigma_x = 45\text{kPa}$，$\tau_{zx} = 51\text{kPa}$。地基为粉质黏土，重度 $\gamma = 19.6\text{kN/m}^3$，$c = 19.6\text{kPa}$，$\varphi = 28°$，侧压力系数 $K_0 = 0.5$，试求作用于 $M$ 点的主应力值，最大主应力面方向，并判断该点土体是否破坏。

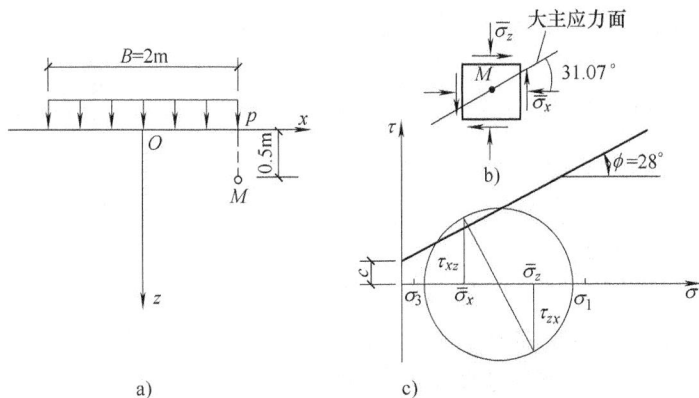

图 5-4　例 5-1 图

**解：**（1）计算 $M$ 点应力

$$\bar{\sigma}_z = \sigma_z + \sigma_{cz} = (94 + 0.5 \times 19.6)\text{kPa} = 103.8\text{kPa}$$

$$\bar{\sigma}_x = \sigma_x + k_0\sigma_{cz} = (45 + 0.5 \times 0.5 \times 19.6)\text{kPa} = 49.9\text{kPa}$$

$$Z_{yx} = -51.0\text{kPa}, \quad Z_{xy} = 51.0\text{kPa}$$

按第 3 章应力符号规定，单元体应力如图 5-4b 所示。

（2）求 M 点主应力值

$$\begin{matrix} \sigma_1 \\ \sigma_3 \end{matrix} = \frac{\bar{\sigma}_z + \bar{\sigma}_x}{2} \pm \sqrt{\left(\frac{\bar{\sigma}_z - \bar{\sigma}_x}{2}\right)^2 + \tau^2}$$

$$= \left[\frac{103.8 + 49.9}{2} \pm \sqrt{\left(\frac{103.8 - 49.9}{2}\right)^2 + 51^2}\right]\text{kPa}$$

$$= 76.85 \pm 57.68\text{kPa}$$

$$\sigma_{1M} = 134.53\text{kPa} \qquad \sigma_{3M} = 19.17\text{kPa}$$

（3）求最大主应力面方向　根据图 5-4b 绘莫尔圆，如图 5-4c 所示，注意这时 $\tau_{zx}$ 为负值。

$$\tan 2\alpha = \frac{\tau_{zx}}{\dfrac{\bar{\sigma}_z - \bar{\sigma}_x}{2}} = \frac{-51}{26.95}$$

$$2\alpha = -62.14°, \quad \alpha = -31.07°$$

大主应力面方向如图 5-4b 所示

（4）破坏可能性判断　用式（5-6）进行判断

$$\sigma_{1f} = \sigma_{3M}\tan^2\left(45° + \frac{\varphi}{2}\right) + 2c\tan\left(45° + \frac{\varphi}{2}\right)$$

$$= \left[19.17\tan^2\left(45° + \frac{28°}{2}\right) + 2 \times 19.6 \times \tan\left(45° + \frac{28°}{2}\right)\right]\text{kPa}$$

$$= (53.1 + 65.24)\text{kPa} = 118.34\text{kPa} < \sigma_{1M} = 134.53\text{kPa}$$

故 M 点土体已破坏。

若改用式（5-7）进行判断

$$\sigma_{3f} = \sigma_{1M}\tan^2\left(45° - \frac{\varphi}{2}\right) - 2c\tan\left(45° - \frac{\varphi}{2}\right)$$

$$= \left[134.53\tan^2\left(45° - \frac{28°}{2}\right) - 2 \times 19.6\tan\left(45° - \frac{28°}{2}\right)\right]\text{kPa}$$

$$= [48.57 - 23.55]\text{kPa} = 25.02\text{kPa} > \sigma_{3M} = 19.17\text{kPa}$$

即实际的最小主应力低于维持极限平衡状态所要求的最小主应力，故土体破坏。

从［例 5-1］的求解我们应该注意到：

1）自重应力状态下没有剪应力。

2）题目要求的是最大主应力面而不是破裂面。

3）求解强度问题应首选解析法，再选解析与绘图的结合，实在没有思路才选作图法。

# 5.3 强度指标的测定方法

本节主要介绍室内的直接剪切试验、三轴压缩试验、无侧限抗压强度试验和现场的十字板剪切试验。

## 5.3.1 直接剪切试验

直接剪切仪分为应变控制式和应力控制式两种，前者是控制试样产生一定位移，如量力环中量表指针不再前进，表示试样已剪损，测定其相应的水平剪应力；后者则是控制对试件分级施加一定的水平剪应力，如相应的位移不再增加，认为试样已剪损。目前我国普遍采用的是应变控制式直剪仪，如图5-5所示。该仪器的主要部件由固定的上盒和活动的下盒组成，试样放在上下盒内上下两块透水石之间。试验时，由杠杆系统通过加压活塞和上透水石对试件施加某一垂直压力$\sigma$，然后等速转动手轮对下盒施加水平推力，使试样在上下盒之间的水平接触面上产生剪切变形，直至破坏。剪应力的大小可借助于上盒接触的量力环的变形值计算确定。在剪切过程中，随着上下盒相对剪切变形的发展，土样中的抗剪强度逐渐发挥出来，直到剪应力等于土的抗剪强度时，土样剪切破坏，所以土样的抗剪强度是用剪切破坏时的剪应力来度量。

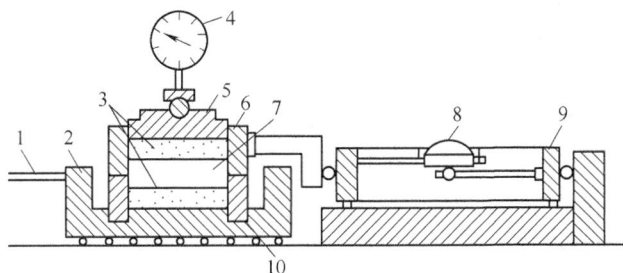

图5-5 应变控制式直剪仪

1—轮轴 2—底座 3—透水石 4—垂直位移计 5—活塞 6—上盒
7—土样 8—量力环量表 9—量力环 10—下盒

如图5-6a表示剪切过程中剪应力$\tau$与剪切位移$\delta$之间的关系，通常可取峰值或稳定值作为破坏点，如图中$A$、$B$点所示。对同一种土（重度和含水率相同）至少取4个试样，分别在不同垂直压力下剪切破坏，一般可取垂直压力为100kPa、200kPa、300kPa、400kPa，将试验结果绘制成如图5-6b所示的抗剪强度$\tau_f$和垂直压力$\sigma$之间关系。试验结果表明，对于黏性土和粉土，$\tau_f$-$\sigma$关系曲线基本上成直线关系，该直线与横坐标轴的夹角为内摩擦角$\varphi$，在纵轴上的截距为黏聚力$c$，直线方程可用库仑公式（5-2）表示，对于无黏性土，$\tau_f$与$\sigma$之间关系则是通过原点的一

条直线，可用式（5-1）表示。

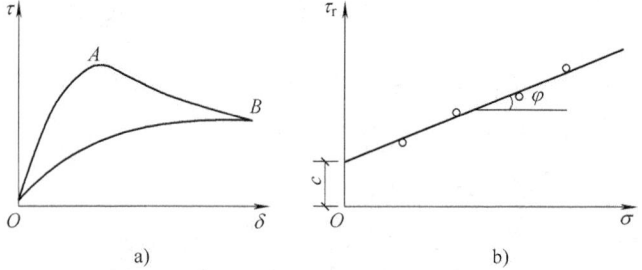

图 5-6   直接剪切试验结果

a）剪应力 $\tau$ 与剪切位移 $\delta$ 之间关系   b）黏性土试验结果

为了近似模拟土体在现场受剪的排水条件，直接剪切试验可分为快剪、固结快剪和慢剪三种方法。快剪试验（Q-test，quick shear test）是在试样施加竖向压力后，立即快速（0.8mm/min）施加水平切应力使试样剪切。固结快剪直剪试验（consolidated quick direct shear test）是允许试样在竖向压力下排水，待固结稳定后，再快速施加水平切应力使试样剪切破坏。慢剪试验（S-test，slow shear test）也是允许试样在竖向压力下排水，待固结稳定后，再以缓慢的速度施加水平切应力使试样剪切。

直剪仪具有构造简单，操作方便等优点，但它存在若干缺点，主要有：

1）剪切面是限定在上下盒之间的平面，而不是沿土样最薄弱面剪切破坏。

2）剪切面上剪应力分布不均匀，土样剪切破坏时先从边缘开始，在边缘发生应力集中现象。

3）在剪切过程中，土样剪切面积逐渐缩小，而在计算抗剪强度时却是按土样的原截面积计算的。

4）试验时不能严格控制排水条件，不能量测孔隙水压力，在进行不排水剪切时，试件仍有可能排水，因此快剪试验和固结快剪试验仅适用于渗透系数小于 $10^{-6}$ cm/s 的细粒土。

为了克服直剪仪试样因剪应力分布不均匀、不能严格控制排水条件及剪切面限定等缺点，不同结构形式的单剪仪问世。例如，将试样置于单剪仪有侧限的容器中，施加法向压力后，在试样顶部和底部借透水石表面摩阻力施加剪应力直至剪损。

## 5.3.2   三轴压缩试验

三轴压缩试验测定土的抗剪强度是一种较为完善的方法。三轴压缩仪由压力室、轴向加荷系统、施加周围压力系统、孔隙水压力量测系统等组成，如图 5-7 所示。压力室是三轴压缩仪的主要组成部分，它是一个由金属上盖、底座和透明有机玻璃圆筒组成的密闭容器。

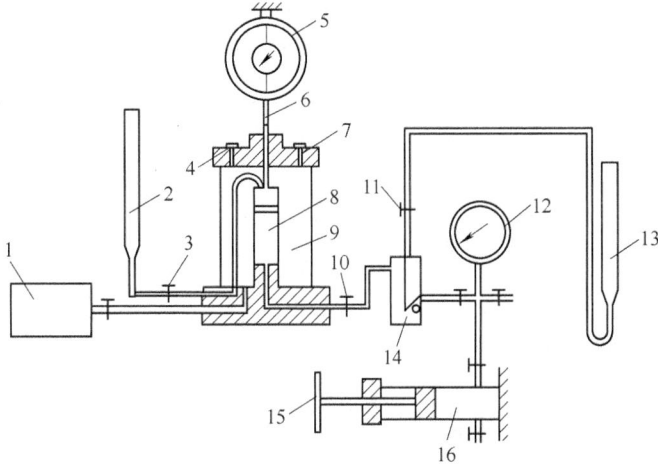

图 5-7　三轴压缩试验仪

1—周围压力系统　2—排水管　3—排水阀　4—注水孔　5—量力环
6—传力杆　7—排气孔　8—试样　9—压力室　10—孔隙水压力阀
11—量管阀　12—孔隙水压力表　13—量管　14—零位指示器
15—手轮　16—调压筒

常规试验方法的主要步骤如下：先将土切成圆柱体套在橡胶膜内，放在密封的压力室中，然后向压力室内充水，使试样在各向受到围压 $\sigma_3$，并使围压在整个试验过程中保持不变，这时试件内三个主应力都相等，因此不产生剪应力，如图5-8a所示。然后再通过传力杆对试样施加竖向压力，这样，竖向主应力就大于水平向主应力，当水平向应力保持不变，而竖向主应力逐渐增大时，试样终于受剪而破坏，如图5-8b所示。

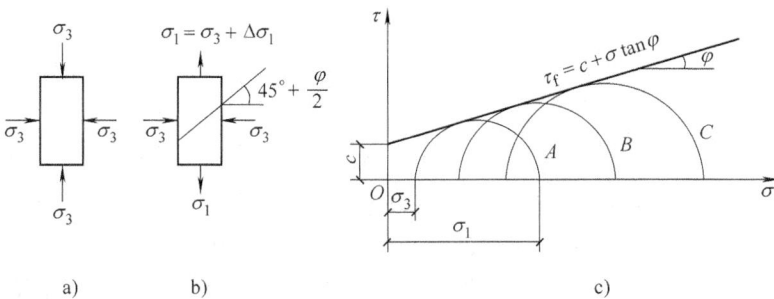

图 5-8　三轴压缩试验原理

a）试样受周围压力　b）破坏时试样上的主应力　c）莫尔包线

设剪切破坏时由传力杆加在试样上的竖向压应力增量为 $\Delta\sigma_1$，则试样上的大主应力为 $\sigma_1 = \sigma_3 + \Delta\sigma_1$，而小主应力为 $\sigma_3$，以 $(\sigma_1 - \sigma_3)$ 为直径可画出一个极限应力图，如图5-8c中的圆 $A$。用同一种土样的若干个试样（三个及三个以上）按上述方法分别进行试验，每个试样施加不同的围压 $\sigma_3$，可分别得出剪切破坏时的大主应力 $\sigma_1$，将这些结果绘成一组极限应力圆，如图5-8c中的圆 $A$、$B$ 和 $C$。由于这些试件都剪切至破坏，根据莫尔—库仑理论，作一组极限应力圆的公共切线，即土的抗剪强度包线，通常近似取为一条直线，该直线与横坐标轴的夹角为土的内摩擦角 $\varphi$，直线与纵坐标轴的截距为土的黏聚力 $c$。

如果量测试验过程中的孔隙水压力，可以打开孔隙水压力阀，在试样上施加压力以后，由于土中孔隙水压力增加迫使零位指示器的水银面下降。为量测孔隙水压力，可用调压筒调整零位指示器的水银面始终保持原来的位置，这样，孔隙水压力表中的读数就是孔隙水压力值。如要量测试验过程中的排水量，可打开排水阀门，让试件排的水排入量水管中，根据量水管中水位的变化可算出在试验过程中的排水量。

对应于直接剪切试验的快剪、固结快剪和慢剪试验，三轴压缩试验按剪切前受到围压 $\sigma_3$ 的固结状态和剪切时的排水条件，分为三种方法，见表5-1。

表5-1　三轴压缩试验方法

| 试验方法全称 | 简称 | 固结及剪切排水条件 |
|---|---|---|
| 不固结不排水三轴压缩试验<br>（Unconsolidatied Undrained test） | 不排水试验<br>（UU-test） | 试样在施加围压和随后施加竖向压力直至剪破坏的整个过程中都不允许排水，试验自始至终关闭排水阀门 |
| 固结不排水三轴压缩试验<br>（Consolidatied Undrained test） | 固结不排水试验<br>（CU-test） | 试样在施加围压 $\sigma_3$ 时打开排水阀门，允许排水固结，待固结稳定后关闭排水阀门，再施加竖向压力，使试样在不排水的条件下剪切破坏 |
| 固结排水三轴压缩试验<br>（Consolidated Drained test） | 排水试验<br>（CD-test） | 试样在施加围压 $\sigma_3$ 时允许排水固结，待固结稳定后，再在排水条件下施加竖向压力至试件剪切破坏 |

三轴压缩仪的突出优点是能较为严格地控制排水条件以及可以量测试件中孔隙水压力的变化。此外，试件中的应力状态也比较明确，破裂面是在最弱处，而不像直接剪切仪那样限定在上下盒之间。三轴压缩仪还用以测定土的其他力学性质，如土的弹性模量，因此它是土工试验不可缺少的设备。三轴压缩试验的缺点是试件中的主应力 $\sigma_2 = \sigma_3$，而实际上土体的受力状态未必都属于这类轴对称情况。而各种真三轴压缩仪中的试样可在不同的三个主应力（$\sigma_1$、$\sigma_2$、$\sigma_3$）作用下进行试验。

## ● 5.3.3　无侧限抗压强度试验

无侧限抗压强度试验如同在三轴仪中进行 $\sigma_3 = 0$ 的不排水试

验一样，试验时将圆柱形试样放在如图 5-9a 所示的无侧限压缩仪中，在不加任何侧向压力的情况下施加垂直压力，直到使试件剪切破坏为止。

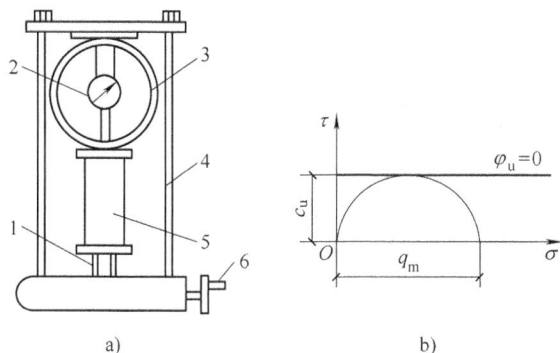

图 5-9　无侧限抗压强度试验

a）无侧限抗压试验仪　b）饱和黏土的无侧限抗压强度试验结果

1—升降螺杆　2—百分表　3—轴向测力计

4—加压框架　5—试样　6—手轮

无侧限抗压强度试验
（动画）

剪切破坏时试样所能承受的最大轴向压力 $q_u$ 称为无侧限抗压强度。根据试验结果，只能作一个极限应力圆（$\sigma_1 = q_u$，$\sigma_3 = 0$）。因此对于一般黏性土就难以作出莫尔破坏包线。而对于饱和黏性土，根据三轴不固结不排水试验的结果，其破坏包线近似于一条水平线，即 $\varphi_u = 0$。这样，如仅为了测定饱和黏性土的不排水抗剪强度，就可以利用构造比较简单的无侧限压缩仪代替三轴压缩仪。此时，取 $\varphi_u = 0$，则由无侧限抗压强度试验所得的极限应力图的水平切线就是破坏包线，由图 5-9b 得

$$\tau_f = c_u = \frac{q_u}{2} \tag{5-10}$$

式中　$c_u$——土的不排水抗剪强度（kPa）；

$q_u$——无侧限抗压强度（kPa）。

无侧限抗压试验仪还可以用来测定土的灵敏度 $S_t$。无侧限抗压试验的缺点是试样的中段部位完全不受约束，因此，当试样接近破坏时，往往被压成鼓形，这时试样中的应力显然不是均匀的。

## ● 5.3.4　十字板剪切试验

室内抗剪强度测试要求取得原状土样，由于试样在采取、运送、保存和制备等过程不可避免地受到扰动，特别是对于高灵敏度的软黏土，室内试验结果的精度就受到影响。因此，发展原位测试土性的仪器具有重要意义。原位测试时的排水条件、受力状态与土所处的天然状态比较接近。在抗剪强度的原位测试方法中，国内广泛应用的是十字板剪切试验。

十字板剪切仪的构造如图 5-10 所示。试验时先将套管打到预定的深度，并将套管内的土清除。将十字板装在钻杆的下端后，通过套管压入土中，压入深度约为 750mm。然后由地面上的扭力装置仪对钻杆施加扭矩，使埋在土中的十字板旋转，直至土剪切破坏。破坏面为十字板旋转所形成的圆柱面。设剪切破坏时所施加的扭矩为 $M$，则它应该与剪切破坏圆柱面（包括侧面和上下面）上土的抗剪强度所产生的抵抗力矩相等，即

$$M = \pi DH \times \frac{D}{2}\tau_V + 2 \times \frac{\pi D^2}{4} \times \frac{D}{3} \times \tau_H = \frac{1}{2}\pi D^2 H\tau_V + \frac{1}{6}\pi D^3 \tau_H \quad (5-11)$$

式中　　$M$——剪切破坏时的扭力矩（kN·m）；

$\tau_V$、$\tau_H$——剪切破坏时的圆柱体侧面和上下面土的抗剪强度（kPa）；

$H$、$D$——十字板的高度和直径（m）。

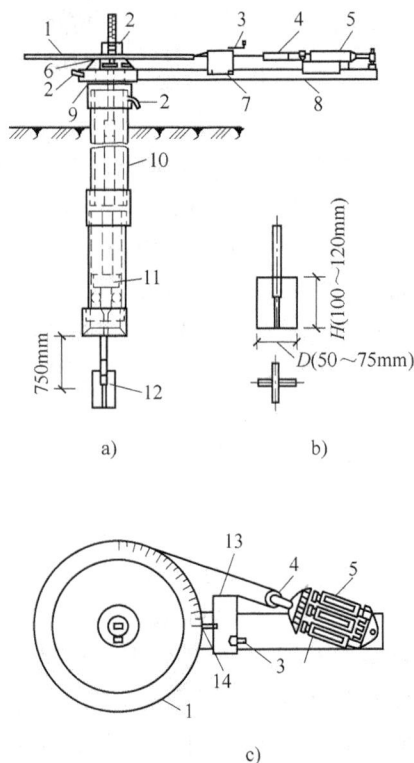

图 5-10　十字板剪切仪

a）剖面图　b）十字板　c）扭力设备

1—转盘　2—固定螺钉　3—摇柄　4—滑轮　5—弹簧秤
6—平弹子盘　7—施力盒　8—槽钢　9—幅圈
10—套管　11—导轮　12—十字板　13—施力盘　14—指针

在实际土层中，$\tau_V$、$\tau_H$ 是不同的。通过十字板剪力仪测定饱和黏性土的抗剪强度，试验结果表明：对于所试验的正常固结饱和黏性土，$\tau_V / \tau_H = 1.5 \sim 2.0$；对于弱超固结的饱和软黏土，$\tau_V /$

$\tau_H = 1.1$。这一试验结果说明天然土层的抗剪强度是非等向的，即水平面上的抗剪强度小于垂直面上的抗剪强度。这主要是由于水平面上的固结压力小于侧向压力的缘故。

实用上为了简化计算，在常规的十字板试验中仍假设 $\tau_V = \tau_H = \tau_f$，将这一假设代入式（5-11）中，得

$$\tau_f = \frac{2M}{\pi D^2 \left( H + \frac{D}{3} \right)} \qquad (5\text{-}12)$$

式中　$\tau_f$——在现场由十字板测定的土的抗剪强度（kPa）。

图 5-11 表示正常固结饱和软黏土用十字板测定的结果，在硬壳层以下的软土层中抗剪强度随深度基本上成直线变化，并可用下式表示

$$\tau_f = c_0 + \lambda z \qquad (5\text{-}13)$$

式中　$\lambda$——直线段的斜率（$kN/m^3$）；

　　　$z$——以地表为起点的深度（m）；

　　　$c_0$——直线段的延长线在水平坐标轴（即原地面）上的截距（kPa）。

由十字板在现场测定的土的抗剪强度，用于不排水剪切的试验条件，因此其结果一般与无侧限抗压强度试验结果接近，即 $\tau_f \approx q_u/2$。

十字板剪力仪适用于饱和软黏土（$\varphi = 0$），它的优点是构造简单，操作方便，原位测试时对土的结果扰动也较小，故在实际中得到广泛应用。但在软土层中夹薄砂层时，测试结果可能失真或偏高。

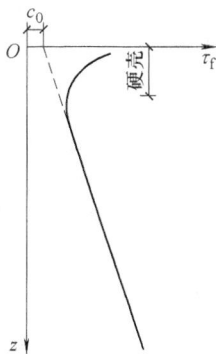

图 5-11　由十字板测定的抗剪强度随深度的变化

# 5.4　孔压系数

为了用有效应力分析实际工程中的变形（沉降）和稳定（强度）问题，常常要知道土体在外荷载作用后，在土中所引起的孔隙水压力值。一种较为简便的方法就是利用孔压系数（pore pressure parameter）的概念对孔压进行计算。

在常规三轴试验中，一般要先对试样施加围压 $\sigma_{3c}$，使其固结稳定，用以模拟原位应力状态，这时超静孔隙水压力 $u_0$ 为零。如果建筑物荷载使地基中的土体受到了大、小主应力增量 $\Delta\sigma_1$ 和 $\Delta\sigma_3$ 的话，在常规三轴试验中，就要对土样分为两个加载阶段来模拟，即先使土样承受围压增量 $\Delta\sigma_3$，然后在围压不变的情况下施加大、小主应力增量差 $\Delta\sigma_1 - \Delta\sigma_3$。若试验是在不排水不排气的条件下进行的，则 $\Delta\sigma_3$ 和 $\Delta\sigma_1 - \Delta\sigma_3$ 的施加必将分别引起超静

孔隙水压力增量 $\Delta u_3$ 和 $\Delta u_1$，如图 5-12 所示。

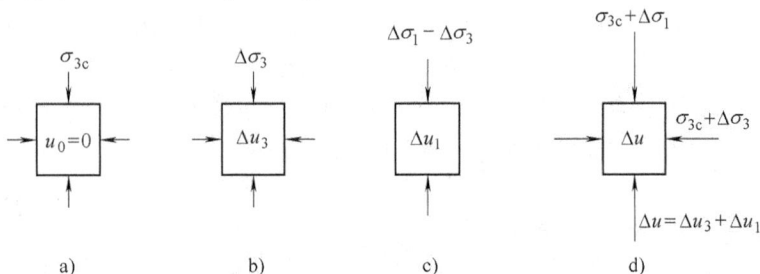

图 5-12　应力增量引起的孔压变化

## 5.4.1　孔压系数 $B$

分析图 5-12b 中各向应力相等情况。

（1）骨架体积的变化

总应力增量　　$\Delta\sigma_1 = \Delta\sigma_2 = \Delta\sigma_3$

有效应力增量　　$\Delta\sigma_1' = \Delta\sigma_2' = \Delta\sigma_3' = \Delta\sigma_3 - \Delta u_3$

假设土样的体积 $V = 1$，则土骨架的体积变化为

$$\Delta V = \varepsilon_v = C_s \Delta\sigma_3' = C_s(\Delta\sigma_3 - \Delta u_3) \qquad (5\text{-}14)$$

式中　　$C_s$——固体骨架的体积压缩系数，$C_s = 3(1 - 2\mu)/E$

（2）孔隙水的体积变化

土中孔隙体积为　　$V_v = nV = n \cdot 1 = n$

则孔隙水的体积变化　　$\Delta V_v = V_v C_v \Delta u = n \cdot C_v \cdot \Delta u_3 \qquad (5\text{-}15)$

式中　　$C_v$——孔隙水的体积压缩系数。

（3）孔压系数 $B$

因为土颗粒在一般压力下的体积压缩量极小，可以忽略不计，故可认为单元土体的体积压缩量就等于孔隙水的体积压缩量，即 $\Delta V = \Delta V_v$，则由式（5-14）和式（5-15）得

$$C_s(\Delta\sigma_3 - \Delta u_3) = n \cdot C_v \cdot \Delta u_3$$

则　　　　　　$$\Delta u_3 = \frac{1}{1 + n\dfrac{C_v}{C_s}} \cdot \Delta\sigma_3 = B\Delta\sigma_3 \qquad (5\text{-}16)$$

式中　　$B$——孔压系数，$B = \Delta u_3/\Delta\sigma_3$ 它表示单位围压增量所引起的孔压增量。

孔压系数 $B$ 与土的饱和度密切相关。对于饱和土，$S_r = 100\%$，$C_v \to 0$，则 $B = 1.0$；对于干土，$S_r = 0$，$C_v \to \infty$，则 $B = 0$；对于部分饱和土，$0 < S_r < 1$，$0 < B < 1$，应通过三轴试验确定。

## 5.4.2　孔压系数 $A$

分析图 5-12c 所示的偏差应力状态，土样在不排水、不排气的条件下受到偏应力 $\Delta\sigma_1 - \Delta\sigma_3$ 作用后将产生孔压增量 $\Delta u_1$，此时

$$\Delta\sigma_1' = (\Delta\sigma_1 - \Delta\sigma_3) - \Delta u_1$$

$$\Delta\sigma'_3 = 0 - \Delta u_1 = -\Delta u_1$$

同样，根据土骨架的压缩量等于孔隙水体积的减少，应用弹性理论可以推得

$$\Delta u_1 = B \cdot \frac{1}{3}(\Delta\sigma_1 - \Delta\sigma_3) \tag{5-17}$$

但式（5-17）是将土看成弹性体推得的，而弹性体在剪应力作用下只有形状改变没有体积变化，与土的剪胀性矛盾。所以，上式中偏应力（$\Delta\sigma_1 - \Delta\sigma_3$）前面的系数 1/3 不适用于土体，应以系数 $A$ 代替，则式（5-17）应改为

$$\Delta u_1 = BA(\Delta\sigma_1 - \Delta\sigma_3) \tag{5-18}$$

式中 $A$——孔压系数 $A$。

对于饱和土，因 $B = 1.0$，故

$$\Delta u_1 = A(\Delta\sigma_1 - \Delta\sigma_3) \tag{5-19}$$

所以，孔压系数 $A$ 是饱和土体在单位偏应力增量（$\Delta\sigma_1 - \Delta\sigma_3$）作用下产生的孔隙水压力增量，可以用来反映土体在剪切过程中的胀缩特性，是土的一个重要的力学指标：

1) $A < \frac{1}{3}$，剪胀（$\Delta V > 0$），如密砂，超固结黏土。

2) $A = \frac{1}{3}$，$\Delta V = 0$，弹性体。

3) $A > \frac{1}{3}$，剪缩（$\Delta V < 0$），如松砂，正常固结土。

需要注意，$A$ 的影响因素很多，除土性外，还与应力历史、加载过程等密切相关。并且，同一种土在同一个加载过程中 $A$ 值也是变化的。

如图 5-12d 所示三轴试验应力状态下：

$$\Delta u = \Delta u_3 + \Delta u_1 = B\Delta\sigma_3 + AB(\Delta\sigma_1 - \Delta\sigma_3)$$

或 
$$\Delta u = B[\Delta\sigma_3 + A(\Delta\sigma_1 - \Delta\sigma_3)] \tag{5-20}$$

# 5.5 应力路径与破坏主应力线

## 5.5.1 应力路径的概念

1. 应力历史和应力水平

从上一章的土的应力-应变关系可知，对于土体，同一种应力因加载、卸载、重新加载或重新卸载的过程不同，所对应的应变及相应的土的性质不一样。所以，研究土的性质和土工问题，不仅需要知道土的初始和最终应力状态，而且还要知道它所受应力的变化过程。天然土体在其形成的地质年代中所经过的应力变化情况称为

应力历史（stress history）。在应力变化过程中曾经达到过的最大剪应力与抗剪强度的比值称为剪应力水平（shear stress level）。

2. 应力路径及其表示方法

土体中某点的应力状态可以用莫尔圆来表示。但如果一种状态用一个应力圆来表示，要表示应力状态的变化就需要在一个 $\tau$-$\sigma$ 坐标中绘出若干个莫尔圆，只要应力变化不单调，不但极易发生混乱，还很难表示应力的变化过程。为此，可以在摩尔圆上选择某个特征点来代表整个应力圆，这个特定点通常就取最大剪应力点。该点在 $\tau$-$\sigma$ 坐标中的移动轨迹就称为应力路径（stress path），它表示了土体中某个单元最大剪应力的应力变化过程。由于该点的横坐标 $p = \frac{1}{2}(\sigma_1 + \sigma_3)$ 代表了莫尔圆的圆心位置，纵坐标 $q = \frac{1}{2}(\sigma_1 - \sigma_3)$，所以在表达应力路径时，可以把 $\sigma$-$\tau$ 坐标换成了 $p$-$q$ 坐标，如图 5-13 所示。

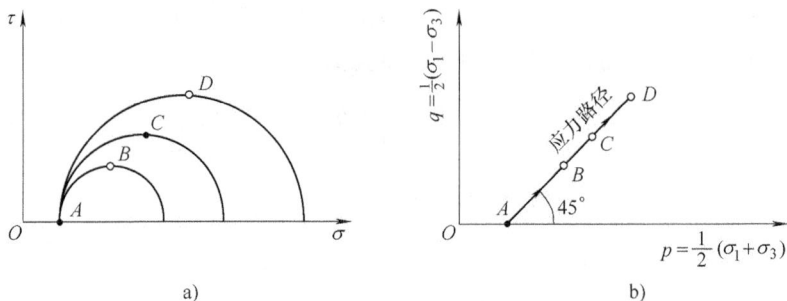

图 5-13 应力路径的概念

3. 有效应力路径与总应力路径的关系

由于土体中的应力既可以用总应力 $\sigma$ 表示，也可以用有效应力 $\sigma'$ 表示。与莫尔圆类似，表示总应力 $\sigma$ 变化的轨迹就是总应力路径（total stress path），表示有效应力 $\sigma'$ 的变化轨迹就是有效应力路径（effective stress path），由于 $\sigma'_1 = \sigma_1 - u$，$\sigma'_3 = \sigma_3 - u$，所以

$$p' = \frac{(\sigma'_1 + \sigma'_3)}{2} = \frac{(\sigma_1 - u) + (\sigma_3 - u)}{2} = \frac{(\sigma_1 + \sigma_3)}{2} - u = p - u$$

(5-21)

$$q' = \frac{(\sigma'_1 - \sigma'_3)}{2} = \frac{(\sigma_1 - u) - (\sigma_3 - u)}{2} = \frac{(\sigma_1 - \sigma_3)}{2} = q$$

(5-22)

也就是说，土单元在应力发展过程中，有效应力的纵坐标 $q'$ 与总应力的纵坐标 $q$ 相等，但横坐标的有效应力值 $p'$ 比总应力值 $p$ 相差孔隙水压力 $u$，如果 $u > 0$，则有效应力路径在总应力路径的左侧，如果 $u < 0$，则有效应力路径在总应力路径的右侧。

## ● 5.5.2　几种典型的应力路径

### 1. 无孔隙水压力

没有孔隙水压力时，即 $u=0$，所以 $p=p'$，$q=q'$。也就是说有效应力路径与总应力路径相同，如图 5-14 所示。图 5-14 中应力路径①表示等向加压情况，$\Delta q = (\Delta\sigma_1 - \Delta\sigma_3)/2 = 0$，应力路径沿 $p$ 轴发展；应力路径②表示增加偏应力情况，即 $\Delta\sigma_1$ 增加，$\Delta\sigma_3 = 0$，$\Delta p = \Delta q = \Delta\sigma_1/2$，应力路径沿 45°斜直线上升；应力路径③表示 $\Delta\sigma_3 = -\Delta\sigma_1$，$\Delta p = (\Delta\sigma_1 + \Delta\sigma_3)/2 = 0$，即 $\sigma_1$ 增加同时 $\sigma_3$ 减少，应力路径为垂直 $p$ 轴向上的直线。

### 2. 有超静孔隙水压力

总应力路径的绘制与上述没有超静孔隙水压力时的三种情况一样。但有效应力路径的绘制比较复杂，必须求出总应力变化时孔隙水压力的变化，再根据 $p' = p - u$，$q' = q$ 绘出有效应力路径。$u$ 的确定可以用前面介绍的孔压系数的概念。

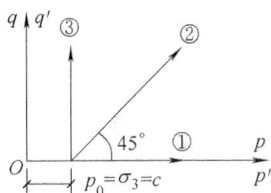

图 5-14　没有孔隙水压力时的几种典型应力路径

对于饱和土样，在不排水的条件下，孔压系数 $B=1.0$，孔压系数 $A$ 的影响因素较多。现考查土样仅受到偏应力增量的情况。不妨假设 $A=0$，$0.5$，$1.0$ 三种特殊情况。

1）当 $A=0$ 时，则

$$\Delta u = A \cdot \Delta\sigma_1 = 0$$
$$\Delta p' = \Delta p - \Delta u = \Delta\sigma_1/2$$
$$\Delta q' = \Delta q = \Delta\sigma_1/2$$

所以有效应力路径是 45°的斜线，如图 5-15 中射线①所示。

2）当 $A=0.5$ 时，则

$$\Delta u = A\Delta\sigma_1 = 0.5\Delta\sigma_1$$
$$\Delta p' = \Delta p - \Delta u = \Delta\sigma_1/2 - 0.5\Delta\sigma_1 = 0$$
$$\Delta q' = \Delta q = \Delta\sigma_1/2$$

所以有效应力路径沿竖直线发展，如图 5-15 中射线②所示。

3）当 $A=1$ 时，则

$$\Delta u = A\Delta\sigma_1 = \Delta\sigma_1$$
$$\Delta p = \Delta\sigma_1/2 ,\ \Delta q = \Delta\sigma_1/2$$
$$\Delta p' = \Delta p - \Delta u = \Delta\sigma_1/2 - \Delta\sigma_1 = -0.5\Delta\sigma_1$$
$$\Delta q' = \Delta q = 0.5\Delta\sigma_1 ,\ \Delta q'/\Delta p' = -1$$

所以有效应力路径是向坐标平面左上方发展的直线，如图 5-15 中射线③所示。

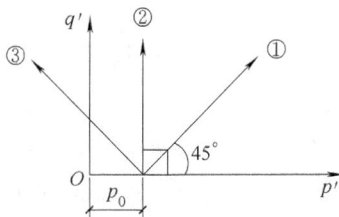

图 5-15　饱和土样在不排水条件下的几种典型应力路径

可见，土样在偏应力作用下，孔压系数 $A$ 越大，土样中产生的孔隙水压力越高，有效应力路径越向左上方发展；反之，$A$ 越小，有效应力路径越向右上方发展。一般来讲，在对土样加载的过程中，孔压系数 $A$ 是不断变化的，有效应力路径的方向也就会不断变化，成为一根连续发展的曲线。

### 5.5.3　破坏主应力线与莫尔包线

在三轴排水试验的条件下，由于 $u = 0$，$p' = p - u = p = (\sigma_1 + \sigma_3)/2$，$q' = q = (\sigma_1 - \sigma_3)/2$，在固结完成，仅增加 $\Delta\sigma_1$ 时，$\Delta p = \Delta q = \Delta\sigma_1/2$，$\Delta p' = \Delta q' = \Delta\sigma_1/2$。即总应力和有效应力路径重合，都是沿与 $p$ 轴成 45°的直线向上发展至试件破坏。若干条应力路径线上破坏点的连线就是破坏主应力线，也就是 $\tau - \sigma$ 坐标中极限应力圆顶点的连线，简称 $K_f$ 线，如图 5-16 所示。

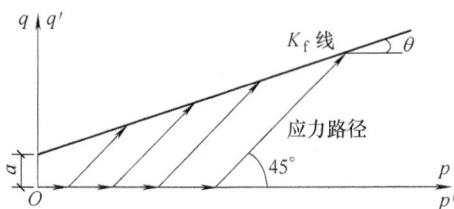

图 5-16　三轴固结排水剪切应力路径与破坏主应力线

在三轴固结不排水试验中，总应力路径及其对应的破坏主应力线与上述排水试验相同。对于有效应力路径，由于在试验中施加偏应力 $\Delta\sigma_1$ 时将产生孔隙水压力 $u$，并且 $u$ 还随 $\Delta\sigma_1$ 不断变化，使得有效应力路径成为各种不同形状的曲线，相应的破坏主应力线 $K'_f$ 也将与 $K_f$ 线偏离 $u_f$。

当试样为正常固结的黏土时，由于在不排水剪切中产生正的孔隙水压力，与总应力路径上任一点 $(p, q)$ 对应的有效应力路径上的点为 $(p - u, q)$，所以有效应力路径位于总应力路径的左侧，而 $K'_f$ 线位于 $K_f$ 线之上，如图 5-17 所示。

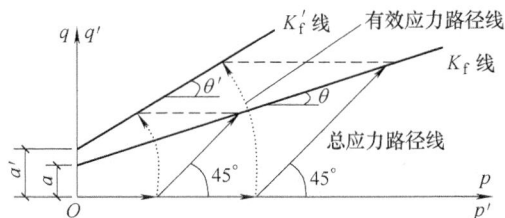

图5-17　正常固结土的应力路径和破坏主应力线

当试样为弱超固结土（lightly overconsolidated clay）时，由于在剪切过程中产生正的孔隙水压力，故有效应力路径也在总应力路径的左侧；对于强超固结土（heavily overconsolidated clay），在剪切的初期 $u$ 为正值，以后将逐渐转为负值，所以有效应力路径开始在总应力路径的左侧，后来将逐渐转移到右侧。图5-18显示了超固结土的应力路径和相应的 $K_f$、$K'_f$ 线。

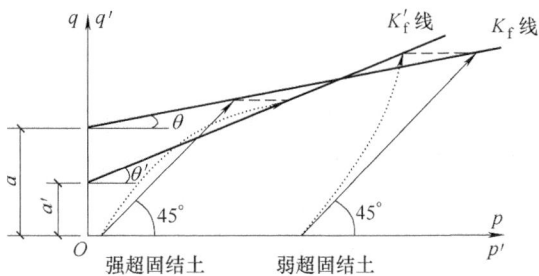

图5-18　超固结土的应力路径和破坏主应力线

下面推导破坏主应力线与莫尔包线的关系。

将破坏主应力线（$K'_f$ 线）与莫尔破坏包线（$\tau_f$ 线）同时绘在一张图上，并画一个极限应力圆，则 $\tau_f$ 线必定与极限应力圆相切，并设切点为 $B$；$K'_f$ 线必定经过极限应力圆的顶点 $C$。当极限应力圆的半径无限缩小时，则两条线必定交于一点 $O'$，如图5-19所示。

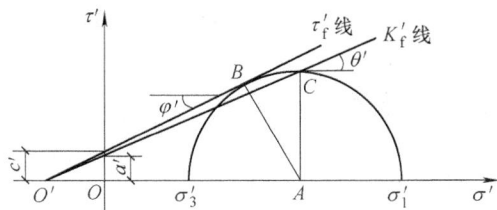

图5-19　破坏主应力线与莫尔包线的关系

由图5-19显然

$$O'A\sin\varphi' = O'A\tan\theta' = R$$

所以
$$\sin\varphi' = \tan\theta'$$

则
$$\varphi' = \arcsin(\tan\theta') \tag{5-23}$$

又因为
$$\frac{a'}{\tan\theta'} = \frac{c'}{\tan\varphi'}$$

所以
$$a' = \frac{c'}{\tan\varphi'} \cdot \sin\varphi' = c' \cdot \cos\varphi'$$

$$c' = a'/\cos\varphi' \qquad (5\text{-}24)$$

同理
$$\varphi = \arcsin(\tan\theta) \qquad (5\text{-}25)$$

$$c = a/\cos\varphi \qquad (5\text{-}26)$$

这样，只要从应力路径图做出 $K'_f$ 或 $K_f$ 线后，就可以利用式 (5-23) 和式 (5-24) 求出 $\varphi'$ 和 $c'$，或利用式 (5-25) 和式 (5-26) 求出 $\varphi$ 和 $c$，当然就可以绘出莫尔破坏包线了。

**【例 5-2】** 某饱和砂样在围压 $\sigma_3 = 98\text{kPa}$ 下固结，然后增加轴向应力 $\Delta\sigma_1$ 直至试样破坏时的偏应力 $\Delta\sigma_{1f} = (\sigma_1 - \sigma_3)_f = 440\text{kPa}$。破坏时的孔压系数 $A_f = -0.16$，试在 $p\text{-}q$ 图上作出总应力路径 (TSP) 和有效应力路径 (ESP)，并求出破坏主应力线和破坏包线。

**解：** (1) 求试件破坏时的孔隙水压力
$$\Delta u_f = A_f(\sigma_1 - \sigma_3)_f = (-0.16 \times 440)\text{kPa} = -70.4\text{kPa}$$

(2) 求破坏时试件的总应力和有效应力
$$\sigma_{1f} = \Delta\sigma_{1f} + \sigma_3 = 538\text{kPa}$$

$$\sigma_{3f} = \sigma_3 = 98\text{kPa}$$

$$p_f = \frac{1}{2}(\sigma_{1f} + \sigma_{3f}) = 318\text{kPa}$$

$$q_f = \frac{1}{2}(\sigma_{1f} - \sigma_{3f}) = 220\text{kPa}$$

$$p'_f = p_f - \Delta u_f = 388.4\text{kPa}$$

$$q'_f = q_f = 220\text{kPa}$$

(3) 总应力路径 (TSP)

固结前　　$p = 0$，$q = 0$，在原点。

固结后　　$p = \sigma_3$，$q = 0$，在 $p_0$ 点。

剪切破坏时　　$p_f = 318\text{kPa}$，$q_f = 220\text{kPa}$，即 $T$ 点。

所以，总应力路径为 $O\text{-}p_0\text{-}T$。

(4) 有效应力路径 (ESP)

固结前　　$p' = 0$，$q' = 0$，在原点。

固结后　　$p' = \sigma'_3 = 98\text{kPa}$，$q' = 0$，在 $p_0$ 点。

剪切破坏时　　$p'_f = 388.4\text{kPa}$，$q'_f = 220\text{kPa}$，即 $E$ 点。

所以，有效应力路径为图 5-20 中 $O\text{-}p_0\text{-}E$。

(5) 有效应力破坏线 $K'_f$ 和破坏包线 $\tau'_f$　有效应力破坏主应力线 $K'_f$，即为 $OE$ 线，其倾角为 $\theta'$
$$\theta' = \arctan(q'_f/p'_f) = \arctan\frac{220}{388.4} = \arctan 0.566 = 29.5°$$

破坏包线 $\tau_f'$ 的倾角为有效应力内摩擦角 $\varphi'$

$$\varphi' = \arcsin(\tan\theta') = \arcsin 0.566 = 34.47°$$

（6）总应力破坏主应力线 $K_f$ 和破坏包线 $\tau_f$  总应力破坏线 $K_f$，即 $OT$ 线，其倾角为 $\theta$

$$\theta = \arctan\frac{q_f}{p_f} = \arctan\frac{220}{318} = 34.68°$$

破坏包线 $\tau_f$ 的倾角为总应力内摩擦角 $\varphi$

$$\varphi = \arcsin(\tan\theta) = \arcsin 0.692 = 43.77°$$

计算结果（见图 5-20）表明，由于破坏时产生了负的孔隙水压力，所以总应力内摩擦角 $\varphi$ 大于有效应力内摩擦角 $\varphi'$。

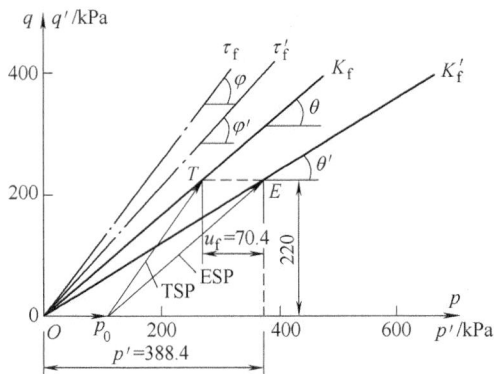

图 5-20  例 5-2 图

# 5.6  不同抗剪强度指标的分析与选用

研究土的抗剪强度的最终目的是要确定土的两个抗剪强度指标，即 $\varphi$ 和 $c$，要达到这个目标，必须正确理解土在剪切过程中的性状和各类试验方法测得的指标的物理意义。

## ● 5.6.1  不同排水条件下土的剪切性状

排水剪切：土体在剪切过程中因体积变化而引起的孔隙水有充分的时间排出或吸入。

不排水剪切：剪切过程中水完全不能流出或吸入，体积保持恒定。

实际岩土工程中土体常介于排水剪切和不排水剪切两者之间。

1. 排水剪切

从图 4-3b 可知密砂受剪切作用时，在轴向应变很小时，体积先收缩，变得更为密实，偏应力 $\sigma_1 - \sigma_3$ 上升很快，但这一阶段很短；此后进入剪胀状态，密度降低，偏应力增长变缓，当体积膨胀到一定程度后，承受剪应力的能力反而降低，偏应力出现峰值，称为峰值强度；继续剪切，体积不断膨胀，密度不断减小，剪应力不断减小，最后趋于稳定的残余强度。

松砂的情况则不同，在剪切的整个过程中都处于剪缩状态，体积一直不断缩小，密度不断增加，偏应力也不断增加，最终也将趋于稳定值。

简而言之，在排水条件下受剪切作用，松砂要变密，密砂要变松，最后趋于一种稳定的密度和强度。相应于这种密度的孔隙比就称为临界孔隙比 $e_{cr}$，它表示土处于这种密实状态时，受剪切作用只产生剪应变而不产生体应变。

2. 不排水剪切

图 5-21 是不排水试验典型的应力-应变关系曲线和孔隙水压力-应变关系曲线。

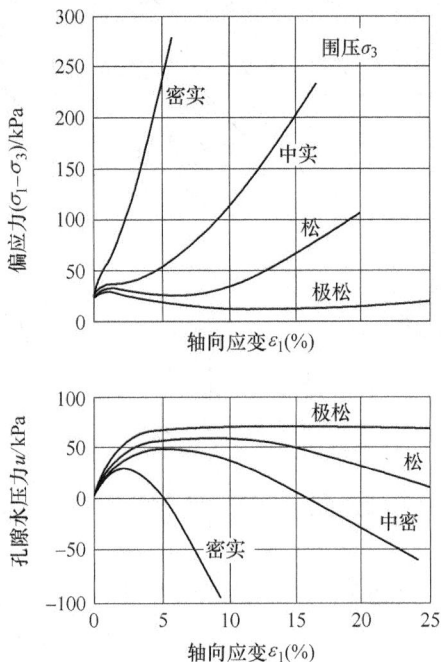

图 5-21　不排水试验典型的试验曲线

土的一个基本特性就是在受剪时不仅产生形状的改变，还要产生体积的改变，就是所谓的剪胀性。但在不排水剪切中，土的体积膨胀趋势受到了限制，土中只有产生负的孔隙水压力，使作用于骨架上的有效应力增加，才能使土体不会膨胀。相反，当土体有收缩的趋势而控制不让其收缩时，土体就要产生正的孔隙水压力，以减小作用于骨架上的有效应力，从而使土体不发生收缩。

总之，土体在不排水条件下受剪切作用时，体变的趋势会转化为孔隙水压力的变化。密砂产生负值的孔隙水压力，增加土骨架的有效应力，提高土的抗剪强度。松砂产生正的孔隙水压力，减小土骨架的有效应力，降低土的抗剪强度，甚至使强度降为零，发生流动。

不论排水还是不排水，细粒土（黏土）在剪切过程中的性状与粗粒土类似，正常固结土和弱超固结土类似于松砂和中密砂，而强超固结土则类似于密砂。

## 5.6.2 总应力和有效应力强度指标

土的抗剪强度总应力表达为

$$\tau_f = c + \sigma\tan\varphi$$

有效应力表达式为

$$\tau_f = c' + \sigma'\tan\varphi' = c' + (\sigma - u)\tan\varphi'$$

同一试样，同一试验方法，测得的抗剪强度当然只有一个，但却可表达为上述两种不同的形式。对松砂或正常固结的土，$u>0$，$\sigma'<\sigma$，$\varphi'>\varphi$；对密砂或重度固结土，一般 $u<0$，$\sigma'>\sigma$，$\varphi'<\varphi$。可见有效应力强度指标与总应力强度指标是有差别的，这种差别反映了 $u$ 对 $\tau_f$ 的影响。

按照有效应力原理，只有有效应力才能引起土的抗剪强度的变化。$\sigma'$ 是真正作用在土骨架上的应力，因而 $\varphi'$ 才是真正反映土的内摩擦特性的指标。所以，从理论上说，用有效应力法才能确切表示土的抗剪强度的实质。但是，这种方法不但要知道 $\sigma$，还要知道 $u$，而工程上有许多情况是难以测试或计算 $u$ 的，所以目前还普遍使用总应力法。

总应力法的实质是要通过试验来模拟原位土体的工作条件。通常还根据试验中的固结和排水条件划分为三种方法，即不固结不排水试验（UU 试验）或快剪试验，固结排水试验（CD 试验）或慢剪试验，以及固结不排水试验（CU 试验）或固结快剪试验。

## 5.6.3 三轴试验与直剪试验比较

1. UU 试验和直剪快剪试验

（1）三轴不固结不排水剪切试验（UU 试验） 饱和试样由于在试验中含水量 $w$ 和孔隙比 $e$ 保持不变，所以破坏时的抗剪强度和有效应力必定相同，如图 5-22 所示。

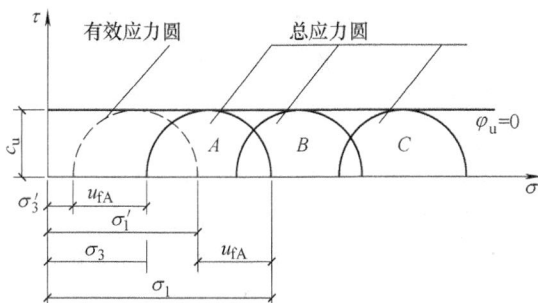

图 5-22 饱和土的不固结不排水莫尔包线

由于莫尔包线平行于 $\sigma$ 轴，所以内摩擦角 $\varphi_u = 0$，黏聚力 $c_u = (\sigma_1 - \sigma_3)/2 =$ 常数。$c_u$ 称为不排水抗剪强度，其大小决定于先期

固结压力 $p_c$，如 $p_c$ 越大，孔隙比 $e$ 越小，相应的 $c_u$ 越大。

由于饱和土的孔压系数 $B = 1.0$，$\sigma_3$ 所产生的孔隙水压力 $u = \sigma_3$，因此，如果扣去孔隙水压力，所有的总应力圆就会集中为唯一的一个有效应力圆，即图 5-22 中的虚线圆。因为只有一个有效应力圆，所以无法绘制有效应力抗剪强度包线。

不排水剪切试验中有效围压 $\sigma_3{}' = 0$，近似于无侧限压缩试验，因此可以把无侧限压缩试验看成是 $\sigma_3 = 0$ 的 UU 试验。

软土地基的稳定分析中常用 UU 试验，并已积累了相当丰富的试验成果。

(2) 直剪 快剪试验 与三轴不固结不排水剪切试验方法相对应，在直剪试验中称为快剪试验。因为直剪仪不能控制排水条件，所以只有用加载速度来模拟不同情况下土的性状。遇到不排水的情况时就用快剪试验来模拟。

在试样的上下面贴不排水的蜡纸或硬薄膜，以模拟不排水的边界条件。施加垂直法向应力 $\sigma_v$ 后，不让试样固结，立即施加切应力。切应力的施加速度也要快，要在 3～5min 内将试样剪损。用这种方法测得的抗剪强度指标称为快剪强度指标 $c_q$ 和 $\varphi_q$。如果是黏性较大的土，由于在快剪过程中孔隙水压力基本不会消散，密度基本不变化，则快剪试验与三轴不排水剪切试验的结果基本相同。但对于低黏性土或无黏性土，因为试样很薄，边界不能保证绝对不透水，所以在规定的加载速率下，土样仍能部分排水固结，甚至接近完全排水固结。则这种方法测得的抗剪强度指标与三轴不排水剪切试验测得的强度指标就会有较大的差别。

2. CD 试验和直剪慢剪试验

(1) 三轴固结排水剪切试验（CD 试验） 三轴固结排水试验就是在试验过程中，将排水阀门始终打开，试样先在围压 $\sigma_3$ 作用下充分固结稳定，然后缓慢增加轴向偏应力 $\Delta\sigma_1$，确保剪切过程中能够充分排水。

用这种试验方法测得的抗剪强度称为排水抗剪强度，相应的指标称为排水强度指标 $c_d$，$\varphi_d$。由于在试验中 $u = 0$，$\sigma' = \sigma$，所以 $c_d = c'$，$\varphi_d = \varphi'$。

加在试样上的围压 $\sigma_3$ 称为有效应力。当 $\sigma_3$ 大于或等于土的先期固结压力 $p_c$ 时，称土样处于正常固结状态；而当 $\sigma_3$ 小于 $p_c$ 时，土样处于超固结状态。按照这一标准，天然土不论是正常固结土或超固结土，在试验中都可能是正常固结状态或超固结状态。这一点与地基中的正常固结土与超固结土略有差别。

实验室中处于正常固结状态的土，不论是粗粒土还是细粒土，其抗剪强度包线都应该通过原点。因为当 $\sigma_3 = 0$ 时，$p_c = 0$，也就是这种土在历史上从未受到过任何应力的固结，必定是很软

的泥浆，当然 $\tau_f = 0$。因此，试验中正常固结状态土的强度包线如图5-23所示。相应的强度表达式为

$$\tau_f = \sigma\tan\varphi_d \tag{5-27}$$

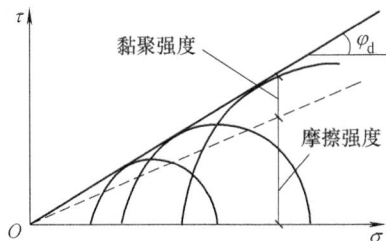

图5-23 实验室正常固结土的莫尔包线

土的抗剪强度由滑动面上土的黏聚力（阻挡剪切）和土的内摩阻力两部分组成，称为土的黏聚强度和摩擦强度，随围压的增加土的黏聚强度会有所增加。

天然土都曾经受过某一先期固结压力 $p_c$ 的固结。当 $p_c > \sigma_3$ 时土样处于超固结状态，此时试样的密度大于正常固结状态时的密度，抗剪强度曲线应在正常固结状态土的抗剪强度曲线之上，并且应为曲线。但为了便于计算，常用直线段 $ab$ 代替，如图5-24所示。当 $\sigma_3 \geqslant p_c$ 后，变为正常固结的土，其抗剪强度就会回到正常固结土的莫尔包线 $Oc$ 上。因此天然状态的黏土在实验室固结排水试验中测得的莫尔包线是两段折线 $ab$ 和 $bc$，转折点就是 $\sigma_3 = p_c$ 的莫尔圆与莫尔包线的切点。但为了工程应用的方便，实用上再将其简化为一条直线，如图5-24中的点画线所示。

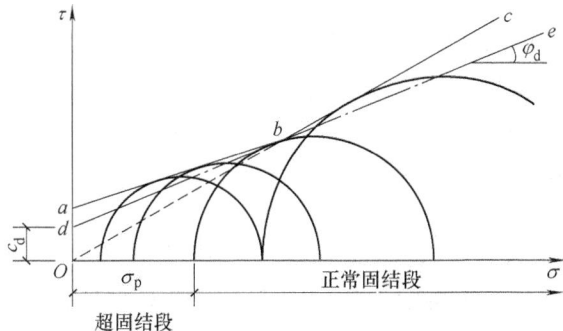

图5-24 天然土的固结排水莫尔包线

这样强度包线又转变莫尔库仑抗剪强度公式

$$\tau_f = c_d + \sigma\tan\varphi_d \tag{5-28}$$

式中    $c_d$——排水试验的黏聚力；

$\varphi_d$——排水试验的内摩擦角。

当建筑物的施工速度较慢，地基土的黏性小，透水性大，并

且排水条件良好时，在地基极限承载力的计算中可用排水试验的抗剪强度指标。

（2）直剪慢剪试验　与三轴排水试验方法相对应，在直剪试验中称为慢剪试验。在试样的上下面垫上可以透水的滤纸，施加垂直应力 $\sigma_v$ 后，让试样充分固结，变形稳定后再缓慢施加切应力，保证剪切过程中不会产生孔隙水压力。用这种试验方法测得的指标就称为慢剪强度指标，记为 $c_s$ 和 $\varphi_s$，一般 $c' = 0.9c_s$，$\varphi' = 0.9\varphi_s$。

3. CU 试验和直剪固结快剪试验

（1）三轴固结不排水剪切试验（CU 试验）　让试样在某一围压 $\sigma_3$ 下充分固结，然后关闭排水阀门，在不排水的条件下施加偏应力 $q_1 = \sigma_1 - \sigma_3$，对试样产生剪切。

正常固结状态的土试样与固结排水试验一样，其固结不排水强度包线是通过原点的直线，总应力破坏线的倾角以 $\varphi_{cu}$ 表示，一般在 $10° \sim 25°$ 之间，有效应力破坏包线的倾角就是 $\varphi'$，通常 $\varphi'$ 比 $\varphi_{cu}$ 大不到一倍，如图 5-25 所示。

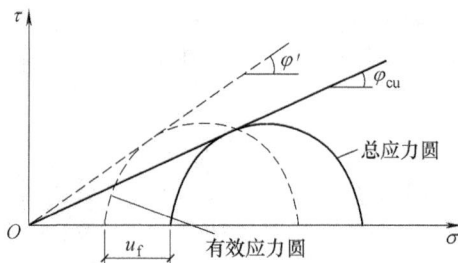

图 5-25　正常固结土的固结不排水莫尔包线

天然土样的强度包线也可以分为超固结和正常固结两段，超固结段的包线比正常段的包线要平缓，并位于正常固结段的直线之上，如图 5-26a 所示，实用上也将其简化为一根直线，如图 5-26b 所示，并表示为

$$\tau_f = c_{cu} + \sigma \tan\varphi_{cu} \tag{5-29}$$

如用有效应力表示，有效应力圆和有效应力破坏线如图 5-26b 中的虚线所示。对于靠近原点的严重超固结状态的试样，由于在剪切破坏时产生负的孔隙水压力，所以有效应力圆要向右移；对于远离坐标原点的弱超固结状态土和正常固结状态土试样，由于在剪切时产生正的孔隙水压力，有效应力圆就要从总应力圆向左移。最终出现 $\varphi' > \varphi_{cu}$ 而 $c' < c_{cu}$。

（2）直剪固结快剪试验　直剪试验中的固结快剪试验与三轴固结不排水剪切试验在试验条件上是比较一致的。试样的上下面也要垫透水滤纸，施加垂直应力 $\sigma_v$ 后，让试件充分排水固结，待变形稳定后再快速施加剪应力，在 $3 \sim 5\min$ 内将试件剪损。用这种试验方法测得的指标称为固结快剪指标，记为 $c_{cq}$、$\varphi_{cq}$。

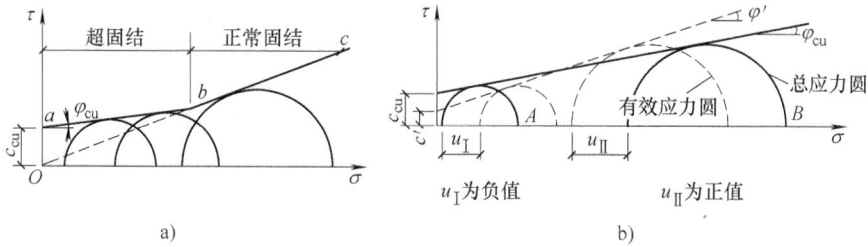

图 5-26　天然土的固结不排水莫尔包线

## ● 5.6.4　抗剪强度指标的比较与选用

1. 指标比较

直剪试验：$c_q$，$\varphi_q$；$c_{cq}$，$\varphi_{cq}$；$c_s$，$\varphi_s$。

三轴试验：$c_u$，$\varphi_u$；$c_{cu}$，$\varphi_{cu}$；$c_d$，$\varphi_d$。

三轴和直剪试验测出的相应指标是否都近似相等呢？对于黏土是近似相等的。但对于砂土，由于透水性较强，而直剪仪不能严格控制排水条件，即使是直剪快剪，也会有比较充分的排水。因此，砂土的直剪快剪与三轴不排水剪指标相差很大。

天然沉积的黏土强度特性十分复杂，对土强度的研究大多采用经彻底拌合后的重塑土。

2. 各种强度指标的特点及其应用

对于通过不同试验方法获得的抗剪强度指标，在实际应用时应按试验条件与工程条件的对应情况按表 5-2 选取。

表 5-2　各种强度指标的特点及其应用

| 试 验 方 法 | | 加载排水特点 | 指　标 | 包线特征 | 应　用 |
|---|---|---|---|---|---|
| 三轴 | 不固结不排水 UU | 加 $\sigma_3$ 时不固结，加 $\sigma_1-\sigma_3$ 时不排水 | $c_u$ | $\varphi_u=0$ | 施工速度快，土层透水性小，排水条件差的黏土等 |
| | 固结排水 CD | 加 $\sigma_3$ 时固结，加 $\sigma_1-\sigma_3$ 时排水 | $c_d$，$\varphi_d$ | $c_d \approx c'$，$\varphi_d \approx \varphi'$ | 施工速度较慢，土层透水性较佳，排水条件良好的砂土 |
| | 固结不排水 CU | 加 $\sigma_3$ 时固结，加 $\sigma_1-\sigma_3$ 时不排水 | $c_{cu}$，$\varphi_{cu}$ | 测 $u$ 后，可计算 $c'$，$\varphi'$ | 处于以上两种情况之间，如正常使用期间建筑物所受荷载突然增大 |
| 直剪 | 快剪 | $\sigma_v$ 下不固结，快加载 | $c_q$，$\varphi_q$ | — | 同 UU 试验 |

（续）

| 试 验 方 法 | | 加载排水特点 | 指 标 | 包线特征 | 应 用 |
|---|---|---|---|---|---|
| 直剪 | 慢剪 | $\sigma_v$ 下固结慢加载 | $c_s$, $\varphi_s$ | $c_s$ 略大于 $c'$, $\varphi_s$ 略大于 $\varphi'$ | 同 CD 试验 |
| | 固结快剪 | $\sigma_v$ 下固结快加载 | $c_{cq}$, $\varphi_{cq}$ | 无法确定 $c'$, $\varphi'$ | 同 CU 试验 |

**【本章小结】** 本章主要内容包括土的强度理论、抗剪强度的主要测定方法、土的抗剪强度指标及其影响因素，并对孔压系数、应力路径和破坏线的概念和应用作了讲解。要求牢固掌握库莫尔-库仑强度理论及其应用、土的抗剪强度指标的测定方法；掌握孔压系数、应力路径、破坏主应力线的概念及分析计算方法；掌握不同固结和排水条件下的土的抗剪强度指标的意义及其应用，利用抗剪强度的基本理论、概念和试验方法解决实际工程中土的强度和稳定问题。

## 复习思考题

1. 什么叫做抗剪强度？什么叫做抗剪强度指标？对一定的土类，其抗剪强度指标是否为一定值？为什么？

2. 从正常固结土层地基中一定深度下取土进行三轴固结不排水试验，试验中土样处于正常固结状态，得到的强度包线 $c>0$，还是 $c=0$，为什么？

3. 应力历史对土的压缩性有什么影响？如何考虑？

4. 什么叫做应力路径？如何用 $K'_f$ 线来确定土的有效应力参数？

5. 一个砂样进行直剪试验，竖向应力 $p=100\text{kPa}$，破坏时 $\tau=57.7\text{kPa}$，试问这时的最大和最小主应力 $\sigma_1$ 和 $\sigma_3$ 为多少？ （200.1kPa，66.6kPa）

6. 某土样的有效应力抗剪强度参数 $c'=0$，$\varphi'=20°$，进行常规固结不排水三轴试验，三轴室围压 $\sigma_3=210\text{kPa}$ 不变，破坏时测得孔隙水压应力 $u=50\text{kPa}$，试问破坏时轴向压应力增加了多少？ （166.3kPa）

7. 土样内摩擦角 $\varphi=26°$，黏聚力为 $c=20\text{kPa}$，承受最大和最小主应力分别为 $\sigma_1=450\text{kPa}$，$\sigma_3=150\text{kPa}$，试判断该土样是否达到极限平衡状态。 （是）

8. 对某土样进行三轴固结不排水试验，测得四个试样剪损时的最大主应力、最小主应力和孔隙水压力如表 5-3 所示，试用总应力法和有效应力法确定土的抗剪强度指标。 （13.0kPa，17°；2.64kPa，34.2°）

表 5-3

| 试 样 | I | II | III | IV |
|---|---|---|---|---|
| $\sigma_1$/kPa | 145 | 218 | 310 | 401 |
| $\sigma_3$/kPa | 60 | 100 | 150 | 200 |
| $u$/kPa | 31 | 57 | 92 | 126 |

# 第6章 挡土墙上的土压力

在建筑、交通、能源等工程建设中，经常修建挡土墙，它是用来支撑天然或人工斜坡不致坍塌，以保持土体稳定性的一种构筑物。挡土墙是岩土工程中的重要构筑物，其上作用的土压力可分为静止土压力、主动土压力和被动土压力，土压力的大小可按照相应理论进行计算。

## 6.1 概述

### 6.1.1 挡土墙和土压力的概念

挡土墙（retaining wall）是防止土体坍塌的构筑物，在土木、水利、交通等工程中广泛应用，如支撑建筑物周围填土的挡土墙、地下室侧墙、桥台以及堆放粒状材料的挡墙等（如图 6-1 所示）。

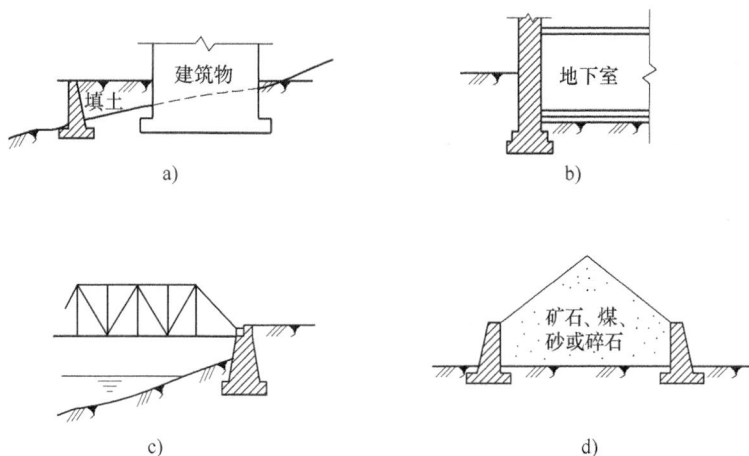

图 6-1 挡土墙应用举例

a）支撑建筑物周围填土的挡土墙 b）地下室侧墙
c）桥台 d）堆放粒状材料的挡墙

土压力（earth pressure）是指挡土墙后的土体（天然土体或填土）对墙背产生的侧向压力。由于土压力是挡土墙的主要外荷载，因此，设计挡土墙时首先要确定土压力的性质、大小、方向和作用点。土压力的计算是个比较复杂的问题，它与挡土墙位移的方向及大小有关，还与墙后填土的性质、墙背倾斜方向等因素有关。

## ● 6.1.2 土压力的分类

土压力的大小及其分布规律受到墙体可能的移动方向、墙后填土的种类、填土表面的形式、墙的截面刚度和地基的变形等一系列因素的影响。根据墙的位移情况和墙后土体所处的应力状态，土压力可分为以下三种：

（1）主动土压力（active earth pressure） 当挡土墙向离开土体方向偏移至土体达到极限平衡状态时，作用在墙上的土压力称为主动土压力，用 $E_a$ 表示，如图 6-2a 所示。

（2）被动土压力（passive earth pressure） 当挡土墙向土体方向偏移至土体达到极限平衡状态时，作用在挡土墙上的土压力称为被动土压力，用 $E_p$ 表示，如图 6-2b 所示，拱桥桥台受到桥上荷载推向土体时，土对桥台产生的侧压力属被动土压力。

（3）静止土压力（earth pressure at rest） 当挡土墙静止不动，土体处于弹性平衡状态时，土对墙的压力称为静止土压力，用 $E_0$ 表示，如图 6-2c 所示，地下室外墙可视为受静止土压力的作用。

被动土压力
（动画）

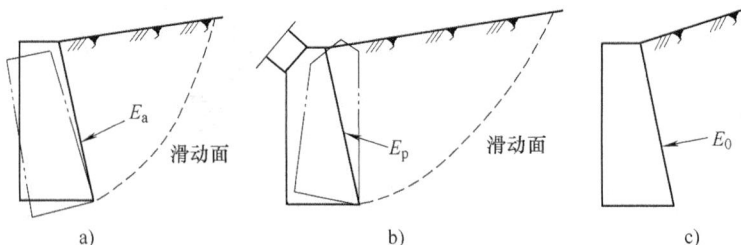

图 6-2 挡土墙的三种土压力
a）主动土压力（土推墙） b）被动土压力（墙推土）
c）静止土压力

土压力的计算理论主要有朗肯（Rankine）理论和库仑（Coulomb）理论。自从库仑理论发表以来，人们先后进行过多次多种的挡土墙模型试验、原型观测和理论研究。试验研究表明：在相同条件下，主动土压力小于静止土压力，而静止土压力又小

于被动土压力，即

$$E_a < E_0 < E_p$$

而且产生被动土压力所需的位移量 $\Delta_p$ 大大超过产生主动土压力所需的位移量 $\Delta_a$（如图6-3所示）。

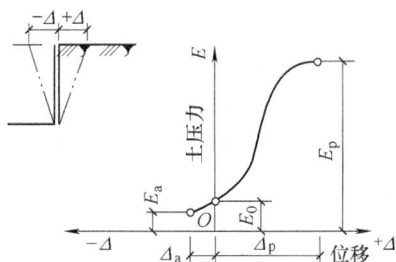

图6-3 墙身位移和土压力的关系

## ● 6.1.3 静止土压力的计算

在填土表面下任意深度 $z$ 处的竖向自重应力 $\sigma_c = \gamma z$，静止土压力强度 $\sigma_0$（水平自重应力）为

$$\sigma_0 = K_0 \gamma z \tag{6-1}$$

式中 $K_0$——土的侧压力系数或称为静止土压力系数（coefficient of earth pressure at rest）。

$\gamma$——墙后填土重度（$kN/m^3$）。

对无黏性土及正常固结黏土 $K_0 = 1 - \sin\varphi'$（$\varphi'$ 为土的有效内摩擦角），对超固结土 $K_0 = (OCR)^{0.41}(1 - \sin\varphi')$；或取经验值砂土 $K_0 = 0.34 \sim 0.45$，黏性土 $K_0 = 0.5 \sim 0.7$；

由式（6-1）可知，静止土压力沿墙高呈三角形分布。如图6-4所示，如果取单位墙长，则作用在墙上的静止土压力为

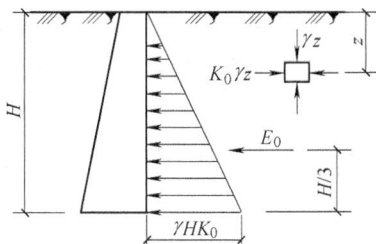

图6-4 静止土压力的分布

$$E_0 = \frac{1}{2} K_0 \gamma H^2 \tag{6-2}$$

式中 $H$——挡土墙高度（m），$E_0$ 的作用点在距墙底 $H/3$ 处。

# 6.2　朗肯土压力理论

## 6.2.1　基本原理

假设有一表面水平的半无限土体，如图 6-5 所示，当土体静止不动时，深度 $z$ 处任一点 $M$ 的竖直应力 $\sigma_{cz} = \gamma z$，水平应力 $\sigma_{cx} = K_0 \gamma z$，相应的莫尔应力圆如图 6-5b 所示的圆 Ⅰ，由于该点处于弹性平衡状态，故莫尔圆没有与抗剪强度包线相切。

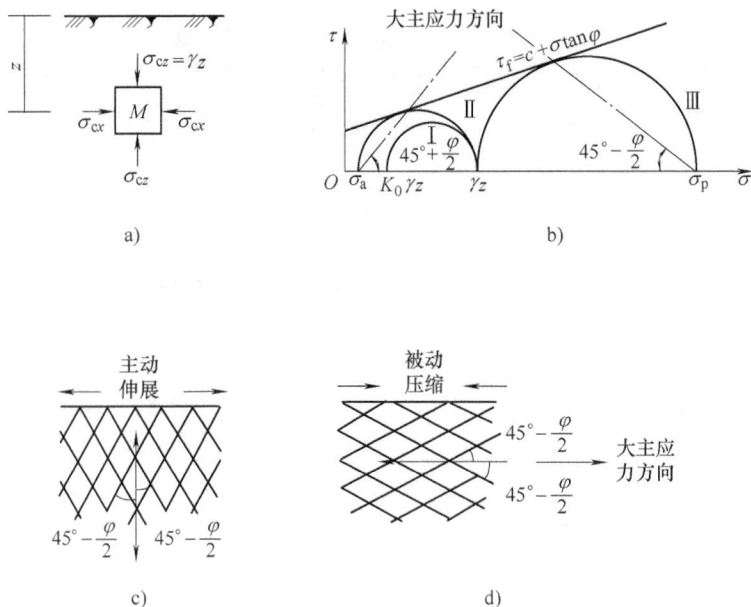

图 6-5　半空间土体的极限平衡状态
a）半空间内的微元体　b）莫尔圆表示的主动和被动朗肯状态
c）半空间的主动朗肯状态　d）半空间的被动朗肯状态

假设由于某种原因使整个土体在水平方向均匀地伸展或压缩，使土体由弹性平衡状态转为塑性平衡状态。如果土体在水平方向伸展，则 $M$ 单元的竖直应力 $\sigma_{cz}$ 不变，而水平应力却逐渐减少，直至满足极限平衡条件为止（称为主动朗肯状态），此时 $\sigma_x$ 达最低限值 $\sigma_a$，因此，$\sigma_a$ 是最小主应力，而 $\sigma_{cz}$ 是最大主应力，莫尔圆与抗剪强度包线相切，如图 6-5b 圆 Ⅱ 所示。若土体继续伸展，则只能造成塑性流动，而不改变其应力状态，土压力也不会进一步减小。反之，如果土体在水平方向受到压缩，那么 $\sigma_x$ 不断增加，而 $\sigma_z$ 仍保持不变，直到满足极限平衡条件（称为被动朗肯状态）时 $\sigma_x$ 达最大极限值 $\sigma_p$，这时，$\sigma_p$ 是最大主应力，而 $\sigma_{cz}$ 是最小主应力，莫尔圆为图 6-5b 中的圆 Ⅲ。

由于土体处于主动朗肯状态时最大主应力所作用的面是水平面，故剪切破坏面与水平面的夹角为（$45° + \varphi/2$），与竖直方向成（$45° - \varphi/2$）（如图6-5c）；当土体处于被动朗肯状态时，最大主应力的作用面是竖直面，故剪切破坏面与水平面的夹角为（$45° - \varphi/2$）（如图6-5d所示）。

朗肯将上述原理应用于挡土墙土压力计算中，假设用墙背直立光滑的挡土墙代替半空间左边的土，则墙后土体的应力状态不变。由此可以推导出主动和被动土压力计算公式。

## 6.2.2　主动土压力

由土的强度理论可知，当土体中某点处于极限平衡状态时，最大主应力 $\sigma_1$ 和最小主应力 $\sigma_3$ 之间应满足以下关系式：

1）黏性土　$\sigma_1 = \sigma_3\tan^2(45° + \varphi/2) + 2c\tan(45° + \varphi/2)$

或　　　　$\sigma_3 = \sigma_1\tan^2(45° - \varphi/2) - 2c\tan(45° - \varphi/2)$

2）无黏性土 $\sigma_1 = \sigma_3\tan^2(45° + \varphi/2)$

或　　　　$\sigma_3 = \sigma_1\tan^2(45° - \varphi/2)$

对于图6-6所示的挡土墙，设墙背光滑（为了满足剪应力为零的边界应力条件）、直立、填土面水平。在主动土压力条件下，$\sigma_z = \gamma z$ 是最大主应力，$\sigma_x = p_a$ 是最小主应力，所以：

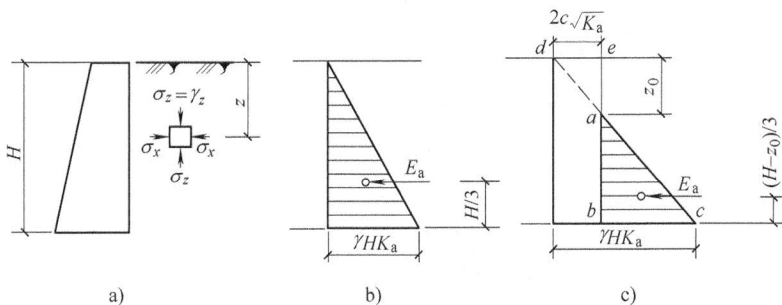

图6-6　朗肯主动土压力的计算

a）主动土压力的计算　b）无黏性土　c）黏性土

1）对无黏性土

$$p_a = \sigma_a = \gamma z\tan^2(45° - \varphi/2) = \gamma zK_a \qquad (6-3)$$

2）对黏性土

$$p_a = \sigma_a = \gamma z\tan^2(45° - \varphi/2) - 2c\tan(45° - \varphi/2)$$
$$= \gamma zK_a - 2c\sqrt{K_a} \qquad (6-4)$$

式中　$K_a$——主动土压力系数（coefficient of active earth pressure），$K_a = \tan^2(45° - \varphi/2)$；

$\gamma$——墙后填土的重度（$kN/m^3$），地下水位以下用有效重度；

$c$——填土的黏聚力（kPa）；

$\varphi$——填土的内摩擦角（°）；

$z$——所计算的点离填土面的高度（m）。

无黏性土的主动土压力与 $z$ 成正比，沿墙高的压力呈三角形分布，如沿墙长度方向取 1m 计算，则作用于其上的总的主动土压力为

$$E_a = \frac{1}{2}\gamma H^2 \tan^2(45° - \varphi/2) \qquad (6-5)$$

或

$$E_a = \frac{1}{2}\gamma H^2 K_a \qquad (6-6)$$

$E_a$ 通过主动土压力三角形分布图形的形心，即作用在离墙底 $H/3$ 处。

由式（6-4）可知，黏性土的主动土压力强度包括两部分：一部分是由土自重引起的土压力 $\gamma z K_a$，另一部分是由黏聚力 $c$ 引起的负的土压力 $2c\sqrt{K_a}$，这两部分土压力叠加的结果如图 6-6c 所示，其中 $ade$ 部分是负侧压力，也就是墙后土体拉着墙背，但实际上墙与土在很小的拉力作用下就会分离，所以在计算土压力时，这部分应略去不计，因此黏性土的土压力分布仅是三角形 $abc$ 部分。

$a$ 点离填土面的深度 $z_0$ 常称为临界深度，在填土面无荷载的条件下，可令式（6-4）为零求得 $z_0$ 值，即

$$\sigma_a = \gamma z_0 K_a - 2c\sqrt{K_a} = 0$$

则

$$z_0 = \frac{2c}{\gamma\sqrt{K_a}} \qquad (6-7)$$

如取单位墙长计算，则主动土压力 $E_a$ 为

$$E_a = \frac{1}{2}(H - z_0)(\gamma H K_a - 2c\sqrt{K_a}) \qquad (6-8)$$

主动土压力 $E_a$ 通过三角形强度分布图 $abc$ 的形心，即作用在离墙底 $(H - z_0)/3$ 处。

## 6.2.3 被动土压力

如图 6-7a 所示，当墙受到外力作用而推向土体时，填土中任意一点的竖向应力 $\sigma_{cz} = \gamma z$ 仍不变，而水平向应力 $\sigma_x$ 却逐渐增大，直至出现被动朗肯状态，如图 6-5d 所示。此时，$\sigma_x$ 达最大限值 $\sigma_p$，并且是最大主应力，也就是被动土压力强度，而 $\sigma_{cz}$ 则是最小主应力。

1）对无黏性土 $\qquad \sigma_p = \gamma z K_p \qquad (6-9)$

2）对黏性土 $\qquad \sigma_p = \gamma z K_p + 2c\sqrt{K_p} \qquad (6-10)$

式中 $K_p$——被动土压力系数（coefficient of passive earth pressure），$K_p = \tan^2(45° + \varphi/2)$。

由式（6-9）和式（6-10）可知，无黏性土的被动土压力呈三角形分布（如图 6-7b 所示），黏性土的被动土压力强度则呈梯形分布（如图 6-7c 所示）。如沿墙长度方向取 1m 计算，则被动土压力可由下式计算：

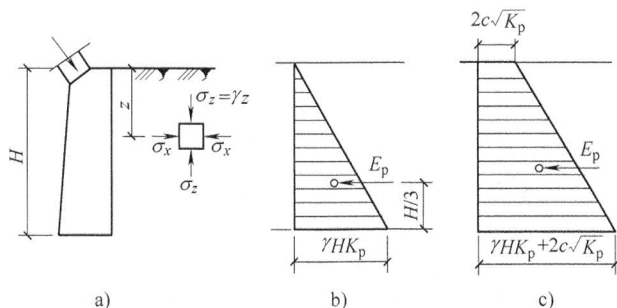

图 6-7　朗肯被动土压力的计算

a）被动土压力的计算　b）无黏性土　c）黏性土

1）无黏性土　　　$E_p = \dfrac{1}{2}\gamma H^2 K_p$　　　　　　（6-11）

2）黏性土　　　$E_p = \dfrac{1}{2}\gamma H^2 K_p + 2cH\sqrt{K_p}$　　　（6-12）

$E_p$ 通过被动土压力三角形分布图或梯形分布图的形心。

# 6.3　库仑土压力理论

库仑土压力理论是根据墙后土体处于极限平衡状态并形成滑动楔体时，从刚性楔体的静力平衡条件得出的土压力计算理论。其基本假定是：

1）墙后的填土是理想的散粒体（黏聚力 $c=0$）。

2）滑动破裂面为一平面，且通过墙趾。

3）滑动楔体为刚体，不考虑内部应力状态，但整体处于极限平衡状态。

## 6.3.1　主动土压力

沿墙的长度方向取 1m 进行分析，如图 6-8a 所示。

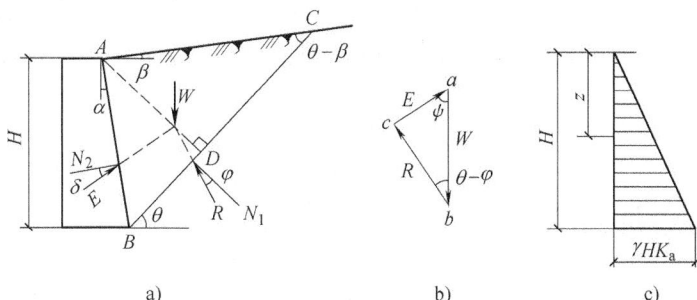

图 6-8　库仑主动土压力的计算

a）土楔 ABC 上的作用力　b）力矢三角形　c）主动土压力分布图

当土楔 ABC 向下滑而处于主动极限平衡状态时，作用于土楔

$ABC$ 上的力有：

1）土楔体的自重 $W$ 只要破坏面 $BC$ 的位置确定，$W$ 的大小就是已知值，其方向向下。

2）破坏面 $BC$ 上的反力 $R$，其大小是未知的，但其方向则是已知的。反力 $R$ 与破坏面 $BC$ 的法线 $N_1$ 之间的夹角等于土的内摩擦角 $\varphi$，并位于法线 $N_1$ 的下侧（填土为无黏性土）。

3）墙背对土楔体的反力 $E$，其方向必与墙背的法线 $N_2$ 成 $\delta$ 角，$\delta$ 角为墙背与填土之间的摩擦角。当土楔下滑时，墙对土楔的阻力是向上的，故反力 $E$ 必在 $N_2$ 的下侧。

土楔体在以上三力作用下处于静力平衡状态，因此必能构成闭合的力矢三角形（如图6-8b所示）。按正弦定律可得

$$E = W \frac{\sin(\theta - \varphi)}{\sin[180° - (\theta - \varphi + \psi)]} = W \frac{\sin(\theta - \varphi)}{\sin(\theta - \varphi + \psi)} \quad (6\text{-}13)$$

式中 $\psi = 90° - \alpha - \delta$。

在 $\triangle ABC$ 中，利用正弦定律可得

$$BC = AB \cdot \frac{\sin(90° - \alpha + \beta)}{\sin(\theta - \beta)}$$

因为

$$AB = \frac{H}{\cos\alpha}$$

所以

$$BC = H \cdot \frac{\cos(\alpha - \beta)}{\cos\alpha \cdot \sin(\theta - \beta)}$$

通过 $A$ 点作 $AD$ 线垂直于 $BC$，由 $\triangle ADB$ 得

$$AD = AB \cdot \cos(\theta - \alpha) = H \cdot \frac{\cos(\theta - \alpha)}{\cos\alpha}$$

土楔重

$$W = \frac{\gamma H^2}{2} \cdot \frac{\cos(\alpha - \beta) \cdot \cos(\theta - \alpha)}{\cos^2\alpha \cdot \sin(\theta - \beta)}$$

将上式代入式（6-13）得 $E$ 的表达式为

$$E = \frac{1}{2}\gamma H^2 \cdot \frac{\cos(\alpha - \beta)\cos(\theta - \alpha)\sin(\theta - \varphi)}{\cos^2\alpha\sin(\theta - \beta)\sin(\theta - \varphi + \psi)} \quad (6\text{-}14)$$

在式（6-14）中，$\gamma$、$H$、$\alpha$、$\beta$ 和 $\delta$、都是已知的，而滑动面 $BC$ 与水平面的倾角 $\theta$ 则是未知的，为求主动土压力即 $E_{max}$，可令

$$\frac{dE}{d\theta} = 0$$

从而解得使 $E$ 为极大值时填土的破坏角 $\theta_{cr}$，这就是真正滑动面的倾角。将 $\theta_{cr}$ 代入式（6-14），整理后可得库仑主动土压力的一般表达式

$$E_a = E_{max} = \frac{1}{2}\gamma H^2 K_a \quad (6\text{-}15)$$

$$K_a = \frac{\cos^2(\varphi - \alpha)}{\cos^2\alpha\cos(\alpha + \delta)\left[1 + \sqrt{\dfrac{\sin(\varphi + \delta)\sin(\varphi - \beta)}{\cos(\alpha + \delta)\cos(\alpha - \beta)}}\right]^2} \quad (6\text{-}16)$$

式中　$K_a$——库仑主动土压力系数，按式（6-16）计算或查

表6-1确定；

　　　$H$——挡土墙高度（m）；

　　　$\gamma$——墙后填土的重度（kN/m³）；

　　　$\varphi$——墙后填土的内摩擦角（°）；

　　　$\alpha$——墙背的倾斜角（°），俯斜时取正号，仰斜为负号；

　　　$\beta$——墙后填土面的倾角（°）；

　　　$\delta$——墙背与填土之间的摩擦角，可以通过试验或查

表6-2确定。

#### 表6-1　库仑主动土压力系数 $K_a$ 值

| $\delta$ | $\alpha$ | $\beta$ \ $\varphi$ | 15° | 20° | 25° | 30° | 35° | 40° | 45° | 50° |
|---|---|---|---|---|---|---|---|---|---|---|
| 0 | 0 | 0 | 0.589 | 0.490 | 0.406 | 0.333 | 0.271 | 0.217 | 0.172 | 0.132 |
| | | 10 | 0.704 | 0.569 | 0.462 | 0.374 | 0.300 | 0.238 | 0.186 | 0.142 |
| | | 20 | — | 0.883 | 0.572 | 0.441 | 0.344 | 0.267 | 0.204 | 0.154 |
| | | 30 | — | — | 0.750 | 0.436 | 0.318 | 0.235 | 0.172 | |
| | 10 | 0 | 0.652 | 0.559 | 0.478 | 0.407 | 0.343 | 0.287 | 0.238 | 0.194 |
| | | 10 | 0.784 | 0.655 | 0.550 | 0.461 | 0.384 | 0.318 | 0.261 | 0.211 |
| | | 20 | — | 1.015 | 0.684 | 0.548 | 0.444 | 0.360 | 0.291 | 0.232 |
| | | 30 | — | — | — | 0.925 | 0.566 | 0.433 | 0.337 | 0.262 |
| | 20 | 0 | 0.735 | 0.648 | 0.569 | 0.498 | 0.434 | 0.375 | 0.322 | 0.274 |
| | | 10 | 0.895 | 0.767 | 0.662 | 0.572 | 0.492 | 0.421 | 0.358 | 0.302 |
| | | 20 | — | 1.205 | 0.833 | 0.687 | 0.576 | 0.483 | 0.405 | 0.337 |
| | | 30 | — | — | — | 1.169 | 0.740 | 0.586 | 0.474 | 0.385 |
| | −10 | 0 | 0.539 | 0.433 | 0.344 | 0.270 | 0.209 | 0.158 | 0.117 | 0.083 |
| | | 10 | 0.643 | 0.500 | 0.389 | 0.301 | 0.229 | 0.171 | 0.125 | 0.088 |
| | | 20 | — | 0.758 | 0.482 | 0.353 | 0.261 | 0.190 | 0.136 | 0.094 |
| | | 30 | — | — | — | 0.614 | 0.331 | 0.226 | 0.155 | 0.104 |
| | −20 | 0 | 0.497 | 0.380 | 0.287 | 0.212 | 0.153 | 0.106 | 0.070 | 0.043 |
| | | 10 | 0.594 | 0.438 | 0.323 | 0.234 | 0.166 | 0.114 | 0.074 | 0.045 |
| | | 20 | — | 0.707 | 0.401 | 0.274 | 0.188 | 0.125 | 0.080 | 0.047 |
| | | 30 | — | — | — | 0.498 | 0.239 | 0.147 | 0.090 | 0.051 |
| 10 | 0 | 0 | 0.533 | 0.447 | 0.373 | 0.308 | 0.253 | 0.204 | 0.163 | 0.127 |
| | | 10 | 0.664 | 0.531 | 0.431 | 0.350 | 0.282 | 0.225 | 0.177 | 0.136 |
| | | 20 | — | 0.897 | 0.549 | 0.420 | 0.326 | 0.254 | 0.195 | 0.148 |
| | | 30 | — | — | — | 0.762 | 0.423 | 0.306 | 0.226 | 0.166 |
| | 10 | 0 | 0.603 | 0.521 | 0.448 | 0.384 | 0.326 | 0.275 | 0.230 | 0.189 |
| | | 10 | 0.759 | 0.626 | 0.524 | 0.440 | 0.369 | 0.307 | 0.253 | 0.206 |
| | | 20 | — | 1.064 | 0.674 | 0.534 | 0.432 | 0.351 | 0.283 | 0.227 |
| | | 30 | — | — | — | 0.969 | 0.564 | 0.427 | 0.332 | 0.258 |

（续）

| $\delta$ | $\alpha$ | $\beta$＼$\varphi$ | 15° | 20° | 25° | 30° | 35° | 40° | 45° | 50° |
|---|---|---|---|---|---|---|---|---|---|---|---|
| 10 | 20 | 0 | 0.695 | 0.615 | 0.543 | 0.478 | 0.419 | 0.365 | 0.316 | 0.271 |
| | | 10 | 0.890 | 0.752 | 0.646 | 0.558 | 0.481 | 0.414 | 0.354 | 0.300 |
| | | 20 | — | 1.308 | 0.844 | 0.687 | 0.573 | 0.481 | 0.403 | 0.337 |
| | | 30 | — | — | — | 1.268 | 0.758 | 0.593 | 0.478 | 0.388 |
| | −10 | 0 | 0.476 | 0.385 | 0.309 | 0.245 | 0.191 | 0.146 | 0.109 | 0.078 |
| | | 10 | 0.590 | 0.455 | 0.354 | 0.275 | 0.211 | 0.159 | 0.116 | 0.082 |
| | | 20 | — | 0.773 | 0.450 | 0.328 | 0.242 | 0.177 | 0.127 | 0.088 |
| | | 30 | — | — | — | 0.605 | 0.313 | 0.212 | 0.146 | 0.098 |
| | −20 | 0 | 0.427 | 0.330 | 0.252 | 0.188 | 0.137 | 0.096 | 0.064 | 0.039 |
| | | 10 | 0.529 | 0.388 | 0.286 | 0.209 | 0.149 | 0.103 | 0.068 | 0.041 |
| | | 20 | — | 0.675 | 0.364 | 0.248 | 0.170 | 0.114 | 0.073 | 0.044 |
| | | 30 | — | — | — | 0.475 | 0.220 | 0.135 | 0.082 | 0.047 |
| 15 | 0 | 0 | 0.518 | 0.434 | 0.363 | 0.301 | 0.248 | 0.201 | 0.160 | 0.125 |
| | | 10 | 0.655 | 0.522 | 0.423 | 0.343 | 0.277 | 0.222 | 0.174 | 0.135 |
| | | 20 | — | 0.914 | 0.546 | 0.415 | 0.323 | 0.251 | 0.194 | 0.147 |
| | | 30 | — | — | — | 0.777 | 0.422 | 0.305 | 0.225 | 0.165 |
| | 10 | 0 | 0.592 | 0.511 | 0.441 | 0.378 | 0.323 | 0.273 | 0.228 | 0.189 |
| | | 10 | 0.759 | 0.622 | 0.520 | 0.437 | 0.366 | 0.305 | 0.252 | 0.206 |
| | | 20 | — | 1.103 | 0.679 | 0.535 | 0.432 | 0.351 | 0.284 | 0.228 |
| | | 30 | — | — | — | 1.005 | 0.570 | 0.430 | 0.333 | 0.260 |
| | 20 | 0 | 0.690 | 0.611 | 0.540 | 0.476 | 0.419 | 0.366 | 0.317 | 0.273 |
| | | 10 | 0.903 | 0.757 | 0.649 | 0.560 | 0.483 | 0.416 | 0.357 | 0.303 |
| | | 20 | — | 1.383 | 0.862 | 0.697 | 0.579 | 0.486 | 0.408 | 0.341 |
| | | 30 | — | — | — | 1.341 | 0.778 | 0.606 | 0.487 | 0.395 |
| | −10 | 0 | 0.458 | 0.371 | 0.298 | 0.237 | 0.186 | 0.142 | 0.106 | 0.076 |
| | | 10 | 0.575 | 0.441 | 0.344 | 0.267 | 0.205 | 0.155 | 0.114 | 0.081 |
| | | 20 | — | 0.776 | 0.441 | 0.320 | 0.236 | 0.174 | 0.125 | 0.087 |
| | | 30 | — | — | — | 0.607 | 0.308 | 0.209 | 0.143 | 0.097 |
| | −20 | 0 | 0.405 | 0.314 | 0.240 | 0.180 | 0.132 | 0.093 | 0.062 | 0.038 |
| | | 10 | 0.509 | 0.372 | 0.274 | 0.201 | 0.144 | 0.100 | 0.066 | 0.040 |
| | | 20 | — | 0.667 | 0.352 | 0.239 | 0.164 | 0.110 | 0.071 | 0.042 |
| | | 30 | — | — | — | 0.470 | 0.214 | 0.131 | 0.080 | 0.046 |
| 20 | 0 | 0 | | | 0.357 | 0.297 | 0.245 | 0.199 | 0.160 | 0.125 |
| | | 10 | | — | 0.419 | 0.340 | 0.275 | 0.220 | 0.174 | 0.135 |
| | | 20 | | | 0.547 | 0.414 | 0.322 | 0.250 | 0.193 | 0.147 |
| | | 30 | | | — | 0.798 | 0.425 | 0.305 | 0.225 | 0.166 |
| | 10 | 0 | | | 0.438 | 0.377 | 0.322 | 0.273 | 0.229 | 0.190 |
| | | 10 | | — | 0.521 | 0.438 | 0.367 | 0.306 | 0.254 | 0.207 |
| | | 20 | | | 0.690 | 0.540 | 0.435 | 0.354 | 0.286 | 0.230 |
| | | 30 | | | — | 1.051 | 0.582 | 0.437 | 0.338 | 0.263 |

（续）

| $\delta$ | $\alpha$ | $\beta$ / $\varphi$ | 15° | 20° | 25° | 30° | 35° | 40° | 45° | 50° |
|---|---|---|---|---|---|---|---|---|---|---|
| 20 | 20 | 0 | — | — | 0.543 | 0.479 | 0.422 | 0.370 | 0.321 | 0.277 |
| | | 10 | | | 0.659 | 0.568 | 0.490 | 0.423 | 0.363 | 0.309 |
| | | 20 | | | 0.890 | 0.714 | 0.592 | 0.496 | 0.417 | 0.349 |
| | | 30 | | | — | 1.434 | 0.807 | 0.624 | 0.501 | 0.406 |
| | −10 | 0 | — | — | 0.291 | 0.232 | 0.182 | 0.140 | 0.105 | 0.076 |
| | | 10 | | | 0.337 | 0.262 | 0.202 | 0.153 | 0.113 | 0.080 |
| | | 20 | | | 0.436 | 0.316 | 0.233 | 0.171 | 0.123 | 0.086 |
| | | 30 | | | — | 0.614 | 0.306 | 0.207 | 0.142 | 0.096 |
| | −20 | 0 | — | — | 0.232 | 0.174 | 0.128 | 0.090 | 0.061 | 0.038 |
| | | 10 | | | 0.266 | 0.195 | 0.140 | 0.097 | 0.064 | 0.039 |
| | | 20 | | | 0.344 | 0.233 | 0.160 | 0.108 | 0.069 | 0.042 |
| | | 30 | | | — | 0.468 | 0.210 | 0.129 | 0.079 | 0.045 |

**表6-2　土对挡土墙墙背的摩擦角 $\delta$**

| 挡土墙情况 | 墙背平滑、排水不良 | 墙背粗糙、排水良好 | 墙背很粗糙、排水良好 | 墙背与填土间不可能滑动 |
|---|---|---|---|---|
| $\delta$ | $(0 \sim 0.33)\varphi$ | $(0.33 \sim 0.5)\varphi$ | $(0.5 \sim 0.67)\varphi$ | $(0.67 \sim 1.0)\varphi$ |

由表6-1可见，在其他条件不变的情况下，随着土的内摩擦角的增大，主动土压力系数明显减小；随墙背与填土间摩擦角的增大；主动土压力系数有减小趋势。

当墙背垂直（$\alpha = 0$）、光滑（$\delta = 0$），填土面水平（$\beta = 0$）时，式（6-16）可化为

$$K_a = \tan^2\left(45° - \frac{\varphi}{2}\right)$$

可见，在上述条件下，库仑主动土压力公式和朗肯公式相同。

由式（6-15）可知，主动土压力 $E_a$ 与墙高的平方成正比，为求得离墙顶为任意深度 $z$ 处的主动土压力强度 $p_a$，可将 $E_a$ 中的 $H$ 以 $z$ 表示，并对其取导数而得，即

$$p_a = \frac{dE_a}{dz} = \frac{d}{dz}\left(\frac{1}{2}\gamma z^2 K_a\right) = \gamma z K_a$$

由上式可见，主动土压力强度沿墙高成三角形分布，如图6-8c所示。主动土压力的作用点在离墙底 $H/3$ 处，方向仍然位于墙背法线的上方，并与法线成 $\delta$ 角，或与水平面成（$\alpha + \delta$）角，必须注意，在图6-8c中所示的土压力分布图只表示其大小，并不代表其作用方向。

## 6.3.2　被动土压力

当墙受外力作用推向填土，直至土体沿某一破裂面 $BC$ 破坏

时，土楔 $ABC$ 向上滑动，并处于被动极限平衡状态，如图 6-9a 所示。此时土楔 $ABC$ 在其自重 $W$、反力 $R$ 和 $E$ 的作用下平衡，$R$ 和 $E$ 的方向分别在 $BC$ 和 $AB$ 面法线的上方。按上述求主动土压力同样的原理可求得被动土压力的库仑公式为

$$E_p = \frac{1}{2}\gamma H^2 K_p \tag{6-17}$$

$$K_p = \frac{\cos^2(\varphi + \alpha)}{\cos^2\alpha\cos(\alpha - \delta)\left[1 - \sqrt{\dfrac{\sin(\varphi + \delta)\cdot\sin(\varphi + \beta)}{\cos(\alpha - \delta)\cdot\cos(\alpha - \beta)}}\right]^2}$$

$$\tag{6-18}$$

式中　$K_p$——库仑被动土压力系数

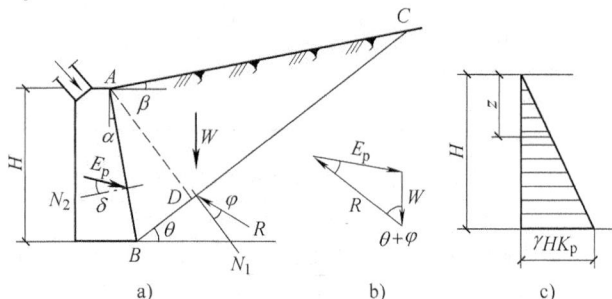

图 6-9　库仑被动土压力的计算

a）土楔 $ABC$ 上的作用力　b）力矢三角形　c）被动土压力的分布图

当墙背直立（$\alpha = 0$）、光滑（$\delta = 0$）、墙后填土水平（$\beta = 0$），则库仑被动土压力系数计算式（6-18）可以简化为

$$K_p = \tan^2\left(45° + \frac{\varphi}{2}\right)$$

可见，在上述条件下，库仑被动土压力公式也与朗肯公式相同。被动土压力强度可按下式计算

$$\sigma_p = \frac{\mathrm{d}E_p}{\mathrm{d}z} = \frac{\mathrm{d}}{\mathrm{d}z}\left(\frac{1}{2}\gamma z^2 K_p\right) = \gamma z K_p$$

被动土压力强度沿墙高也呈三角形分布，如图 6-9c 所示，土压力的作用点在距离墙底 $H/3$ 处，在墙背法线下方，与法线成 $\delta$ 角，与水平面成（$\delta$-$\alpha$）角。

### ● 6.3.3　黏性土的库仑土压力

库仑土压力理论假设墙后填土是理想的散体，也就是填土只有内摩擦角 $\varphi$ 而没有黏聚力 $c$，因此，从理论上说只适用于无黏性填土。但在实际工程中常不得不采用黏性填土，为了考虑黏性土的黏聚力 $c$ 对土压力数值的影响，在应用库仑公式时，曾有将内摩擦角 $\varphi$ 增大，采用所谓"等值内摩擦角 $\varphi_D$"来综合考虑黏

聚力对土压力的影响，但误差较大。建议用图解法确定：如果挡土墙的位移很大，足以使黏性填土的抗剪强度全部发挥，在填土顶面 $z_0$ 深度处将出现张拉裂缝，$z_0$ 就是朗肯土压力理论临界深度 $z_0 = \dfrac{2c}{\gamma} \dfrac{1}{\sqrt{K_a}}$。在 $z_0$ 深度内的墙背上和破裂面上无黏聚力 $c$ 的作用。

先假设一滑动面 $BD'D$，如图 6-10a 所示，作用于滑动土楔 $A'BD'D$ 上的力有：

1）土楔体自重 $W$。

2）滑动面 $BD'$ 上的反力 $R$，与 $BD'$ 面的法线成 $\varphi$ 角。

3）$BD'$ 面上的总黏聚力 $C = c \cdot BD'$，$c$ 为填土的黏聚力。

4）墙背与土接触面 $A'B$ 上的总黏聚力 $C_a = c_a \cdot A'B$，$c_a$ 为墙背与填土间的黏聚力。

5）墙背对填土的反力 $E$，与墙背法线方向成 $\delta$ 角。

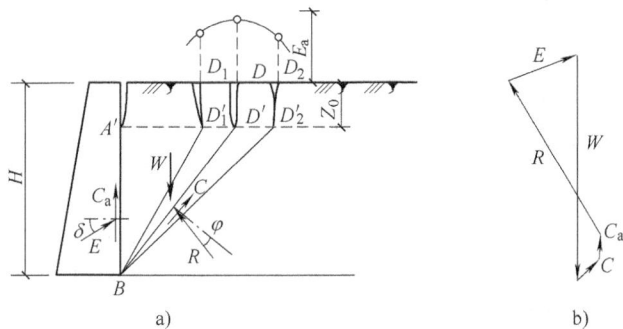

图 6-10　图解法求解黏性填土的主动土压力

a) 不同的滑动土楔　b) 力矢三角形

在上述各力中，$W$、$C$、$C_a$ 的大小和方向均已知，$R$ 和 $E$ 的方向已知，但大小未知，考虑到力系的平衡，由力矢多边形可以确定 $E$ 的数值，如图 6-10b 所示，假定若干滑动面按以上方法试算，其中最大值即为主动土压力 $E_a$。

## ● 6.3.4　库尔曼图解法

库尔曼（Culmann）图解法是以库仑理论为基础的一种确定土压力的图解方法。土压力的图解法很多，而库尔曼图解法概念明确，还可以用于地面不规则的和填土面有地面荷载的情况。

为了说明库尔曼图解法的基本原理，可先从图 6-11 建立一个几何关系。图 6-11a 中 $BD$ 面与水平面成 $\varphi$ 角，称为自然坡面，$BC$ 是任意选定的一个破坏面，它与水平面成 $\theta$ 角。通过 $B$ 点作 $BL$ 线与墙面 $AB$ 成（$\varphi + \delta$）角，这条线称为基线。$BL$ 与 $BD$ 的夹角为 $\psi = 90° - \alpha - \delta$。

在 $BD$ 与 $BC$ 之间作一直线 $MN$ 与基线 $BL$ 平行，则 $\angle MNB = \psi$，$\angle NBM = \theta - \varphi$。在图 6-11b 所示的力矢三角形中，$\angle cab = \psi$，$\angle abc = \theta - \varphi$，故 $\triangle BMN$ 相似于力矢三角形 $\triangle abc$。于是得

$$\frac{E}{W} = \frac{MN}{BN}$$

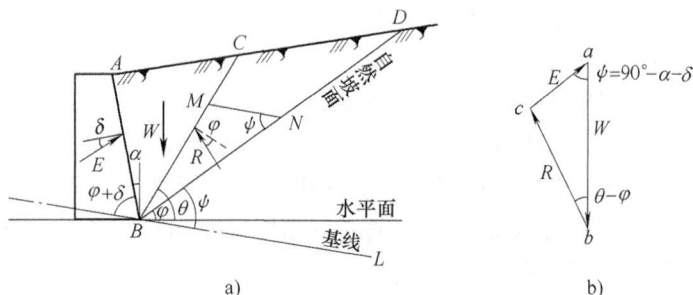

图 6-11　库尔曼图解法求主动土压力的原理
a）几何关系　　b）力矢三角形

因此，若以 $BN$ 表示滑动体的自重 $W$，则 $MN$ 将代表相应的土压力 $E$。为了求得真正的土压力 $E_a$，可在墙面 $AB$ 和自然坡面 $BD$ 之间选定若干个不同的破坏面 $BC_1$，$BC_2$，…，如图 6-12 所示，并按以上所述方法求得相应于 $M$ 的各点 $m_1$，$m_2$，…和相应于 $N$ 的各点 $n_1$，$n_2$，…。$m_1 n_1$，$m_2 n_2$，…分别代表 $BC_1$，$BC_2$，…各假定破坏面的土压力为 $E_1$，$E_2$，…。将 $m_1$，$m_2$，…各点连成曲线，平行于 $BD$ 作曲线的切线，过切点 $m$ 作一平行于 $BL$ 的直线交 $BD$ 线于 $n$ 点，则 $mn$ 就代表主动土压力 $E_a$ 的大小。

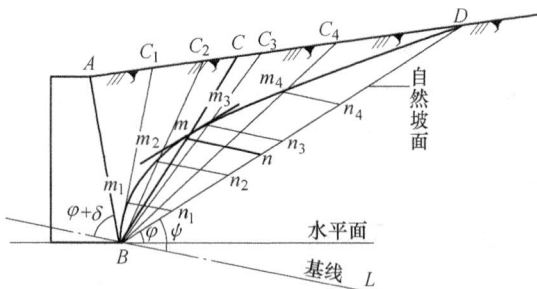

图 6-12　用库尔曼图解法求主动土压力

用库尔曼图解法求主动土压力的具体步骤如下：

1）按比例绘出挡土墙与填土面的剖面图。

2）通过 $B$ 点作自然坡面 $BD$，使 $BD$ 与水平面的夹角为 $\varphi$，代表 $W$ 的方向。

3）通过 $B$ 点作基线 $BL$，使 $BL$ 与 $BD$ 的夹角为 $\varphi = 90° - \alpha - \delta$，代表 $E$ 的方向。

4）在 $AB$ 与 $BD$ 面之间任意选定破坏面 $BC_1$，$BC_2$，…，分别求土楔 $ABC_1$，$ABC_2$，…的自重 $W_1$，$W_2$，…，按某一适当的比例尺作 $Bn_1 = W_1$，$Bn_2 = W_2$，…，过 $n_1$，$n_2$，…分别作平行于 $BL$ 的平行线与 $BC_1$，$BC_2$，…交于点 $m_1$，$m_2$，…。

5）将 $m_1$、$m_2$、…各点连成曲线。

6）平行于 $BD$ 作曲线的切线，切点为 $m$，过 $m$ 点作平行于 $BL$ 的直线交 $BD$ 于 $n$ 点，则 $mn$ 的大小即为主动土压力 $E_a$。

同理，用图解法也可求得被动土压力 $E_p$，只是 $E_p$ 和 $R$ 的偏角分别在墙背面和破坏面法线的上侧。

土压力的作用点可近似按以下方法确定：在图 6-13 中，设 $BC$ 是按以上方法确定的破坏面，求出滑动楔体 $ABC$ 的重心 $O$，通过 $O$ 点作 $OO'$ 线与 $BC$ 平行，与墙背 $AB$ 交于 $O'$ 点，$O'$ 点就是主动土压力的作用点。

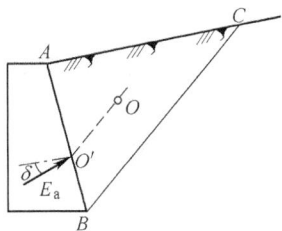

图 6-13　主动土压力作用点的确定方法

对于填土面有地面荷载的情况（见图 6-14），确定土压力的基本方法不变，只是在土楔体自重（例如 $W_1$）中加上所假定的滑动土楔上的地面荷载（如 $\Sigma q$），然后按上述方法作图。

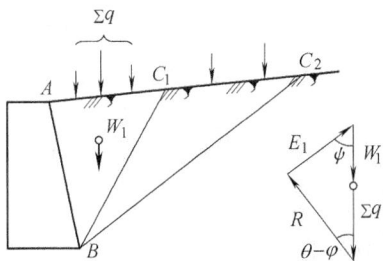

图 6-14　有地面荷载的情况

## 6.4　朗肯理论与库仑理论的比较

朗肯和库仑两种土压力理论都是研究土压力问题的简化方法，它们各有其不同的基本假定、分析方法与适用条件，在应用时必须注意针对实际情况合理选择，否则将会造成不同程度的误差。本节将从分析方法、应用条件以及误差范围等方面将这两个土压力理论进行简单的比较。

### ● 6.4.1 分析方法

（1）相同点 朗肯与库仑土压力理论均属于极限状态土压力理论。

（2）不同点 朗肯理论是从研究土中一点的极限平衡应力状态出发，首先求出的是作用在土中竖直面上的土压力强度 $p_a$ 或 $p_p$ 及其分布形式，然后再计算出作用在墙背上的总土压力 $E_a$ 或 $E_p$。库仑理论则是根据墙背和滑裂面之间的土楔整体处于极限平衡状态，用静力平衡条件，先求出作用在墙背上的总土压力 $E_a$ 或 $E_p$，需要时再算出土压力强度 $p_a$ 或 $p_p$ 及其分布形式。

在上述两种研究途径中，朗肯理论在理论上比较严密，但只能得到理想简单边界条件下的解答，在应用上受到限制。库仑理论显然是一种简化理论，但由于它能适用于较为复杂的各种实际边界条件，且在一定范围内也能得出比较满意的结果，因而应用广泛。

### ● 6.4.2 适用范围

1. 坦墙的土压力计算

（1）什么是坦墙 按照前述库仑假定，当墙移动直至墙后土楔体破坏时，有两个滑裂面产生。一个是墙的背面，另一个是土中某一平面。无疑，这种假定在 $\delta \ll \varphi$ 时是比较合理的，但是当墙背粗糙度较大，$\delta \approx \varphi$ 时，就可能出现两种情况：一种情况是若墙背较陡，倾角 $\alpha$ 较小，则上述假定仍可成立；另一种情况是，如果墙背较平缓，倾角 $\alpha$ 较大，则墙后土体破坏时滑动土楔可能不再沿墙背 $AB$ 滑动，而是沿如图 6-15 所示的 $BC$ 和 $BD$ 面滑动，两个滑裂面将均发生在土中。这时，称 $BD$ 为第一滑裂面，$BC$ 为第二滑裂面。工程中常把墙后土体中出现第二滑裂面的挡土墙称为坦墙。在这种情况下，滑动土楔 $BCD$ 仍处于极限平衡状态，而位于第二滑裂面与墙体之间的棱体 $ABC$ 则尚未达到极限平衡状

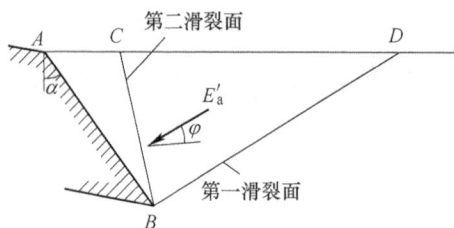

图 6-15 坦墙与第二滑裂面

态，它将贴附于墙背 $AB$ 上与墙一起移动，故可将其视为墙体的一部分。

显然，对于坦墙，库仑公式不能用来直接求出作用在墙背 $AB$ 面上的土压力，但却可用其求出作用于第二滑裂面 $BC$ 上的土压力 $E'_a$。要注意的是，由于破裂面 $BC$ 也存在于土中，是土与土之间的摩擦，$E'_a$ 与 $BC$ 面法线的夹角不是 $\delta$ 而应是 $\varphi$。这样，最终作用于墙背 $AB$ 面上的主动土压力 $E_a$ 就是 $E'_a$ 与三角形土体 $ABC$ 重力的合力。

根据前述可知，产生第二滑裂面的条件应与墙背倾角 $\alpha$，墙背与土的摩擦角 $\delta$，土的内摩擦角 $\varphi$，以及填土坡角 $\beta$ 等因素有关，一般可用临界倾斜角 $\alpha_{cr}$ 来判别：当墙背倾角 $\alpha > \alpha_{cr}$ 时，认为可能产生第二滑裂面，应按坦墙进行土压力计算。研究表明，$\alpha_{cr} = f(\delta, \varphi, \beta)$。可以证明，当 $\delta = \varphi$ 时，$\alpha_{cr}$ 可用下式表达

$$\alpha_{cr} = 45° - \frac{\varphi}{2} + \frac{\beta}{2} - \frac{1}{2}\arcsin\frac{\sin\beta}{\sin\varphi} \tag{6-19}$$

若填土面水平，即 $\beta = 0$

则 $$\alpha_{cr} = 45° - \varphi/2 \tag{6-20}$$

（2）坦墙土压力计算方法　对于填土面为平面的坦墙（$\alpha > \alpha_{cr}$），朗肯与库仑两种土压力理论均可应用。下面以如图 6-16 所示的 $\beta = 0$，$\delta = \varphi$ 的坦墙为例，说明其土压力计算方法。

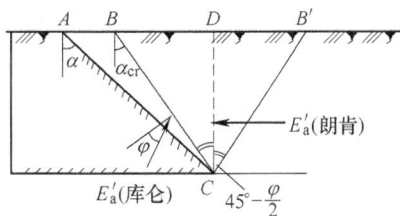

图 6-16　坦墙的土压力计算

1）按库仑理论计算。根据式（6-19），$\alpha_{cr} = 45° - \varphi/2$，则墙后滑裂土楔将以过墙踵 $C$ 点的竖直面 $CD$ 面为对称面下滑，两个滑裂面 $BC$、$B'C$ 与 $CD$ 的夹角都应是（$45° - \varphi/2$），从而两个滑裂面位置均为已知，根据库仑理论即可求出作用于第二滑裂面 $BC$ 上的库仑土压力 $E'_a$ 的大小和方向（与 $BC$ 面的法线成夹角 $\varphi$）。最后作用于墙背 $AC$ 上的土压力 $E_a$ 就是土压力 $E'_a$（库仑）与三角形土体 $ABC$ 重力 $W$（竖向）的矢量和。

2）按朗肯理论计算。由于滑动楔体 $BCB'$ 以垂直面 $CD$ 为对称面，故 $CD$ 面可视为无剪应力的光滑面，符合朗肯的竖直光滑墙背条件。当填土面水平时，可按前述朗肯理论求出作用于 $CD$ 面上的朗肯土压力 $E'_a$（方向水平）。最后作用在 $AC$ 墙背上的土压力 $E_a$ 应是

土压力 $E'_a$（朗肯）与三角形土体 $ACD$ 的重力 $W$ 的矢量和。

同样理由，对于工程中经常采用的一种 L 形的钢筋混凝土挡土墙（见图 6-17），当墙底板足够宽，使得由墙顶 $D$ 与墙踵 $B$ 的连线形成的夹角 $\alpha$ 大于 $\alpha_{cr}$ 时，作用在这种挡土墙上的土压力也可按坦墙方法进行计算。通常可用朗肯理论求出作用在经过墙踵 $B$ 点的竖直面 $AB$ 上的土压力 $E_a$。在对这种挡土墙进行稳定分析时，底板以上 $DCEA$ 范围内的土重 $W$ 可作为墙身重力的一部分来考虑。

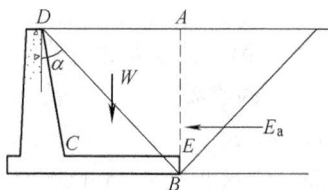

图 6-17　L 形挡土墙土压力计算

2. 朗肯理论的应用范围

（1）墙背与填土面条件　综合前面所述可知，在墙背倾斜时，只有当墙背条件不防碍第二滑裂面形成时，才能出现朗肯状态，采用朗肯公式计算，故朗肯公式可用于如图 6-18 所示的三种情况：

1）墙背垂直、光滑、墙后填土面水平，即 $\alpha = 0$，$\delta = 0$，$\beta = 0$（如图 6-18a 所示）。

2）坦墙，$\alpha > \alpha_{cr}$，计算面如图 6-18b 所示。

3）L 形钢筋混凝土挡土墙，计算面如图 6-18c 所示。

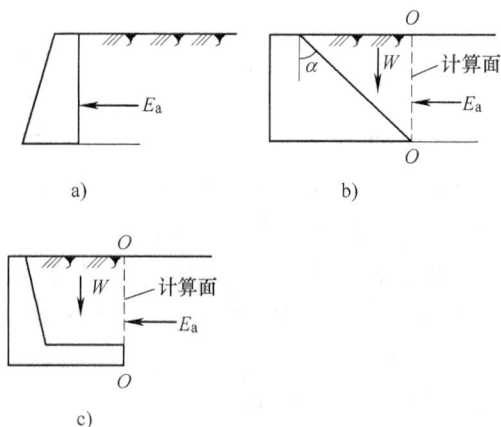

图 6-18　朗肯理论的适用范围

（2）土质条件　无黏性土与黏性土均可用。

3. 库仑理论的应用范围

（1）墙背与填土面条件

1）可用于包括朗肯条件在内的各种倾斜墙背的陡墙（$\alpha <$ $\alpha_{cr}$），填土面不限（见图6-19a），即 $\alpha$、$\beta$、$\delta$ 可以不为零，故比朗肯公式应用范围更广。

2）坦墙，填土形式不限，计算面为第二滑裂面如图6-19b所示。

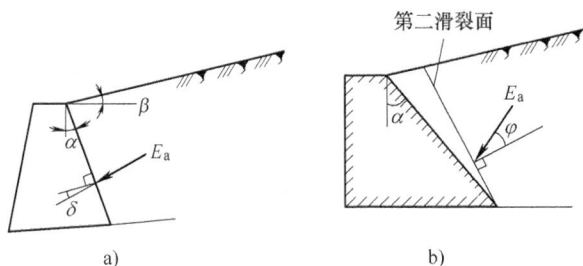

图6-19 库仑公式的适用范围

（2）土质条件 一般只用于无黏性土。但如果采用图解法则对无黏性土或黏性土均可方便应用。

## ● 6.4.3 计算误差

如前所述，朗肯和库仑土压力理论都是建立在某些人为假定的基础上，例如对于竖直墙背和水平填土面的挡土墙，朗肯假定墙背为理想的光滑面，忽略了墙与土之间的摩擦对土压力的影响；库仑理论虽然考虑了墙背与填土的摩擦作用，但却假定土中的滑裂面是通过墙踵的平面，因此计算结果都有一定的误差。比较严格的挡土墙土压力解，可以采用极限平衡理论求得。按极限平衡理论，考虑墙背与填土之间的摩擦角 $\delta$，土体内的滑裂面是由一段平面和一段对数螺线曲面所组成的复合滑动面，如图6-20所示。以下分别将朗肯理论及库仑理论与极限平衡理论解相对比，从而说明这两种古典土压力理论可能引起的误差。

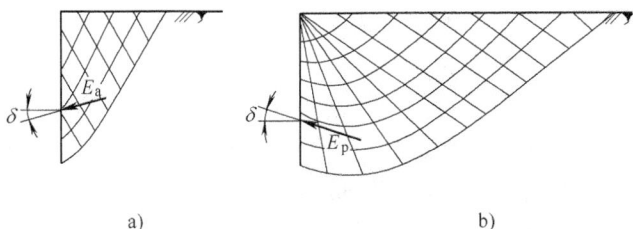

图6-20 墙背有摩擦时的曲面滑裂面
a）主动状态 b）被动状态

1. 朗肯理论

朗肯假定墙背与土无摩擦，$\delta = 0$，因此计算所得的主动土压力系数 $K_a$ 偏大，而被动土压力系数 $K_p$ 偏小。以填土面坡角 $\beta = 0$，墙背倾角 $\alpha = 0$ 的情况为例，朗肯理论与极限平衡理论的土压力系数对比见表 6-3。

表 6-3 朗肯土压力系数、库仑土压力系数与极限平衡理论土压力系数的比较

| $\delta$ | | 10° | | | 20° | | | 30° | | | 40° | |
|---|---|---|---|---|---|---|---|---|---|---|---|---|---|
| $\varphi$ | | 0° | 5° | 10° | 0° | 10° | 20° | 0° | 15° | 30° | 0° | 20° | 40° |
| 极限平衡理论 | $K_a$ | 0.70 | 0.67 | 0.65 | 0.49 | 0.45 | 0.44 | 0.33 | 0.30 | 0.31 | 0.22 | 0.20 | 0.22 |
| | $K_p$ | 1.42 | 1.56 | 1.66 | 2.04 | 2.55 | 3.04 | 3.00 | 4.62 | 6.55 | 4.60 | 9.69 | 18.2 |
| 朗肯理论 | $K_a$ | 0.704 | | | 0.49 | | | 0.333 | | | 0.217 | | |
| | $K_p$ | 1.420 | | | 2.03 | | | 3.00 | | | 4.60 | | |
| 库仑理论 | $K_a$ | 0.70 | 0.66 | 0.64 | 0.49 | 0.45 | 0.43 | 0.33 | 0.30 | 0.30 | 0.22 | 0.20 | 0.21 |
| | $K_p$ | 1.42 | 1.57 | 1.73 | 2.04 | 2.63 | 3.52 | 3.00 | 4.98 | 10.1 | 4.60 | 11.77 | 92.6 |

表中数据表明，对于主动土压力，朗肯理论的系数偏大，但差别不大。对于被动土压力，忽略墙背与填土的摩擦作用，会带来相当大的误差。特别是当 $\delta$ 和 $\varphi$ 都比较大时，朗肯的被动土压力系数较之严格的理论解可以小 2~3 倍以上。

2. 库仑理论

库仑理论考虑了墙背填土的摩擦作用，边界条件是正确的，但却把土中的滑动面假定为平面，与实际情况和理论解都不符。这种平面滑裂面的假定使得破坏楔体平衡时所必须满足的力系对任一点的力矩之和等于零（$\sum M = 0$）的条件得不到满足，这是用库仑理论计算土压力，特别是被动土压力存在很大误差的重要原因。对主动土压力而言，最容易滑动的面就是产生土压力最大的真正滑动面，沿平面滑动比沿理论复合面滑动困难，因而算得的主动土压力稍偏小。相反的，对于被动土压力最容易滑动的面就是能够承受推力最小的真正滑动面，假定为平面滑动，使阻力增加，推力加大，所以库仑的被动土压力偏高。表 6-3 列举了常用的 $\delta$ 和 $\varphi$ 下，极限平衡理论和库仑理论得到的主动土压力系数 $K_a$ 和被动土压力系数 $K_p$ 的对比。

表 6-3 中数据表明，对于主动土压力，这两种理论计算结果差别很小，对于被动土压力，当 $\delta$ 和 $\varphi$ 较小时，两者的差别也在工程计算所允许的范围内，但是当 $\delta$ 和 $\varphi$ 值都较大时，两种方法的差别很大，这时库仑理论就不宜应用了。

综前所述，对于主动土压力的计算，各种理论的差别都不大。朗肯土压力公式简单，且能建立起土体处于极限平衡状态时理论破裂面形状和概念。这一概念对于分析许多土体破坏问题，

如板桩墙的受力状态、地基的滑动区等都很有用，所以得到工程人员的广泛应用，不过在具体实用中，要注意边界条件是否符合朗肯理论的规定，以免得到错误的结果。库仑理论可适用于比较广泛的边界条件，包括墙背倾斜、填土面倾斜和墙背与土之间有摩擦角等，在工程中应用更广。至于被动土压力的计算，当 $\delta$ 和 $\varphi$ 较小时，这两种古典土压力理论尚可采用；而当 $\delta$ 和 $\varphi$ 较大时，误差都很大，均不宜采用。

# 6.5  几种常见情况的主动土压力计算

工程上所遇到的挡土墙及填土条件，要比朗肯和库仑理论所假定的条件复杂得多。例如填土本身可能是性质不同的成层土，墙后有地下水位存在，墙背不是直线而是折线以及填土面上有荷载作用等。对于这些情况，只能在前述理论基础上作些近似处理。本节将介绍几种常见情况的主动土压力计算方法。

## 6.5.1  成层土的土压力

墙后填土由性质不同的土层组成时，土压力将受到不同填土性质的影响，当墙背竖直、填土面水平时，为简单起见，常用朗肯理论计算（见图 6-21）。

当墙后有两层填土时，如图 6-21a 所示。

1）当 $z \leqslant H_1$ 时，$p_a = \gamma_1 z \tan^2(45° - \varphi_1/2)$。

2）当 $z > H_1$ 时，$p_a = [\gamma_1 H_1 + \gamma_2(z - H_1)]\tan^2(45° - \varphi_2/2)$。

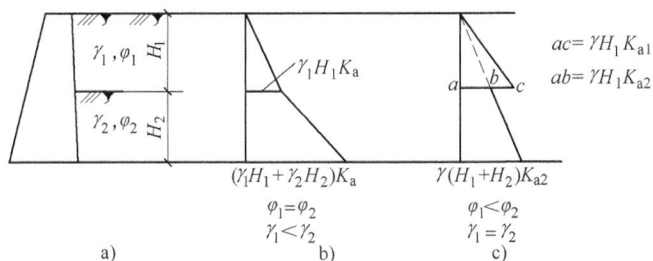

图 6-21  土层的土压力

## 6.5.2  墙后填土中有地下水

地下水位对土压力的影响具体表现在：

1）地下水位以下填土重力因受到水的浮力而减小，计算土压力时应用浮重度 $\gamma'$。

2）地下水位对填土的强度指标 $c$、$\varphi$ 的影响。一般认为对砂性土的影响可以忽略，但对黏性填土，地下水将使 $c$、$\varphi$ 值减小，从而使主动土压力增大。

3）地下水对墙背产生静水压力作用。

以图 6-22 所示的挡土墙为例，若墙后填土为均一的无黏性土，地下水位在填土表面下 $H_1$ 处，则土压力计算与前面不同容重的双层填土情况相同，土压力分布在地下水位界面处发生转折，如图 6-22b 所示。作用在墙背上的水压力分布如图 6-22c 所示，总水压力为 $E_w = \dfrac{1}{2}\gamma_w H_2^{\,2}$，其中 $\gamma_w$ 为水的重度，$H_2$ 为地下水位以下的墙高。作用在挡土墙上的总压力应为土压力 $E_a$ 与水压力 $E_w$ 之和。

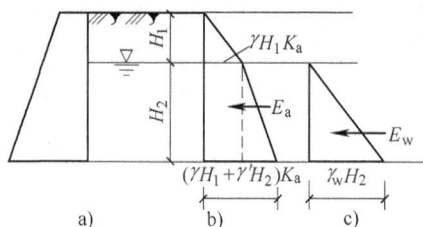

图 6-22　墙后有地下水位时土压力计算

## 6.5.3　填土表面有荷载作用

1. 连续均布荷载作用

若挡土墙墙背垂直，填土为无黏性土，在水平填土面上有连续均布荷载 $q$ 作用时（见图 6-23a），也可用朗肯理论计算主动土压力。此时填土面下，墙背面 $z$ 深度处土单元所受的应力 $\sigma_1 = q + \gamma z$，则 $\sigma_3 = p_a = \sigma_1 K_a$，即

$$p_a = (q + \gamma z)K_a \tag{6-21}$$

由式（6-21）可看出，作用在墙背面的土压力 $p_a$ 由两部分组成：一部分由均布荷载 $q$ 引起，是常数，其分布与深度无关；另一部分由土的重力引起，与深度 $z$ 成正比。总土压力 $E_a$ 即为如图 6-23a 所示的梯形分布图的面积。

当挡土墙墙背及填土面均为倾斜平面时，如图 6-23b 所示，可认为滑裂面位置不变，仍与没有 $q$ 荷载作用时相同，只是在计算每一滑动楔体重力 $W$ 时，应将该滑动楔体范围内的均布荷载 $G = ql$ 考虑在内（见图 6-23d），然后即可按前述库尔曼图解法求出总主动土压力 $E_a$。在图 6-23d 中，设 $E_a'$ 为填土表面没有荷载作用时的总土压力，$E_a$ 为计入填土表面均布荷载后的总土压力，根据三角形相似原理，应有

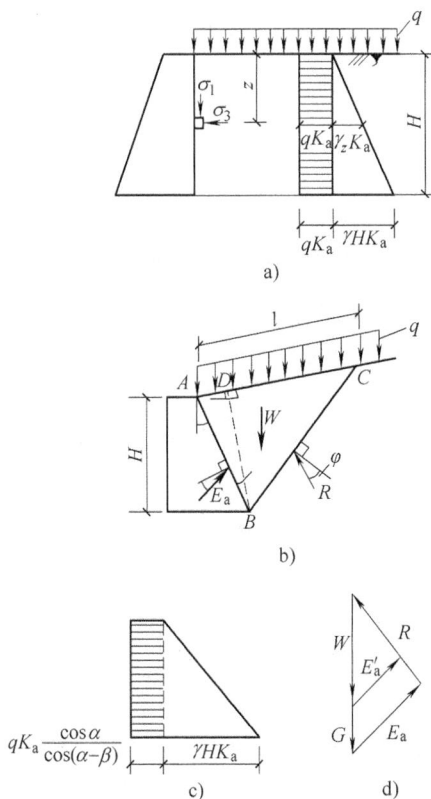

图 6-23 填土面上有连续均布荷载作用

$$\frac{E_a}{E'_a} = \frac{W + G}{W}$$

故 
$$E_a = E'_a\left(1 + \frac{G}{W}\right)$$

若令 
$$\Delta E_a = E'_a\frac{G}{W}$$

则 
$$E_a = E'_a + \Delta E_a \tag{6-22}$$

由式（6-22）可以看出，等号右边第一项 $E'_a$ 为土重引起的总土压力，根据库仑理论知 $E'_a = \frac{1}{2}\gamma H^2 K_a$；第二项即为填土表面上均布荷载 $q$ 引起的土压力增量 $\Delta E_a$，以下推求 $\Delta E_a$。

从图 6-23b 所示的几何关系可知

$$W = \frac{l \cdot BD}{2}\gamma$$

$$BD = AB \cdot \cos(\alpha - \beta) = \frac{H}{\cos\alpha}\cos(\alpha - \beta)$$

将 $E'_a = \frac{1}{2}\gamma H^2 K_a$ 及上两式代入 $\Delta E_a = E'_a\frac{G}{W}$ 并经简化即可得到

$$\Delta E_a = qHK_a\frac{\cos\alpha}{\cos(\alpha - \beta)} \tag{6-23}$$

于是，作用在挡土墙上的总土压力 $E_a$ 的计算公式应为

$$E_a = E_a' + \Delta E_a = \frac{1}{2}\gamma H^2 K_a + qHK_a \frac{\cos\alpha}{\cos(\alpha-\beta)} \quad (6\text{-}24)$$

土压力沿墙的分布如图 6-23c 所示。

2. 局部荷载作用

若填土表面有局部荷载 $q$ 作用时（如图 6-24a 所示），则 $q$ 对墙背产生的附加土压力强度值仍可用朗肯公式计算，即 $p_{aq} = qK_a$，但一般近似方法认为，地面局部荷载产生的土压力是沿平行于破裂面的方向传递至墙背上的。在如图 6-24a 所示的条件下，荷载 $q$ 仅在墙背上 $cd$ 范围内引起附加土压力 $p_{aq}$，$c$ 点以上和 $d$ 点以下不受 $q$ 的影响，$c$、$d$ 两点分别为自局部荷载 $q$ 的两个端点 $a$、$b$ 作与水平面成 $(45°+\varphi/2)$ 的斜线至墙背的交点。作用于墙背面的总土压力分布如图 6-24b 中所示的阴影面积。

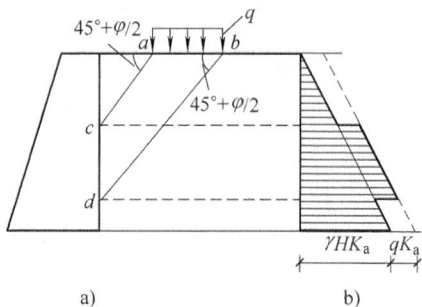

图 6-24　填土表面有局部荷载作用

【例 6-1】　挡土墙 6m 高，墙背竖直光滑，墙后填土面水平，并有 15kPa 均布荷载，地下水位在地表下 3m 处，取土样进行直剪试验，土样在 $p = 100\text{kPa}$ 作用下，破坏时剪应力 $\tau = 44.5\text{kPa}$，若黏聚力 $c = 0\text{kPa}$，水上土的重度 $\gamma = 17\text{kN/m}^3$，水下 $\gamma_{sat} = 18\text{kN/m}^3$，试求：

（1）墙底处的主动土压力 $p_{Ca}$。

（2）墙背上主动土压力合力及作用点位置。

（3）墙背上总压力合力及作用点位置。

解：

（1）墙底处的主动土压力

$\tan\varphi = 44.5/100 = 0.445, \varphi = 24°$

$p_{Aa} = [15 \times \tan^2(45° - 12°)]\text{kPa} = 6.3\text{kPa}$

$p_{Ba} = [(15 + 17 \times 3) \times \tan^2(45° - 12°)]\text{kPa} = 27.8\text{kPa}$

$p_{Ca} = [(15 + 17 \times 3 + 8 \times 3) \times \tan^2(45° - 12°)]\text{kPa} = 37.9\text{kPa}$

（2）墙背上主动土压力合力及作用点位置

$E_1 = [0.5 \times (6.3 + 27.8) \times 3]\text{kN/m} = 51.15\text{kN/m}$

$$E_2 = [0.5 \times (27.8 + 37.9) \times 3] kN/m = 98.55 kN/m$$

$$E_a = (51.15 + 98.55) kN/m = 149.7 kN/m$$

$$h_a = \{[6.3 \times 3 \times 4.5 + 0.5 \times (27.8 - 6.3) \times 3 \times 4 + 27.8 \times 3 \times$$
$$1.5 + 0.5 \times (37.9 - 27.8) \times 3 \times 1]/149.7\} m = 2.37 m$$

（3）墙背上总压力合力及作用点位置

$$p_{Cw} = \gamma_w h_w = 10 \times 3 kPa = 30 kPa$$

$$E_w = \frac{1}{2} \gamma_w h_w^2 = \frac{1}{2} \times 30 \times 3 kPa = 45 kN/m$$

$$E = E_a + E_w = (149.7 + 45) kN/m = 194.7 kN/m$$

$$h = [(149.7 \times 2.37 + 45 \times 1)/194.7] m = 2.02 m$$

挡土墙上作用的土压力分布图，如图6-25所示。

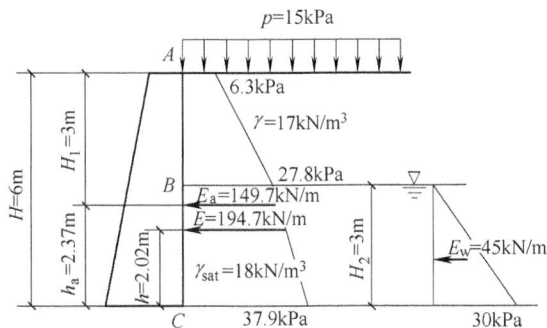

图6-25　例6-1挡土墙上作用的土压力分布图

## ● 6.5.4　墙背形状有变化的情况

1. 折线形墙背

如图6-26a所示，当挡土墙墙背不是一个平面而是折面时，以墙背转折点为界，分成上墙与下墙，然后分别按库仑理论计算主动土压力 $E_a$。

首先将上墙 $AB$ 当作独立挡土墙，计算出主动土压力 $E_{a1}$，这时不考虑下墙的存在。然后计算下墙的土压力，计算时，可将下墙背 $BC$ 向上延长交地面线于 $D$ 点，以 $DBC$ 作为假想墙背，算出墙背土压力分布，如图6-26b中 $DCE$ 所示。再截取与 $BC$ 段相应的部分，即 $BCEF$ 部分，算出其合力，即为作用于下墙 $BC$ 段的总主动土压力 $E_{a2}$。

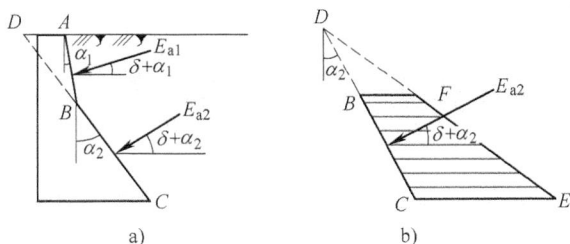

图6-26　折线墙背土压力计算

2. 墙背设有卸荷平台

为了减少作用在墙背上的主动土压力，有时采用在墙背中部加设卸荷平台的办法（见图6-27a）。此时，平台以上 $H_1$ 高度内，可按朗肯理论，计算作用在 $AB$ 面上的土压力分布，如图6-27b所示。由于平台以上土重 $W$ 已由卸荷平台 $CBD$ 承担，故平台下 $C$ 点处土压力变为零，从而起到减少平台下 $H_2$ 段内土压力的作用。减压范围，一般认为至滑裂面与墙背交点 $E$ 处为止。连接图6-27b中相应的 $C'$ 和 $E'$，则图中阴影部分即为减压后的土压力分布。显然卸荷平台伸出越长，则减压作用越大。

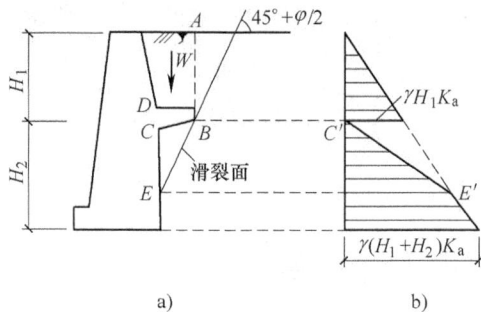

图6-27 带卸荷台的挡土墙土压力
a）挡土墙 b）土压力分布

## 6.5.5 填土性质指标及填土材料选择

1. 填土性质指标

土压力计算的可靠与否，不仅取决于计算理论和方法的准确性，而且还要看计算中采用的土的性质指标是否符合实际情况。计算用的土的性质指标包括土的重度 $\gamma$，土的强度指标 $c$、$\varphi$，以及墙与土间的摩擦角 $\delta$。在土压力计算中所采用的上述指标的大小应尽量通过试验确定。当无试验资料时，也可参考一些经验值。其中 $\delta$ 值参考表6-2选用。以下只对 $\gamma$、$c$、$\varphi$ 等指标作简单讨论。

（1）无黏性土 对于砂、砾等无黏性土，其重度值 $\gamma = 17.0 \sim 19.0 \text{kN/m}^3$，可进行实测。其内摩擦角 $\varphi$ 一般比较稳定，可用三轴排水剪试验值 $\varphi_d$ 或直剪试验的慢剪值 $\varphi_s$。表6-4为交通部《港口工程技术规范》（1987）推荐的松散无黏性填料的指标值，可供无试验资料时参考采用。

表6-4  填料容重 $\gamma$ 和内擦角 $\varphi$ 的计算值

| 填料名称 | 重度 $\gamma$/（kN/m） | | 内摩擦角 $\varphi$（°） | |
|---|---|---|---|---|
| | 水上（湿重度） | 水下（浮重度） | 水上 | 水下 |
| 细砂 | 18.0 | 9.0 | 30 | 28 |
| 中砂 | 18.0 | 9.5 | 32 | 32 |
| 粗砂 | 18.0 | 9.5 | 35 | 35 |
| 砾砂 | 18.5 | 10.0 | 36 | 36 |
| 碎石 | 17.0 | 11.0 | 38～40 | 38～40 |
| 煤渣 | 10.0～12.0 | 4.0～5.0 | 35～39 | 35～39 |
| 块石 | 17.0～18.0 | 10.0～11.0 | 45 | 45 |

注：表中砂类土的数值适用于粒径 $d=0.1\text{mm}$ 以下的细颗粒含量不超过 10% 的情况。当细颗粒含量超出此范围时，应另行试验测定 $\gamma$、$\varphi$ 值。

（2）黏性土  黏性土的重度应根据填筑时的含水量实测，其重度 $\gamma=17.0～19.0\text{kN/m}^3$，黏性土强度 $c$、$\varphi$ 值的选择，要比无黏性土复杂，这是因为当墙后用黏性土回填时，由于填土的自重和超载的作用，将在填土中引起孔隙水压力，如果能较准确得知孔压值，则用有效应力法，采用有效强度指标 $c'$、$\varphi'$ 进行土压力计算是合理的。但工程中要做到这一点往往比较困难，故根据实践经验，对高度 5m 左右的一般挡土墙，设计中可采用三轴固结不排水剪的总强度指标 $\varphi_{cu}$，$c_{cu}$ 或直剪试验的固结快剪指标 $\varphi_{cq}$，$c_{cq}$。对一些高度较大，填土速度较快的重要挡土墙，则宜用三轴不排水剪指标 $\varphi_{uu}$，$c_{uu}$。

2. 填土材料的选择

挡土墙后填土的质量，对土压力大小有很大的影响，在设计回填料时，应尽量考虑减小土压力。良好的回填料应具有较高的长期强度和大的透水性。一般说来，粒状材料是一种最好的回填料，因为它们除了有较高的 $\varphi$ 值外，还能长期保持着主动应力状态，而且具有大的透水性。黏性土则有蠕变趋势，而且透水性很低；蠕变趋势能使主动土压力向静止状态发展，从而引起土压力随时间而增加。因此，GB 5007—2011《建筑地基基础设计规范》建议，墙后填土宜选择透水性较强的无黏性土。对于高度低于 5m 的挡土墙，填土往往是就地取材的，若填土采用黏性土料时，宜掺入适量的块石。一定要避免用成块的硬黏土作填料，因为这种土浸湿后，将产生很大的膨胀力。在季节性冻土地区，墙后填土应选用非冻胀性填料，如炉渣、碎石、粗砾等。

土的强度特性，通常会随密度的增加而得到改善，因此填土时应注意填筑质量，对填土应进行分层压密。

# 6.6　挡土墙设计

挡土墙的设计包括类型的选择、墙身断面尺寸的确定以及稳定和强度的验算等。

## ● 6.6.1　挡土墙的类型

（1）重力式挡土墙（见图6-28a）　这种类型的挡土墙一般由块石或素混凝土砌筑而成、墙身的断面尺寸较大，但抗拉强度较小，主要靠墙身的自重来保持其稳定。重力式挡土墙的优点是结构简单、施工方便、而且能就地取材，缺点是高度较小。是工程建筑中广为应用的一种类型。

（2）悬臂式挡土墙（见图6-28b）　这种类型的挡土墙是由立臂、墙趾悬臂和墙踵悬臂等三块悬臂板所构成，一般用钢筋混凝土建造。因此，这种墙的断面较小。但能充分发挥钢筋混凝土的受力特性，承受较大的拉应力，而其稳定性由墙踵悬臂板上的填土来承担。这种类型的挡土墙在市政工程建筑中较为常用。

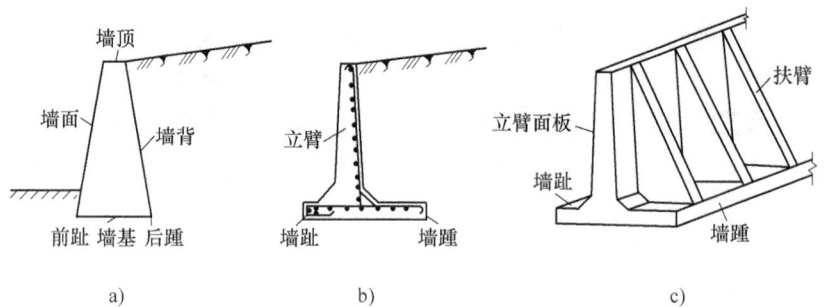

图6-28　挡土墙的结构形式

a）重力式　b）悬臂式　c）扶臂式

（3）扶臂式挡土墙（见图6-28c）　这种类型的挡土墙是由悬臂式挡土墙扩展而来，一般当墙后填土较高时，为了增强悬臂式挡土墙中立臂的刚度或抗弯性能，常沿墙的纵向每隔一定距离设置一道扶臂，故称为扶臂式挡土墙。

近年来，国内外在发展新型挡土结构方面，提出了不少新型结构，如锚杆挡土墙、锚定板挡土墙、土工织物挡土墙和减力板式挡土墙等。图6-29所示为锚定板挡土墙结构的简图，一般由预制的钢筋混凝土墙面、钢拉杆和埋在填土中的锚定板组成，图6-29a表示锚定板结构的一种，墙面所受的主动土压力完全由拉杆和锚定板承受，只要锚定板的抗拔能力不小于墙面所受荷载引起的土压力，就可使结构保持平衡，图6-29b是另一种锚定板结构。它具有结构轻便且经济的特点，适用于地基承载力不大的软土地基。

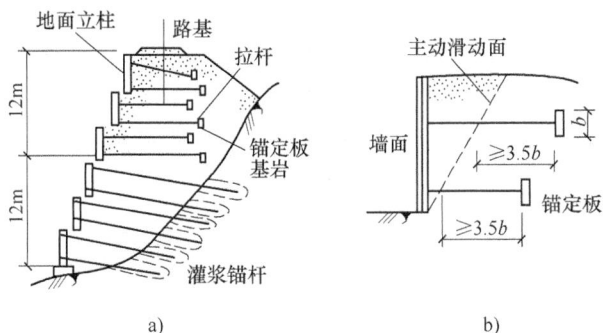

图 6-29　锚定板挡土结构

## 6.6.2　挡土墙的计算

挡土墙的截面一般按试算法确定，即先根据挡土墙所处的条件（工程地质、填土性质以及墙体材料和施工条件等）凭经验初步拟定截面尺寸，然后进行挡土墙的验算。如不满足要求，则应改变截面尺寸或采用其他措施。

挡土墙的计算通常包括稳定性验算（包括抗倾覆和抗滑移稳定验算）、地基的承载力验算以及墙身强度验算等内容。

在以上内容中，地基的承载力验算，一般与偏心荷载作用下基础的计算方法相同，即要求同时满足基底平均应力 $p \leqslant f$ 和基底最大压应力 $p_{max} \leqslant 1.2f$（$f$ 为持力层地基承载力设计值）。至于墙身强度验算应根据墙身材料分别按砌体结构、素混凝土结构或钢筋混凝土结构的有关计算方法进行。

挡土墙的稳定性破坏通常有两种形式。一种是在主动土压力作用下外倾，对此应进行倾覆稳定性验算，另一种是在土压力作用下沿基底外移，需进行滑动稳定性验算。

1. 倾覆稳定性验算

图 6-30a 表示一具有倾斜基底的挡土墙，设在挡土墙自重 $G$ 和主动土压力 $E_a$ 作用下可能绕墙趾 $O$ 点倾覆。抗倾覆力矩与倾覆力矩之比称为抗倾覆安全系数 $K_t$，应符合下式要求

$$K_t = \frac{Gx_0 + E_{az}x_f}{E_{ax}z_f} \geqslant 1.5 \qquad (6\text{-}25)$$

$$E_{az} = E_a \cos(\alpha' - \delta), \quad E_{ax} = E_a \sin(\alpha' - \delta)$$

$$x_0 = b - z\cot\alpha' \quad z_f = z - b\tan\alpha_0$$

式中　$E_{az}$、$E_{ax}$——主动土压力 $E_a$ 的垂直和水平分量（kN/m）；

$\qquad G$——挡土墙每延米自重（kN/m）；

$\qquad x_0$——挡土墙重心离墙趾的水平距离（m）；

$\alpha'$——挡土墙墙背和水平面的倾角（°）；

$z_f$——土压力作用点离 $O$ 点的高度（m）；

$x_f$——土压力作用点离 $O$ 点的水平距离（m）；

$\alpha_0$——挡土墙基底的倾角（°）；

$\delta$——土对挡土墙墙背的摩擦角（°）；

$z$——土压力作用点离墙踵的高度（m）；

$b$——基底的水平投影宽度（m）。

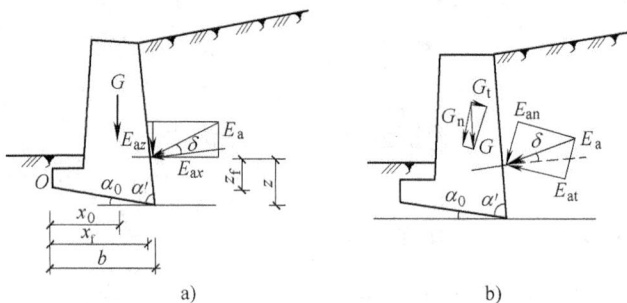

图 6-30　挡土墙稳定性验算

a）倾覆稳定验算　b）滑动稳定验算

当地基软弱时，在倾覆的同时，墙趾可能陷入土中，因而力矩中心 $O$ 点向内移动，抗倾覆安全系数就将会降低，因此在运用式（6-25）时要注意地基土的压缩性。

2. 滑动稳定性验算

在滑动稳定性验算中，将 $G$ 和 $E_a$ 分解为垂直和平行于基底的分力，抗滑力与滑动力之比称为抗滑安全系数 $K_a$，符合下式要求

$$K_a = \frac{(G_n + E_{an})\mu}{E_{at} - G_t} \geqslant 1.3 \qquad (6\text{-}26)$$

式中　$G_n$——挡土墙自重在平行于基底平面方向的分力，$G_n = G\cos\alpha_0$（kN/m）；

$G_t$——挡土墙自重在垂直于基底平面方向的分力，$G_t = G\sin\alpha_0$（kN/m）；

$E_{an}$——主动土压力 $E_a$ 在平行于基底平面方向的分力，$E_{an} = E_a\cos(\alpha' - \alpha_0 - \delta)$（kN/m）；

$E_{at}$——主动土压力 $E_a$ 在垂直于基底平面方向的分力，$E_{at} = E_a\sin(\alpha' - \alpha_0 - \delta)$（kN/m）；

$\mu$——土对挡土墙基底的摩擦系数，按表6-5确定。

当地基软弱时，基底滑动可能发生在地基持力层之中，对于这种情况可按圆弧滑动面法验算地基稳定性。

表6-5　土对挡土墙基底的摩擦系数 $\mu$

| 土 的 类 别 | | 摩 擦 系 数 $\mu$ | 土 的 类 别 | 摩 擦 系 数 $\mu$ |
|---|---|---|---|---|
| 黏性土 | 可塑 | 0.25 ~ 0.30 | 中砂、粗砂、粒砂 | 0.40 ~ 0.50 |
| | 硬塑 | 0.30 ~ 0.35 | 碎石土 | 0.40 ~ 0.60 |
| | 坚硬 | 0.35 ~ 0.40 | 软质岩石 | 0.40 ~ 0.80 |
| 粉土 | $S_r \leqslant 0.5$ | 0.30 ~ 0.40 | 表面粗糙的硬质岩石 | 0.65 ~ 0.75 |

注：1. 对易风化的软质岩石和塑性指数 $I_P$ 大于 22 的黏性土，基底摩擦系数应通过试验测定。

2. 对碎石土，可根据其密实度、填充物状况、风化程度等确定。

**3. 基底压力的验算**

挡土墙基础底面的压力应按下列公式计算

$$p = \frac{G + E_{az}}{b} \qquad (6\text{-}27)$$

$$p_{max} = \frac{G + E_{az}}{b} + \frac{M}{W} \qquad (6\text{-}28)$$

或

$$p_{max} = \frac{G + E_{az}}{b}\left(1 + \frac{6e}{b}\right) \qquad (6\text{-}29)$$

式中　$p$——基底面上的平均压力（kPa）；

$P_{max}$——基底面上的最大压力（kPa）；

$G$——墙身自重和上部结构传至墙上的铅直荷载之和（kN/m）；

$E_{az}$——主动土压力在铅直方向的分力，计算同前（kN/m）；

$b$——基底的宽度（m）；

$M$——作用于挡土墙上的各力对基底中心线的力矩（kN·m）；

$W$——基础底面的抵抗矩（kN·m）；

$e$——基底上合力的偏心距（m）。

由式（6-27）和式（6-28）计算的基底压力应满足下列条件，即

$$p \leqslant f \qquad (6\text{-}30)$$

以及

$$p_{max} \leqslant 1.2f \qquad (6\text{-}31)$$

式中　$f$——地基承载力设计值（kPa）。

当地基中有软弱下卧层时，还应验算下卧层的承载力是否满足要求，并按圆弧滑动法进行整体稳定性验算。

**4. 墙身强度的验算**

按 GB 50010—2010《混凝土结构设计规范》和 GB 50003—2011《砌体结构设计规范》的要求进行。原则上可在墙身上取若干有代表性的截面进行验算，使这些截面上的法向应力和切应力在该种材料强度的允许值之内。根据经验，只要墙身和基础结合面处的强度能够满足，其他截面的强度一般总能满足，无须验算。

**【例6-2】**　某挡土墙高 $H$ 为 6m，墙背直立（$\alpha = 0$），填土

面水平（$\beta = 0$），墙背光滑（$\delta = 0$），用毛石和 M2.5 水泥砂浆砌筑，砌体重度 $\gamma_k = 22\text{kN/m}^3$，填土内摩擦角 $\varphi = 40°$，$c = 0\text{kPa}$，$\gamma = 19\text{kN/m}^3$，基底摩擦系数 $\mu = 0.5$，地基承载力设计值 $f = 180\text{kPa}$，试设计此挡土墙。

**解：**（1）挡土墙断面尺寸的选择　重力式挡土墙的顶宽约为 $1/12H$，底宽可取（$1/3 \sim 1/2$）$H$，初步选择顶部为 0.7m，底宽为 $b = 2.5\text{m}$。

（2）土压力计算

$$E_a = \frac{1}{2}\gamma H^2 \tan^2\left(45° - \frac{\varphi}{2}\right)$$

$$= \frac{1}{2} \times 19 \times 6^2 \times \tan^2\left(45° - \frac{40°}{2}\right)$$

$$= 74.4\text{kN/m}$$

土压力作用点离墙底的距离为 $z = \frac{1}{3}H = 2\text{m}$

（3）挡土墙自重及重心　将挡土墙截面分成一个三角形和一个矩形（见图 6-31a），分别计算它们的自重

$$G_1 = \frac{1}{2}(2.5 - 0.7) \times 6 \times 22 = 118.8\text{kN/m}$$

$$G_2 = 0.7 \times 6 \times 22 = 92.4\text{kN/m}$$

$G_1$、$G_2$ 的作用点离 $O$ 点的距离分别为

$$a_1 = 1.2\text{m}, \quad a_2 = (1.8 + 0.5 \times 0.7)\ \text{m} = 2.15\text{m}$$

（4）倾覆稳定验算

$$K_t = \frac{G_1 a_1 + G_2 a_3}{E_a} = \frac{118.8 \times 1.2 + 92.4 \times 2.15}{74.4 \times 2} = 2.29 > 1.5$$

（5）滑动稳定验算

$$K_a = \frac{(G_1 + G_2)\mu}{E_a} = \frac{(118.8 + 92.4) \times 0.5}{74.4} = 1.42 > 1.3$$

（6）地基承载力验算（见图 6-31b）

作用在地基上的总垂直力

$$N = G_1 + G_2 = (118.8 + 92.4)\text{kN/m} = 211.2\text{kN/m}$$

合力作用点离 $O$ 点距离

$$c = \frac{G_1 a_1 + G_2 a_2 - Ez}{N}$$

$$= \left(\frac{118.8 \times 1.2 + 92.4 \times 2.15 - 74.4 \times 2}{211.2}\right)\text{m} = 0.911\text{m}$$

偏心距　$e = \frac{b}{2} - c = \frac{2.5}{2} - 0.911 = 0.339 < \frac{b}{6}$

基底压力　$p = \frac{N}{b} = \left(\frac{211.2}{2.5}\right)\text{kPa} = 84.48\text{kPa} < f = 180\text{kPa}$　（满足要求）

$$p_{\min}^{\max} = \frac{N}{b}\left(1 \pm \frac{6e}{b}\right) = \left[\frac{211.2}{2.5} \times \left(1 \pm \frac{6 \times 0.339}{2.5}\right)\right] kPa$$

$$= \left[84.48 \times (1 \pm 0.814)\right] kPa = {}_{15.71}^{153.2} kPa$$

$$p_{\max} < 1.2f(\ = (1.2 \times 180) kPa = 216 kPa)(满足要求)$$

墙身强度验算略。

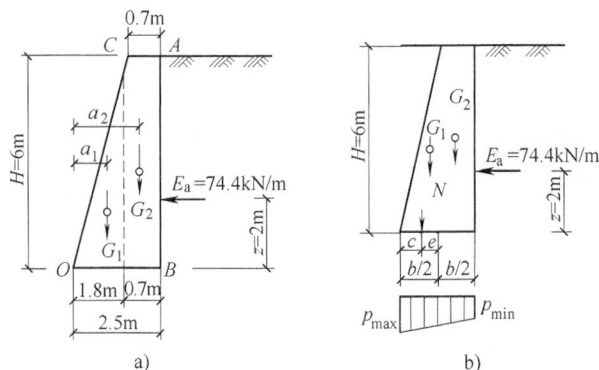

图 6-31　例 6-2 图

# 6.7　基坑支护桩墙上的土压力

基坑开挖施工过程中，基坑中的土体被挖出后，改变了基坑周围和底部土体原来的受力平衡状态，可能会造成地基失去稳定性。为了保持土体的稳定性，需要进行支护，桩墙支护是常见形式之一。利用桩墙进行基坑支护设计，需要明确作用于支护桩墙上的土压力。

由于一般的挡土结构物上总有侧向土压力的作用，它所产生的倾覆力矩需要有一个抗倾覆的力矩来平衡，才能保持结构物的稳定性。如果采用悬臂式或扶壁式的挡土墙，则抗倾覆力矩主要由底板上填土的自重产生。土压力的计算基本上类似于重力式挡土墙，土压力可以由墙底板后边缘竖直面上的土压力和底板上填土重力的矢量来确定。如果采用柔性的板桩式的挡土墙，则抗倾覆力矩主要由板桩墙插入坑底部分挤压坑内土体形成的被动土压力形成，如图 6-32 所示。

如图 6-33 所示板桩墙上的土压力分布。由于板桩墙后填土压力的作用，板桩墙上部要向前倾，下部要向后倾，绕着 $c$ 点旋转。因此，在墙的填土一侧，$c$ 点以上产生主动土压力，以下产生被动土压力。一般情况下，$c$ 点的位置可由墙左侧的被动土压力强度等于右侧主动土压力强度这一条件算出，而入土深度 $D$ 的大小需由挡土墙维持稳定的要求计算确定，使

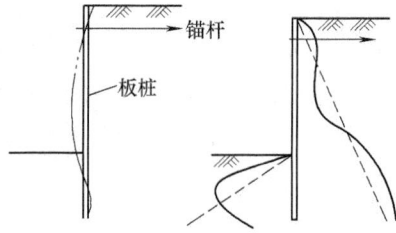

图 6-32　板桩式挡土墙上的土压力

土压力和土抗力绕 $c$ 点所产生的力矩达到平衡。可见，板桩墙上土压力作用的特点应该是旋转点的存在和其上两种土压力的协同作用。

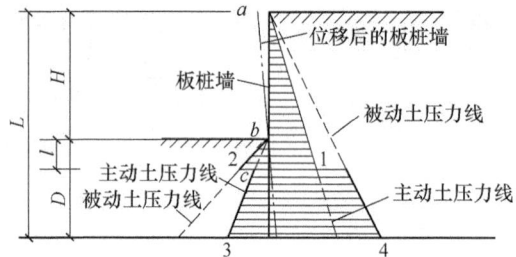

图 6-33　板桩墙上的土压力分布

# 6.8　井筒地压

竖直方向布置的筒状地下构筑物常应用于矿山、水电、国防等工程中，一般称为竖井。竖井穿越表土段的设计需要计算井筒所承受的来自地层的压力，即井筒地压。

井筒地压一般指土体作用于竖井井壁上且垂直于井壁外侧表面的压力，一般也称为表土地压。根据表土地压的形成原因，可将其分为散体地压、变形地压、动土（水）压力三种基本类型，这里介绍散体地压及基于土压力理论的散体地压的计算。

## ● 6.8.1　井筒散体地压分析

井筒周围土体应力状态随地层埋深、地层分布及是否存在地下水等情况发生变化，其应力状态如图 6-34 所示。为了简化计算，经常简化为平面问题来分析，当表土段较厚时，井筒地压应按空间问题进行分析。

砂类土的抗剪强度决定于颗粒间的内摩擦角，而黏土类的抗剪强度则决定于内摩擦力和颗粒间的黏结力两部分。根据土体的受力状态，假定井筒周围土体处于极限平衡状态，根据莫尔-库

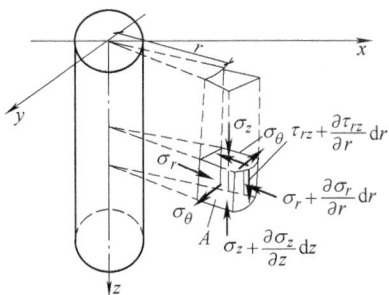

图 6-34  井筒周围土体的应力状态

仑强度准则，可以得到井壁不发生剪切破坏，即保持稳定的条件为

$$\sigma_{max} \leqslant 2c \frac{\cos\varphi}{1-\sin\varphi} \qquad (6\text{-}32)$$

在竖井中，$\sigma_{max}$ 可能发生于水平方向，也可能发生于垂直方向，需依据具体情况而定。不论发生在任何方向，只要 $\sigma_{max}$ 满足式（6-32），就将产生土体滑移，使井壁承受散体地压。

## 6.8.2  井筒散体地压计算

将井壁视为挡土墙，认为表土是无黏聚力的松散体，作用在井壁上的地压等于土体沿滑动面的主动土压力。散体地压的计算一般采用平面挡土墙法和圆柱形挡土墙法两种方法进行计算。

1. 土层在地下水位以上时

（1）平面挡土墙法  假设：

1）土体均质、各向同性。

2）墙无限长，可按平面变形问题处理。

3）滑移面 BC 为斜直线。

4）忽略土与墙间的摩擦力。

如图 6-35 所示，将井壁视为平面挡土墙，认为表土是无黏聚力的松散体，而作用在井壁上的地压等于土体沿滑动面 BC 主动作用在墙上的压力，即主动土压力。在土体 ABC 中紧贴墙面取微元体，其中作用有 $\sigma_1$ 和 $\sigma_3$ 力，$\sigma_1 = \gamma h$，是最大主应力；$\sigma_3$ 是最小主应力，也就是要求的土压力值。

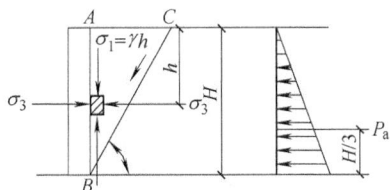

图 6-35  挡土墙主动压力

根据挡土墙理论：在土体 $ABC$ 将滑而尚未滑动的极限平衡瞬间，土体施于挡土墙的最大压力，称为主动土压力。既然 $ABC$ 内各点的应力满足极限平衡条件，则对于无黏性土，强度曲线为 $\tau = \sigma \tan\varphi$，按朗肯土压力理论，计算作用于井壁上的主动土压力为

$$\sigma_3 = \gamma h K_a \qquad (6\text{-}33)$$

式中　$K_a$——朗肯主动土压力系数，$K_a = \tan^2\left(45° - \dfrac{\varphi}{2}\right)$。

由式（6-33）可见，井壁上的压力与深度成正比，压力分布图为三角形。

表土层的地压值需分层计算，而且土层的荷载要分层叠加。如图6-36所示，第 $n$ 层顶面以上的土荷载为

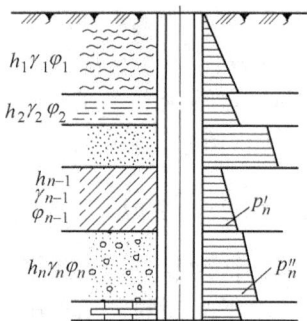

图 6-36　立井散体地压计算

$$\sum_{i=1}^{n-1} \gamma_i h_i = \gamma_1 h_1 + \gamma_1 h_2 + \cdots + \gamma_{n-1} h_{n-1}$$

而第 $n$ 层底面以上的土荷重为

$$\sum_{i=1}^{n} \gamma_i h_i = \gamma_1 h_1 + \gamma_1 h_2 + \cdots + \gamma_{n-1} h_{n-1} + \gamma_n h_n$$

于是，对于任一分层，其顶面处的压力为

砂土类　$\quad p'_n = \displaystyle\sum_{i=1}^{n-1} \gamma_i h_i K_{an}$

黏土类　$\quad p'_n = \displaystyle\sum_{i=1}^{n-1} \gamma_i h_i K_{an} - 2c_n \sqrt{K_{an}}$ $\qquad (6\text{-}34)$

其底面处的压力为

砂土类　$\quad p''_n = \displaystyle\sum_{i=1}^{n} \gamma_i h_i K_{an}$

黏土类　$\quad p''_n = \displaystyle\sum_{i=1}^{n} \gamma_i h_i K_{an} - 2c_n \sqrt{K_{an}}$ $\qquad (6\text{-}35)$

式中　$\gamma_1$，$\gamma_2$，$\cdots$，$\gamma_n$——各层土体的重度（kN/m$^3$）；

　　　$h_1$，$h_2$，$\cdots$，$h_n$——各层土体的厚度（m）；

井筒地压

（动画）

$c_1$，$c_2$，…，$c_n$——各层土体的黏聚力（kPa）；

$\varphi_1$，$\varphi_2$，…，$\varphi_n$——各层土体的内摩擦角；

$K_{an}$——第 $n$ 层土的朗肯主动土压力系数，

$$K_{an} = \tan^2\left(45° - \frac{\varphi_n}{2}\right)。$$

计算中所需数据可参考经验取值。如要简化计算，对黏土层可不计 $c$ 值，而将 $\varphi$ 值适当提高。利用平面挡土墙法进行计算比较简单，但将空间轴对称问题简化为平面结构物，且忽略土体下滑时土与墙面间实际存在的摩擦力，会使计算值偏大。

（2）圆柱形挡土墙法  将滑移土体看为一个环形的空心圆锥体（见图6-37），按空间轴对称问题求解，可求得土压力公式为

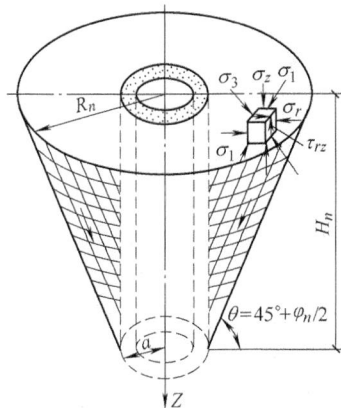

图6-37  圆柱形挡土墙法地压计算

$$p_n = \frac{\gamma_n a}{m-1}\sqrt{K_{an}}\left[1 - \left(\frac{a}{R_n}\right)^{m-1}\right] + Q\left(\frac{a}{R_n}\right)^m K_{an} + c_n c\tan\varphi_n\left[\left(\frac{a}{R_n}\right)^m \sqrt{K_{an}} - 1\right]$$

$$(6\text{-}36)$$

式中   $m$——$m = 2\tan\varphi_n\tan\left(45° + \frac{\varphi_n}{2}\right)$；

$p_n$——第 $n$ 层土层底面处作用于井壁的压力（kPa）；

$Q$——计算土层顶面处的荷重；

$a$——井筒的掘进半径；

$R_n$——土体滑移线与该层土体上表面交点的横坐标 $R_n = a + h_n\sqrt{K_{an}}$。

（3）两种方法分析比较  为了比较两种计算方法的结果，对某立井井筒通过表土段的井筒地压进行计算。计算条件为：井通过厚180m的表土层，井筒掘进直径5m，在深度55m下有厚度为30m的砂质黏土层，其重度 $\gamma_n = 18\text{kN/m}^3$，$\varphi_n = 14°$，覆盖土的平

均重度近似地取为 $18.5 \text{kN/m}^3$。忽略黏聚力 $c$，求该土层作用于井壁的主动压力。

1）按平面挡土墙法计算

$$p_n' = \sum_{i=1}^{n-1} \gamma_i h_i K_{an} = 621 \text{kPa}$$

$$p_n'' = \sum_{i=1}^{n} \gamma_i h_i K_{an} = 951 \text{kPa}$$

2）按圆柱形挡土墙法计算，取 $m = 0.6383$。

$$R_n = a + H_n \sqrt{K_{an}} = 25.9 \text{m}$$

$$\left(\frac{a}{R_n}\right)^m = \left(\frac{2.5}{25.9}\right)^{0.6383} = 0.225$$

$$\left(\frac{a}{R_n}\right)^{m-1} = \left(\frac{2.5}{25.9}\right)^{0.6383-1} = 2.329$$

$$p_n' = Q\left(\frac{a}{R}\right)^m K_{an} = 140 \text{kPa}$$

$$p_n'' = \frac{\gamma_n a}{m-1} \sqrt{K_{an}} \left[1 - \left(\frac{a}{R_n}\right)^{m-1}\right] + p_n' = 269 \text{kPa}$$

计算得到的压力分布如图 6-38 所示。由于土体向内移动时有相互挤紧作用，按圆柱形挡土墙法得到的地压值比按平面挡土墙法得到的值要小得多。

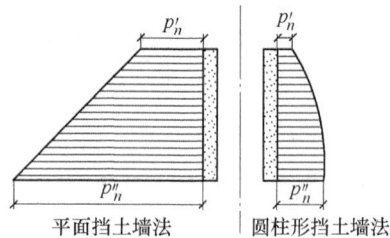

图 6-38　两种计算方法结果对比

2. 土层在地下水位以下时

计算含水土层地压时，需在以下两方面进行修正。

（1）重度修正　由于水对土体的悬浮作用，应当用悬浮重度 $\gamma'$ 代替天然重度 $\gamma$，并忽略 $c$。

（2）水压修正　在土压以外还应当计算水压 $p_w$，其公式为

$$p_w = \alpha \sum_{i=m+1}^{n} \gamma_w h_i$$

式中　$m$——在地下水位以上的土层数目；

$n$——计算地压的土层；

$\gamma_w$——水的比重；

$\alpha$——由于渗漏而采用的水压折减系数，根据实测资料可

取 $\alpha = 0.8 \sim 0.9$。

考虑以上水压的悬浮体地压公式如下：

1）按平面挡土墙法计算

$$p'_n = \Big[ \sum_{i=1}^{m} \gamma_i h_i + \sum_{m+1}^{n-1} \gamma'_i h_i \Big] K_{an} + \alpha \sum_{i=m+1}^{n-1} \gamma_w h_i \qquad (6\text{-}37)$$

$$p''_n = \Big[ \sum_{i=1}^{m} \gamma_i h_i + \sum_{m+1}^{n} \gamma'_i h_i \Big] K_{an} + \alpha \sum_{i=m+1}^{n} \gamma_w h_i \qquad (6\text{-}38)$$

式中　$\displaystyle\sum_{i=1}^{m} \gamma_i h_i$——地下水位以上各土层自重之和；

　　　$\displaystyle\sum_{i=m+1}^{n-1} \gamma'_i h_i$——地下水位以下第 $n$ 层顶面以上各土层自重之和；

　　　$\displaystyle\sum_{i=m+1}^{n} \gamma'_i h_i$——地下水位以下第 $n$ 层底面以上各土层自重之和。

2）按圆柱形挡土墙法计算

$$p'_n = Q \Big( \frac{a}{R_n} \Big)^m K_{an} + \alpha \sum_{i=m+1}^{n} \gamma_w h_i \qquad (6\text{-}39)$$

$$p''_n = \frac{\gamma'_n a}{m-1} \sqrt{K_{an}} \Big[ 1 - \Big( \frac{a}{R_n} \Big)^{m-1} \Big] + p'_n \qquad (6\text{-}40)$$

为了考虑地下水的影响，按上一节举例条件，并设定地下水位在地表以下 $7m$ 处。覆盖土的比重为 2.7，砂质黏土层的比重为 2.65。两者的孔隙比 $e$ 均为 0.67。得到按平面挡土墙法计算的土压力为：$p'_n = 748\text{kPa}$，$p''_n = 1160\text{kPa}$；按圆柱形挡土墙法计算得到的土压力为：$p'_n = 460\text{kPa}$，$p''_n = 765\text{kPa}$。两种方法计算得到的结果仍然有比较大的差异。

【本章小结】　土压力是土木工程中常见的一种作用力，土压力的计算是建立在土的强度理论基础之上的。本章介绍了土压力的类型以及产生的条件，重点论述了各种条件下挡土墙的朗肯和库仑土压力的计算方法，较深入地探讨了黏性土的库仑土压力理论，并对朗肯和库仑土压力理论作了简单比较。此外，还介绍了几种常见情况下土压力的计算方法，最后对挡土墙的设计计算、基坑桩墙上的土压力、井筒地压等作了简单的阐述。通过本章学习，要求掌握以下几个方面的内容：土压力的类型及形成条件；朗肯、库仑土压力理论及其比较；挡土墙类型及其选择；几种常见情况下土压力的计算；挡土墙的抗滑、抗倾覆稳定性验算。

## 复习思考题

1. 土压力有哪几种？影响土压力的各种因素中最重要的因素是什么？

2. 什么是静止土压力、主动土压力、被动土压力？产生的条件各是什么?

3. 试比较朗肯土压力和库仑土压力理论的基本假定和适用条件。

4. 挡土墙有哪几种类型? 各有什么特点? 各适用于什么条件?

5. 用朗肯土压力公式计算图 6-39 所示挡土墙的主动土压力分布及合力。已知填土为砂土,填土面作用均布荷载 $q = 20\text{kPa}$。

($p_a = 6.67\text{kPa}$, $p_{b1} = 42.67\text{kPa}$, $p_{b2} = 34.7\text{kPa}$, $p_c = 56.37\text{kPa}$, $E_a = 330\text{kN/m}$, $h = 3.83\text{m}$)

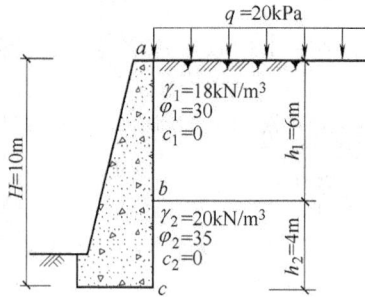

图 6-39

6. 挡土墙 6m 高,墙背竖直光滑,墙后填土面水平,当发生主动破坏时墙后一组滑动面为墙背平面和一条与墙脚水平面夹角为 60° 的斜面,土的重度 $\gamma = 17\text{kN/m}^3$,按库仑理论计算作用在墙上的主动土压力。($E_a = 102\text{kN/m}$)

7. 试推导图 6-9 所示的库仑被动土压力 $E_p$ 的计算式。

# 第7章 地基承载力和土坡稳定性

在建筑物荷载作用下，地基可能发生的破坏类型一般分为两类：一类是地基土较软，在建筑物荷载作用下产生过大的沉降或不均匀沉降，导致建筑物严重下沉、倾斜或上部结构的破坏；另一类是建筑物的荷载过大，地基中出现了较大范围的剪切破坏（塑性变形）区，且形成连续的滑裂面，基础下面的部分土体沿滑裂面整体滑动，地基丧失稳定性，导致建筑物产生倾倒、塌陷等灾难性破坏。地基承载力与地基的变形条件和稳定状态密切相关。

土坡是指具有倾斜表面的土体。土坡发生滑动的根本原因在于土坡内部某个或某几个面上的剪应力达到了该面上的抗剪强度，土坡的稳定平衡遭到破坏，主要包括坡体中剪应力增加和抗剪强度的降低两个方面。

## 7.1 地基承载力和地基破坏形式

### ● 7.1.1 地基承载力

地基承受建筑物荷载的作用后，内部应力发生变化。一方面附加应力引起地基土体的变形，造成建筑物沉降。有关这方面的问题，已在第4章中阐述。另一方面，引起地基内土体的剪应力增加。当某一点的剪应力达到土的抗剪强度时，这一点的土就处于极限平衡状态。若土体中某一区域内各点都达到极限平衡状态，就形成极限平衡区，或称为塑性区。如荷载继续增大，地基内极限平衡区的发展范围随之不断增大，局部的塑性区发展成为连续贯穿到地表的整体滑动面。这时，基础下一部分土体将沿滑动面产生整体滑动，称为地基失稳。如果这种情况发生，建筑物将发生严重的塌陷、倾倒等灾害性的破坏。

单位面积的地基承受荷载的能力称为地基的承载力（bearing capacity of foundation）。通常区分为两种承载力，一种称为极限承载力，它是指地基即将丧失稳定性时的承载力。另一种称为允许承载力，它是指地基稳定有足够的安全度并且变形控制在建

用不同方法得到的地基承载力不可能完全一样，三类方法各有优缺点和不同的适用条件，比较理想的方法是采用多种方法预估地基承载力后根据工程经验判断与取舍，提出比较恰当的地基承载力。

关于地基承载力的最适用的计算方法在基础工程课程中还会讲解。

平板载荷试验
（动画）

地基从变形到
失稳的发展阶段
（动画）

筑物允许范围内时的承载力。

GB 50007—2011《建筑地基基础设计规范》中所指的地基承载力特征值（characteristic value of subsoil bearing capacity）是指由载荷试验测定的地基土压力变形曲线线性变形段内规定的变形所对应的压力值，其最大值为比例界限值。

影响地基极限承载力的因素很多，除地基土的性质外，还与基础的埋置深度、宽度、形状等有关。允许承载力则还与建筑物的结构特性等因素有关。因此，地基承载力与通常所说的材料的"允许强度"或构件的"承载力"的概念有很大的区别。

## 7.1.2 临塑荷载和极限承载力

地基从开始发生变形到失去稳定（即破坏）的发展过程，可用第 4 章所述的现场载荷试验进行研究。图 7-1a 所示是载荷试验测得的典型 $p\text{-}S$ 曲线，包括顺序发生的三个阶段，即压密变形阶段（$Oa$）、局部剪损阶段（$ab$）和整体剪切破坏阶段（$bc$）。三个阶段之间存在着两个界限荷载。第一个界限荷载，标志着地基土从压密阶段进入局部剪损阶段。当荷载小于这一界限荷载时，地基内各点土体均未达到极限平衡状态。在第 4 章中讨论用载荷试验的结果求地基土的变形模量 $E$，就是利用 $p\text{-}S$ 曲线的 $Oa$ 段。当荷载大于这一界限荷载时，直接位于基础下的局部土体，通常是基础边缘下的土体，首先达到极限平衡状态，于是地基内开始出现弹性区和塑性区同时并存，如图 7-1b 所示。这一界限荷载称为临塑荷载（critical edge pressure），用 $p_{cr}$ 表示。第二个界限荷载标志着地基土从局部剪损破坏阶段进入整体破坏阶段。这时，基础下滑动边界范围内的全部土体都处于塑性破坏状态，地基丧失稳定，如图 7-1c 所示。第二个界限荷载称为极限荷载（ultimate load），也称为地基的极限承载力，用 $p_u$ 表示。这两个界限荷载对于研究地基的稳定性有很重要的意义。详细的分析和计算

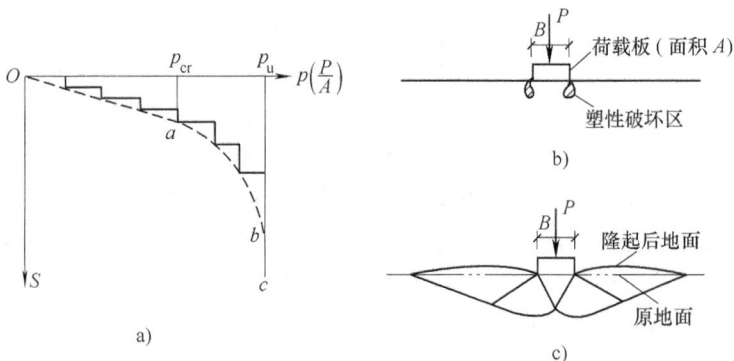

图 7-1 地基从变形到失稳的发展阶段

a) 荷载-位移曲线　b) 局部塑性破坏　c) 整体剪切破坏

方法将在后面阐述。

## ● 7.1.3 竖直荷载下地基的破坏形式

以上所描述的地基从压密到失稳过程的 $p$-$S$ 曲线，仅仅是载荷试验所归纳的一类常见的 $p$-$S$ 曲线，它所代表的破坏形式，称为整体剪切破坏（general shear failure），如图 7-2 所示。但是它并不是地基破坏的唯一形式。在松、软的土层中，或者荷载板的埋置深度较大时，经常会出现图 7-2a 所示的 $b$、$c$ 两种 $p$-$S$ 曲线。

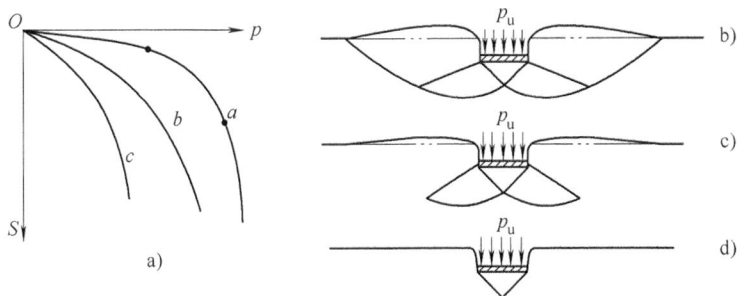

图 7-2　竖直荷载下地基土的破坏形式
a）三种典型的 $p$-$S$ 曲线　b）整体剪切破坏
c）局部剪切破坏　d）冲剪破坏

$b$ 曲线的特点是板底的压应力 $p$ 与变形量 $S$ 的关系从一开始就呈现非线性变化，且随着 $p$ 的增加，变形加速发展，但是直至地基破坏，仍然不会出现曲线 $a$ 那样明显的变形突然急剧增加的现象。相应于 $b$ 曲线，荷载板下土体的剪切破坏也是从基础边缘开始，且随着基底压应力 $p$ 的增加，极限平衡区在相应扩大。但是荷载进一步增大，极限平衡区却限制在一定的范围内，不会形成延伸至地面的连续破坏面，如图 7-2c 中所示。地基破坏时，荷载板两侧地面只略为隆起，但变形速率加大，总变形量很大，说明地基已经破坏，这种破坏形式称为局部剪切破坏（local shear failure）。局部剪切破坏的发展是渐进的，即破坏面上的抗剪强度未同时发挥出来，所以地基承载的能力较低。$b$ 曲线由于没有明显的转折点，只能将曲线上坡度增加比较强烈处定为极限荷载 $p_u$。

图 7-2a 中的 $c$ 曲线表示地基的第三种破坏形式，它与 $b$ 曲线相类似，但是变形的发展速率更快。试验中，荷载板几乎是垂直下切，两侧不发生土体隆起，地基土沿板侧发生垂直的剪切破坏面，这种破坏形式称为冲剪破坏（punching failure）如图 7-2d 所示。

整体剪切破坏、局部剪切破坏和冲剪破坏是竖直荷载作用下地基失稳的三种破坏形式。实际产生哪种形式的破坏取决于许多因素，主要的是地基土的特性和基础的埋置深度。概括而言，土质比较坚硬、密实，基础埋深不大时，通常将出现整体剪切破坏。如地基土质松软则容易出现局部剪切破坏和冲剪破坏。随着基础埋深增加，局部剪切破坏和冲剪破坏变得更为常见。埋入砂土很深的基础，即使砂土很密实也不会出现整体剪切破坏现象。

# 7.2 地基的临塑荷载

假设在地表作用一均布的条形荷载 $p_0$，如图 7-3a 所示，它在地基中任一点 $M$ 处产生的附加最大、最小主应力可按式（3-15）计算

$$\sigma_1 = \frac{p_0}{\pi}(\beta_0 + \sin\beta_0)$$

$$\sigma_3 = \frac{p_0}{\pi}(\beta_0 - \sin\beta_0)$$

式中　　$p_0$——均布条形荷载（kPa）；

$\beta_0$——任意点 $M$ 到均布条形荷载两侧的夹角（rad）。

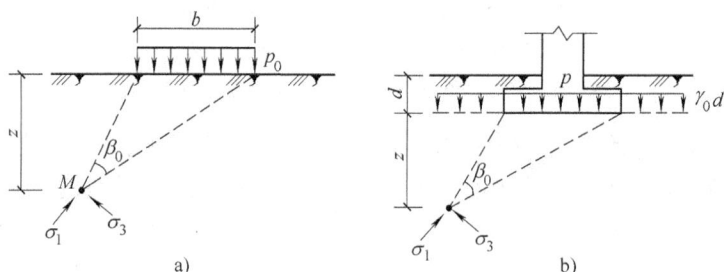

图 7-3　均布条形荷载作用下地基中的主应力
a) 无埋置深度　b) 有埋置深度

实际上一般基础都具有一定埋置深度 $d$，如图 7-3b 所示，此时地基中任意一点的应力除了由基底附加压力（$p-\gamma_0 d$）产生的附加应力以外，还有土自重应力（$\gamma_0 d + \gamma z$）。由于 $M$ 点上的自重应力在各向是不等的，因此严格讲，以上两项在 $M$ 点产生的应力在数值上不能直接叠加。但在推导临塑荷载公式中，认为土处于极限平衡状态，与固体处于塑性状态一样，即假设土的自重应力在各方向是相等的，且等于竖直应力。因此，地基中任意一点的 $\sigma_1$ 和 $\sigma_3$ 可写成如下形式

$$\left.\begin{array}{l}\sigma_1 = \dfrac{p - \gamma_0 d}{\pi}(\beta_0 + \sin\beta_0) + \gamma_0 d + \gamma z \\[3mm] \sigma_3 = \dfrac{p - \gamma_0 d}{\pi}(\beta_0 - \sin\beta_0) + \gamma_0 d + \gamma z\end{array}\right\} \tag{7-1}$$

当 $M$ 点到达极限平衡状态时，该点的最大、最小主应力满足

以下极限平衡条件

$$\frac{1}{2}(\sigma_1 - \sigma_3) = \left[ c\cot\varphi + \frac{1}{2}(\sigma_1 + \sigma_3) \right]\sin\varphi$$

将式（7-1）代入上式并整理后得

$$z = \frac{p - \gamma_0 d}{\pi\gamma}\left(\frac{\sin\beta_0}{\sin\varphi} - \beta_0\right) - \frac{c}{\gamma\tan\varphi} - \frac{\gamma_0}{\gamma}d \qquad (7\text{-}2)$$

上式为塑性区的边界方程，它表示塑性区边界上任意一点的 $z$ 与 $\beta_0$ 之间的关系。如果基础的埋置深度 $d$、基底压力 $p$ 以及土的 $\gamma$、$c$、$\varphi$ 已知，则根据上式可绘出塑性区的边界线，如图7-4所示。

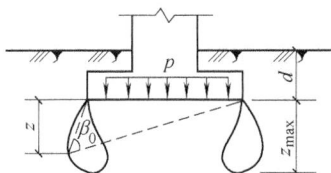

图7-4　条形基础底面边缘的塑性区

塑性区的最大深度 $z_{max}$，可由 $\dfrac{\mathrm{d}z}{\mathrm{d}\beta_0} = 0$ 的条件求得，即

$$\frac{\mathrm{d}z}{\mathrm{d}\beta_0} = \frac{p - \gamma_0 d}{\pi\gamma}\left(\frac{\cos\beta_0}{\sin\varphi} - 1\right) = 0$$

$$\cos\beta_0 = \sin\varphi$$

$$\beta_0 = \frac{\pi}{2} - \varphi \qquad (7\text{-}3)$$

将上式代入式（7-2）得 $z_{max}$ 的表达式为

$$z_{max} = \frac{p - \gamma_0 d}{\pi\gamma}\left[\cot\varphi - \left(\frac{\pi}{2} - \varphi\right)\right] - \frac{c}{\gamma\tan\varphi} - \frac{\gamma_0}{\gamma}d \qquad (7\text{-}4)$$

当荷载 $p$ 增大时，塑性区就发展，该区的最大深度也随之增大；若 $z_{max} = 0$，表示地基中刚要出现但尚未出现塑性区，相应的荷载 $p$ 即为临塑荷载（critical edge pressure）$p_{cr}$。因此，在式（7-4）中令 $z_{max} = 0$，得临塑荷载的表达式如下

$$p_{cr} = \frac{\pi(\gamma_0 d + c\cot\varphi)}{\cot\varphi + \varphi - \dfrac{\pi}{2}} + \gamma_0 d \qquad (7\text{-}5)$$

式中　$d$——基础的埋置深度（m）；

　　　$\gamma_0$——基底标高以上土的天然重度（$kN/m^3$）；

　　　$\gamma$——地基土的重度，地下水位以下用有效重度（$kN/m^3$）；

　　　$c$——地基土的黏聚力（kPa）；

　　　$\varphi$——地基土的内摩擦角（rad）。

经验证明：即使地基发生局部剪切破坏，地基中的塑性区有所发展，只要塑性区的范围不超出某一限度，就不至于影响建筑物的安全和使用，因此，如果用 $p_{cr}$ 作为浅基础的地基承载力无疑是偏于保守的，但地基中的塑性区究竟允许发展多大范围，与建筑物的性质、荷载的性质以及土的特性等因素有关，在这方面还没有一致的结论，国内某些地区的经验认为，在中心垂直荷载作用下，塑性区的最大深度 $z_{max}$ 可以控制在基础宽度的 $\frac{1}{4}$，相应的荷载用 $p_{\frac{1}{4}}$ 表示。因此，在式（7-4）中，令 $z_{max} = \frac{1}{4}b$ 可以得到

$$p_{\frac{1}{4}} = \frac{\pi\left(\gamma_0 d + c\cot\varphi + \frac{1}{4}\gamma b\right)}{\cot\varphi - \frac{\pi}{2} + \varphi} + \gamma_0 d \tag{7-6}$$

如令 $z_{max} = \frac{1}{3}b$，同样可得出 $p_{\frac{1}{3}}$ 荷载公式。$p_{\frac{1}{4}}$ 和 $p_{\frac{1}{3}}$ 都称为地基的临界荷载。

应该指出，临塑荷载公式是在均布条形荷载的情况下导出的，通常对于矩形和圆形基础也借用这个公式计算，其结果偏于安全。此外，在临塑荷载的推导中采用了弹性力学的解答，在地基中出现了塑性区以后，公式的推导是不够严格的。

## 7.3 地基的极限承载力

### 7.3.1 极限承载力的一般计算公式

1. 公式介绍

首先介绍地基极限荷载的一般计算公式

$$p_u = \frac{1}{2}\gamma b N_\gamma + c N_c + q N_q \tag{7-7}$$

式中　$p_u$——地基极限荷载（kPa）；

$\gamma$——基础底面以下地基土的天然重度（kN/m³）；

$c$——基础底面以下地基土的黏聚力（kPa）；

$q$——基础底面侧面的均布荷载，其值为基础埋深范围土的自重压力 $\gamma_0 d$（kPa）；

$N_\gamma$，$N_c$，$N_q$——地基承载力系数（bearing capacity factors），均为 $\tan\alpha = \tan\left(45° + \frac{\varphi}{2}\right)$ 的函数，亦即 $\varphi$ 的函数，可直接计算或查有关图表确定。

2. 简明推导

按条形基础受均匀荷载情况，基础宽度为 $b$，基础埋深 $d$，地基土的天然重度 $\gamma$，内摩擦角 $\varphi$，黏聚力 $c$。以基础底面为计算地面，并假定地基滑裂面形状为折线 $AC + CE$，如图 7-5 所示。

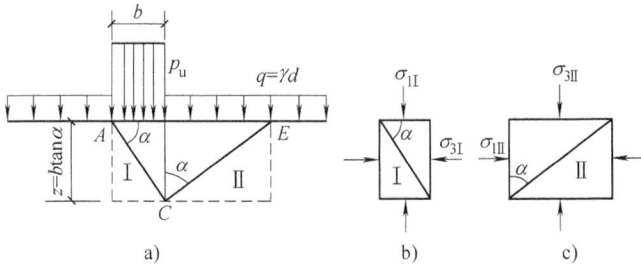

图 7-5 地基极限荷载分析

a）极限荷载下地基土中的两个区域 b）Ⅰ区受力图

c）Ⅱ区受力图

当地基承受极限荷载 $p_u$ 而发生剪切破坏时，土体的受力情况可视为类似于三轴压缩试验中的受力情况。现将地基滑裂范围的土体分为Ⅰ区和Ⅱ区两个矩形分别进行分析。

在极限荷载 $p_u$ 作用下，基础底面下Ⅰ区内的土体首先破坏并滑动，然后压缩侧面Ⅱ区的土体，使之破裂并滑动。

在Ⅰ区：竖向应力为最大主应力 $\sigma_{1Ⅰ}$，水平应力为最小主应力 $\sigma_{3Ⅰ}$，所以滑裂面 $AC$ 与基础底面之夹角 $\alpha = 45° + \dfrac{\varphi}{2}$，如图 7-5b 所示。

在Ⅱ区：水平应力是最大主应力 $\sigma_{1Ⅱ}$，其数值等于Ⅰ区的 $\sigma_{3Ⅰ}$，竖向应力是最小主应力 $\sigma_{3Ⅱ}$，等于Ⅱ区的平均自重应力，如图 7-5c 所示。

对Ⅱ区进行分析，根据极限平衡条件，有

$$\begin{aligned} \sigma_{1Ⅱ} &= \sigma_{3Ⅱ} \tan^2\left(45° + \frac{\varphi}{2}\right) + 2c \cdot \tan\left(45° + \frac{\varphi}{2}\right) \\ &= \left(q + \frac{1}{2}\gamma b \tan\alpha\right)\tan^2\alpha + 2c\tan\alpha \end{aligned} \quad (7-8)$$

式中　$\alpha$——滑裂面 $AC$ 与基础底面的夹角或 $CE$ 与垂线的夹角，

为 $\left(45° + \dfrac{\varphi}{2}\right)$。

对Ⅰ区进行分析，仍然应用极限平衡公式

$$\sigma_{1Ⅰ} = \sigma_{3Ⅰ}\tan^2\left(45° + \frac{\varphi}{2}\right) + 2c\tan\left(45° + \frac{\varphi}{2}\right)$$

但式中最大主应力 $\sigma_{1Ⅰ}$ 是作用在Ⅰ区顶面上的竖直极限荷载 $p_u$，加上Ⅰ区土的平均重力 $\dfrac{1}{2}\gamma b\tan\alpha$，即 $\sigma_{1Ⅰ} = p_u + \dfrac{1}{2}\gamma b\tan\alpha$。

最小主应力 $\sigma_{3Ⅰ}$ 等于Ⅱ区的最大主应力 $\sigma_{1Ⅱ}$，见式（7-8），则

$$p_u + \frac{1}{2}\gamma b\tan\alpha = \left[\left(q + \frac{1}{2}\gamma b\tan\alpha\right)\tan^2\alpha + 2c\tan\alpha\right]\tan^2\alpha + 2c\tan\alpha$$

$$= \frac{1}{2}\gamma b\tan^5\alpha + 2c(\tan^3\alpha + \tan\alpha) + q\tan^4\alpha$$

故有 $\quad p_u = \frac{1}{2}\gamma b(\tan^5\alpha - \tan\alpha) + 2c(\tan^3\alpha + \tan\alpha) + q \cdot \tan^4\alpha$

即 $\quad p_u = \frac{1}{2}\gamma b N_\gamma + cN_c + qN_q$

式中　$N_\gamma$——承载力系数，$N_\gamma = \tan^5\alpha - \tan\alpha$；

　　　$N_c$——承载力系数，$N_c = 2(\tan^3\alpha + \tan\alpha)$；

　　　$N_q$——承载力系数，$N_q = \tan^4\alpha$。

如前所述，极限荷载为地基开始滑动破坏时的荷载。在进行建筑物基础设计时，当然不能采用极限荷载作为地基承载力，必须有一定的安全系数 $K$。$K$ 值的大小应根据建筑工程的等极、规模与重要性以及各种极限荷载公式的理论、假定条件与适用情况而定，通常取安全系数 $K = 2.0 \sim 3.0$。

## 7.3.2　太沙基公式

太沙基（K·Terzaghi）公式是常用的极限荷载计算公式，适用于基础底面粗糙的条形基础，并可推广应用于方形基础与圆形基础。

1. 理论假定

1）浅埋条形基础，基础底面粗糙，受垂直均布荷载作用。

2）地基发生滑动时，滑动面两端为直线，中间为曲线，左右对称，如图 7-6 所示。

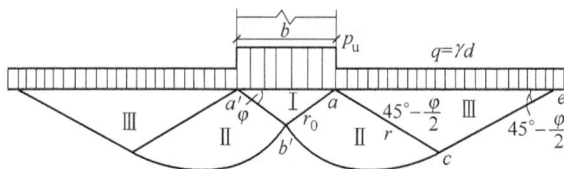

图 7-6　太沙基公式中的地基滑动面

3）滑动土体分为三区：

Ⅰ区——位于基础底面下，呈楔形，为弹性压密区（刚性核）。由于土体与基础底面的摩擦作用，此区的土体不发生剪切位移，而处于压密状态，与基础成为整体，竖直向下移动，下移的刚性核挤压两侧土体，使地基土体破坏，形成滑裂线网。滑动面 $ab'$ 与基础底面 $aa'$ 之间的夹角为土的内摩擦角 $\varphi$。

Ⅱ区——滑动面为曲面，呈对数螺旋线，即 $r = r_0 e^{\theta\tan\varphi}$。Ⅰ区正中底部的 $b'$ 点处，对数螺旋线的切线为竖向，$c$ 点处对数螺旋线的切线与水平线的夹角为 $\left(45° - \dfrac{\varphi}{2}\right)$。

Ⅲ区——滑动面为倾斜平面，剖面图上呈等腰三角形。滑动

体斜面与水平面的夹角为 $\left(45° - \dfrac{\varphi}{2}\right)$。

2. 典型条件下的太沙基公式

（1）条形基础下的密实地基

1）Ⅰ区土楔的受力分析在均匀分布的极限荷载 $p_u$ 作用下，地基处于极限平衡状态时作用于Ⅰ区土楔上的力包括：土楔 $ab'a'$ 顶面的极限荷载 $p_u$；土楔 $ab'a'$ 的自重；土楔斜面 $ab'$ 及 $a'b'$ 上作用的黏聚力 $c$；Ⅱ区土体滑动时，对斜面 $ab'$ 及 $a'b'$ 的被动土压力的竖向分力。

2）太沙基公式。根据作用于土楔上的力在竖直方向的静力平衡条件，可得著名的太沙基公式

$$p_u = \frac{1}{2}\gamma b N_\gamma + c N_c + q N_q \tag{7-9}$$

式（7-9）与式（7-7）形式完全相同，但承载力系数各异。太沙基公式的承载力系数 $N_\gamma$、$N_c$ 与 $N_q$ 均可根据地基土的内摩擦角 $\varphi$ 值，查专用的承载力系数图7-7中的曲线（实线）确定。

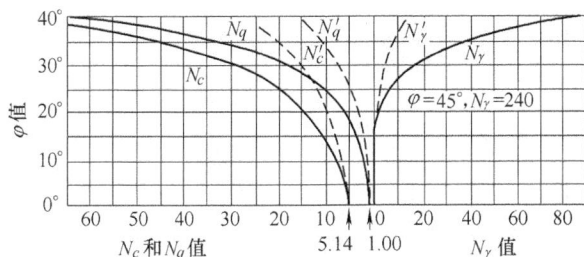

图7-7　太沙基公式中的承载力系数

3）适用的条件。式（7-9）的适用条件是：地基土较密实；地基发生整体剪切滑动破坏，即载荷试验 $p\text{-}S$ 曲线上有明显的第二拐点的情况，如图7-2中曲线 $a$ 所示。

（2）条形基础下的松软地基　若地基土松软，载荷试验 $p\text{-}S$ 曲线没有明显拐点，如图7-2中曲线 $b$ 所示，地基将发生局部剪损。太沙基建议在这种情况下用下式计算极限荷载为

$$p_u = \frac{1}{2}\gamma b N_\gamma' + \frac{2}{3}c N_c' + q N_q' \tag{7-10}$$

式中　$N_\gamma'$，$N_c'$，$N_q'$——局部剪切破坏时的承载力系数，根据内摩擦角 $\varphi$ 值查图7-7中的虚线。

（3）方形基础　式（7-9）是由条形基础推导得来的。对于方形基础，太沙基研究后，建议对极限荷载公式中的数字作适当修改，用下式计算

$$p_u = 0.4\gamma b_0 N_\gamma + 1.2c N_c + \gamma d N_q \tag{7-11}$$

式中　$b_0$——方形基础的边长。

（4）圆形基础　圆形基础的极限荷载公式与方形基础的极限荷载公式类似，太沙基研究后，认为可按下式计算

$$p_u = 0.6\gamma b_0 N_\gamma + 1.2cN_c + \gamma dN_q \qquad (7-12)$$

式中　$b_0$——圆形基础的直径。

3. 地基允许承载力

应用式（7-10）、式（7-11）和式（7-12）进行基础设计时，地基允许承载力为

$$p_a = p_u/K \qquad (7-13)$$

式中　$K$——地基承载力安全系数，$K \geqslant 3.0$。

# 7.4　土坡稳定分析

由于边坡事故层出不穷，边坡稳定性是当今土木工程领域的一个研究热点。

边坡可以分为自然边坡和人工边坡，人工边坡包括道路修建形成的边坡，资源开采形成的边坡，水利工程建设形成的边坡等。边坡还可以分为岩质边坡和土质边坡等，本节主要讲最为简单的土质边坡的稳定性分析。

## 7.4.1　概述

土坡是具有倾斜坡面的土体，它的简单外形和各部位名称如图 7-8 所示，包括天然土坡和人工土坡。土体重力以及渗透力等在坡体内引起剪应力，如果剪应力大于土的抗剪强度，就要产生剪切破坏。如果靠近坡面的剪切破坏面积很大，则将产生一部分土体相对于另一部分土体滑动的现象，称为滑坡（landslide）。

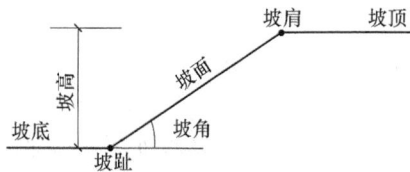

图 7-8　土坡各部位名称

对滑坡的实际调查表明，粗粒土中的滑坡，深度浅而形状接近于平面，或者由两个以上的平面所组成的折线形滑动面。黏性土中的滑坡则深入坡体内。均质黏性土坡滑动面的形状按照塑性理论分析应为对数螺线曲面，它很接近于圆弧面，故在计算中通常以圆弧面代替。

在边坡稳定分析中，目前工程上基本上都是采用极限平衡法，极限平衡法的一般步骤是先假定破坏是沿土体内某一确定的

滑裂面滑动。根据滑裂土体的静力平衡条件和莫尔-库仑破坏准则可以计算沿该滑裂面滑动的可能性，即安全系数的大小，或破坏概率的高低，然后选取多个可能的滑动面，用同样方法计算稳定安全系数或破坏概率。安全系数最低或破坏概率最高的滑动面就是可能性最大的滑动面。

## 7.4.2 无黏性土坡的稳定分析

由粗粒土所堆筑的土坡称为无黏性土坡。无黏性土坡的稳定分析比较简单，分为以下三种情况讨论。

1. 均质干坡和水下坡

均质干坡和水下坡指由一种土组成、完全在水位以上或完全在水位以下，没有渗透水流作用的无黏性土坡。这两种情况只要坡面上的土颗粒在重力作用下能够保持稳定，整个土坡就处于稳定状态。

图7-9表示通过漏斗在地面上堆砂堆，无论砂堆多高，所能形成的最陡的坡角总是一定的，该坡角就是土坡处于极限平衡状态时的坡角。

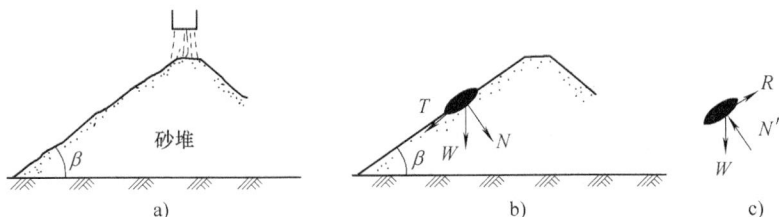

图7-9 无黏性土坡

现从坡面上取一小块土体来分析它的稳定条件。设小土体的重力为 $W$，$W$ 可以产生沿坡面的下滑力 $T = W\sin\beta$ 和垂直于坡面的正压力 $N = W\cos\beta$。正压力又会产生摩擦阻力，阻止土体下滑，称为抗滑力 $R$，其值为 $R = N\tan\varphi = W\cos\beta\tan\varphi$。抗滑力与下滑力之比称为土坡的稳定安全系数，即

$$K = \frac{抗滑力}{下滑力} = \frac{R}{T} = \frac{W\cos\beta\tan\varphi}{W\sin\beta} = \frac{\tan\varphi}{\tan\beta} \qquad (7\text{-}14)$$

式中 $\varphi$——土的内摩擦角（°）；

$\beta$——土坡的坡角（°）。

显然，分析土体无论在坡面上哪一个高度，都能得到式(7-14)的结果，因此安全系数 $K$ 代表整个边坡的安全度。

当 $K = 1$ 时，$\beta$ 称为天然休止角，它是土坡稳定的极限坡角，其值等于砂在松散状态时的内摩擦角，即 $\beta = \varphi$。如果是经过压密后的无黏性土，内摩擦角增大，稳定坡角也随之增大。

2. 有渗透水流的均质土坡

挡水土堤内形成渗流场，如果浸润线在下游坡面逸出，这时在浸润线以下，下游坡内的土体除了受重力作用外，还受渗透力

的作用，因而会降低下游边坡的稳定性。浸润线逸出点以上部分边坡的稳定性如均质边坡，以下部分边坡的稳定性分析如下：

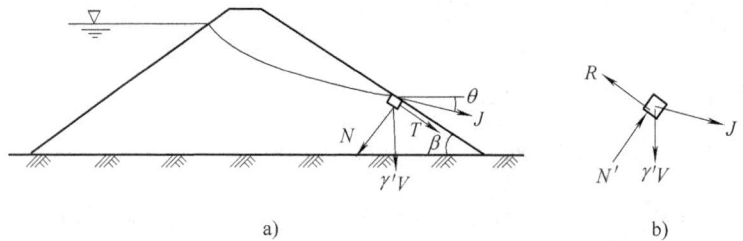

图 7-10　渗透水流逸出的土坡

a）渗流情况　b）单元土体受力分析

图 7-10 表示渗透水流从土堤的下游坡面逸出。如果水流的方向与水平方向成夹角 $\theta$，则沿水流方向的渗透力 $j = \gamma_w i$。在坡面上取土体 $V$ 中的土骨架为隔离体，其有效重力为 $\gamma'V$，作用在土骨架上的渗透力为 $J = jV = \gamma_w iV$。沿坡面的全部下滑力，包括重力和渗透力为

$$T = \gamma'V\sin\beta + \gamma_w iV\cos(\beta - \theta)$$

作用在坡面上的正压力为

$$N = \gamma'V\cos\beta - \gamma_w iV\sin(\beta - \theta)$$

土体沿坡面滑动的稳定安全系数为

$$K' = \frac{N\tan\varphi}{T} = \frac{[\gamma'V\cos\beta - \gamma_w iV\sin(\beta - \theta)]\tan\varphi}{\gamma'V\sin\beta + \gamma_w iV\cos(\beta - \theta)} \qquad (7-15)$$

式中　$i$——渗透坡降；

　　　$\gamma'$——土体的浮重度；

　　　$\gamma_w$——水的重度；

　　　$\varphi$——土的内摩擦角。

若水流在逸出段顺坡面流动，即 $\theta = \beta$。这时，流经途径 $ds$ 的水头损失为 $dh$，故有

$$i = \frac{dh}{ds} = \sin\beta$$

代入式（7-15），得

$$K' = \frac{\gamma'V\cos\beta\tan\varphi}{\gamma'V\sin\beta + \gamma_w V\sin\beta} = \frac{\gamma'\cos\beta\tan\varphi}{\gamma_{sat}\sin\beta} = \frac{\gamma'}{\gamma_{sat}} \cdot \frac{\tan\varphi}{\tan\beta} = \frac{\gamma'}{\gamma_{sat}}K$$

$$(7-16)$$

由此可见，当逸出段为顺坡渗流时，安全系数降低 $\frac{\gamma'}{\gamma_{sat}}$，通常 $\frac{\gamma'}{\gamma_{sat}}$ 约为 0.5，即安全系数降低一半。因此要保持同样的安全度，有渗流逸出时的坡角比没有渗流逸出时要平缓得多。为了经济合理，工程上一般要在下游坝址处设置排水棱体，使渗透水流不直接从下游坡面逸出，如图 7-11 所示。这时下游坡面虽然没有浸润线逸出，

但下游坡内，浸润线以下的土体仍然受渗透力的作用。这种渗透力是一种下滑力，它将降低从浸润线以下通过的滑动面的稳定性。这时深层滑动面（图7-11中虚线所示）的稳定性可能比下游坡面的稳定性差，即危险的滑动面向深层发展。这种情况下，除了要按前述方法验算坡面的稳定性外，还应该用圆弧滑动法验算深层滑动的可能性。有关圆弧法的计算原理，详见7.4.3节。

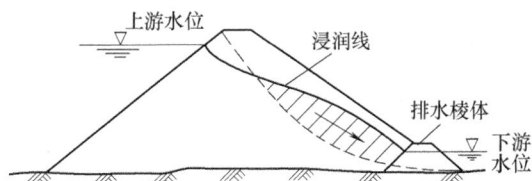

图7-11　渗透水流未逸出的土坡

3. 部分浸水土坡

当水库部分蓄水时，水位以上是干坡，水位以下则是浸水坡。水位上下，土的重度从天然重度变成浮重度。按前述分析，如果水位上下土的内摩擦角不变，则整个坡面土体的稳定性相同。但是对于深入坡内的滑动面，如图7-12a中所示的 $ADC$ 面，由于滑动土体上部的重度大，滑动力大，下部的重度小，抗滑力小，显然稳定性比干坡或完全水下坡差，也就是说，危险滑动面可能向坡内发展。这种情况也必须验算表面滑动和深层滑动。折点的高程常定在水位处，如图7-12a所示。

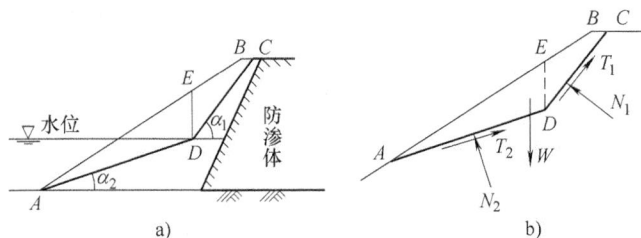

图7-12　部分浸水土坡

分析折线形滑坡体的稳定性通常采用力平衡法。力平衡法是极限平衡法的一种，其特点是静力平衡条件中只考虑土体是否滑移而不考虑是否转动。这时作用在滑动土体上的力系只需满足 $\sum F_x = 0$ 和 $\sum F_z = 0$ 的条件，而不考虑是否满足力矩平衡条件。该计算工作比较复杂，需要借助于计算机进行。

## ● 7.4.3　黏性土坡的稳定分析

黏性土的抗剪强度包括摩擦强度和黏聚强度两个组成部分。由于黏聚力的存在，黏性土坡不会像无黏性土坡一样沿坡面滑动。也如图 7-9b 所示的一样，在坡面上取一薄片土体进行稳定性分析。如果这片土体有一定的面积，但厚度是一个微量，则重力和由此而产生的滑动力也是一个微量。在抗滑力中，摩擦力虽然是微量，而黏聚力则因为有一定的面积，并非微量。因此，稳定安全系数很大，说明不会沿边坡表面滑动。危险的滑动面必定深入土体内部，并且一般呈圆弧形。因此，在工程设计中常假定滑动面为圆弧面。相应的稳定分析方法称为圆弧滑动法。

1915 年瑞典彼得森（K. E. Petterson）首先用圆弧滑动法分析了边坡的稳定性，以后此法得到广泛应用，称为瑞典圆弧法。

瑞典圆弧法假设均质黏性土坡滑动时的滑动面是圆弧形状，滑动土体为刚体，只适用于 $\varphi = 0$ 的情况，后来就诞生了多种条分法。

1. 条分法的基本概念

为了将圆弧滑动法应用于 $\varphi > 0$ 的黏性土，通常采用条分法。条分法就是将滑动土体分成若干土条，把土条当成刚体，分别求作用于各土条上的力对圆心的滑动力矩和抗滑力矩，然后求土坡的稳定安全系数。

条分法是一种试算法，先将土坡剖面按比例画出，如图 7-13a 所示。然后任选一圆心 $O$，以 $R$ 为半径作圆弧 $\overset{\frown}{ab}$，并以此为假定滑动面，将滑动面以上土体分成任意 $n$ 个宽度相等的土条。对第 $i$ 条土体，如图 7-13b 所示，作用在其上的力有：土条自重 $W_i$，该土条上面的荷载 $Q_i$，滑动面 $ef$ 上的法向反力 $N_i$ 和切向反力 $T_i$（包括黏聚阻力 $c_i l_i$ 和摩擦阻力 $N_i \tan \varphi_i$），以及竖直面上的法向力 $E_i$、$E_{i+1}$ 和切向力 $F_i$、$F_{i+1}$。在这些力中，$E_i$，$F_i$ 在分析前一土条时已经出现，应为已知量，剩下的未知量有 $E_{i+1}$、$F_{i+1}$、$N_i$、$T_i$，此外还应当包括 $E_{i+1}$ 的位置（一般用距离圆弧面的高度）。因此，共有 5 个未知量，但每个土条只能建立三个平衡方程，即 $\sum F_{xi} = 0$，$\sum F_{zi} = 0$ 和 $\sum M_i = 0$。加上一个极限平衡方程，共有 4 个方程，5 个未知量，因此这是一个超静定问题。

对 $n$ 个条块，条块间的分界面有 $(n-1)$ 个。界面上的未知量为 $3(n-1)$，滑动面上力的求知量为 $2n$，加上待求的安全系数 $K$，总计未知量个数为 $(5n-2)$。可以建立的静力平衡方程和极限平衡方程的极限平衡方程为 $4n$ 个。待求量与方程数之差为 $(n-2)$。一般用条分法计算中，$n$ 在 10 以上，因此是一个高次的超静定问题。要使问题得解，必须建立新的条件方程。有两个可能的途径，一是抛弃刚体平衡的概念，把土当成变形体，通过对土坡进行应力变形分析，可以计算出滑动面上的应力分布，因而可以不必用条分法，这就是有限元法。另一种途径是仍以条分法为基础，但对条块间的作用力加上一些可以接受的简化假定，以减少未知量或增加方程数。目前有许多不同的条分法，其差别都在于采用了不同的简化

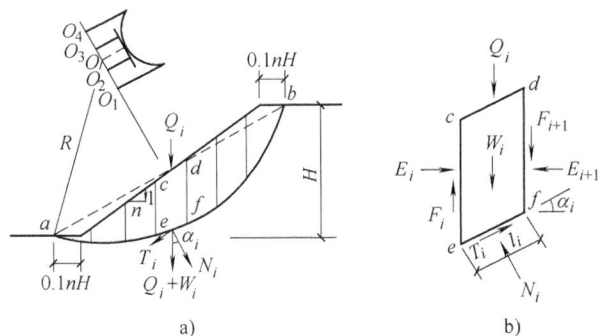

图 7-13  黏性土坡的稳定性分析

a）土坡剖面  b）作用于 $i$ 土条上的力

假定。下面仅介绍瑞典条分法和毕肖普条分法。

2. 瑞典条分法

瑞典条分法是条分法中最简单最古老的一种。该法假定滑动面是一个圆弧面。并认为条块间的作用力对边坡的整体稳定性影响不大，可以忽略，或者说，假定条块两侧的作用力大小相等，方向相反且作用于同一直线上。

将土条的自重 $W_i$ 及上部荷载 $Q_i$ 分解为作用在滑动面上的两个分力（忽略条块之间的作用力）。则有：

法向分力　　$N_i = (W_i + Q_i) \cos\alpha_i$

切向分力　　$T_i = (W_i + Q_i) \sin\alpha_i$

所有单元上的分力 $T_i$ 对圆心 O 的滑动力矩为

$$M_T = T_1 R + T_2 R + \cdots = R \sum_{i=1}^{n} \left[ (W_i + Q_i) \sin\alpha_i \right]$$

式中　$n$——土条的数目。

抗滑力 $c_i l_i + N_i \cdot \tan\varphi_i$ 产生的抗滑力矩为

$$
\begin{aligned}
M_R &= R \sum_{i=1}^{n} (c_i l_i + N_i \cdot \tan\varphi_i) \\
&= R \sum_{i=1}^{n} \left[ c_i l_i + (W_i + Q_i) \cos\alpha_i \cdot \tan\varphi_i \right] \\
&= RcL + R \cdot \tan\varphi \cdot \sum_{i=1}^{n} (W_i + Q_i) \cos\alpha_i
\end{aligned}
$$

所以土坡的滑动安全系数为

$$
\begin{aligned}
K &= \frac{M_R}{M_T} = \frac{RcL + R\tan\varphi \sum_{i=1}^{n} (W_i + Q_i) \cos\alpha_i}{R \sum_{i=1}^{n} (W_i + Q_i) \sin\alpha_i} \\
&= \frac{cL + \tan\varphi \sum_{i=1}^{n} (W_i + Q_i) \cos\alpha_i}{\sum_{i=1}^{n} (W_i + Q_i) \sin\alpha_i}
\end{aligned}
\tag{7-17}
$$

由此看来，瑞典条分法就是忽略条块间力的作用的一种简化方法，它只满足滑动土体整体力矩平衡条件而不满足各条块的静力平衡条件，这是它区别于其他条分法的主要特点。此法应用的时间很长，积累了丰富的工程经验，一般得到的安全系数偏低，即误差偏于安全方面，故目前仍然是工程上常用的方法。

3. 毕肖普法

毕肖普（A. N. Bishop）于 1955 年提出了一个考虑条块侧阻力的土坡稳定分析方法，称为毕肖普法。作用在条块 $i$ 上的力，除了重力 $W_i$ 外，滑动面上还有切向力 $T_i$ 和法向力 $N_i$，条块的侧面分别有法向力 $E_i$、$E_{i+1}$ 和切向力 $F_i$、$F_{i+1}$。若条块处于静力平衡状态，根据竖向力平衡条件，应有

$$\sum F_z = 0$$

即
$$(W_i + Q_i) + (F_{i+1} - F_i) = N_i\cos\alpha_i + T_i\sin\alpha_i$$

$$N_i\cos\alpha_i = (W_i + Q_i) + (F_{i+1} - F_i) - T_i\sin\alpha_i \tag{7-18}$$

再根据满足安全系数 $K$ 时的极限平衡条件

$$T_i = \frac{1}{K}(c_i l_i + N_i\tan\varphi_i) \tag{7-19}$$

将式（7-19）代入式（7-18），整理后得

$$N_i = \frac{(W_i + Q_i) + \Delta F_i - \dfrac{c_i l_i}{K}\sin\alpha_i}{\cos\alpha_i + \dfrac{\sin\alpha_i\tan\varphi_i}{K}} \tag{7-20}$$

$$= \frac{1}{m_{\alpha i}}\left[(W_i + Q_i) + (F_{i+1} - F_i) - \frac{c_i l_i}{K}\sin\alpha_i\right]$$

式中
$$m_{\alpha i} = \cos\alpha_i + \frac{\sin\alpha_i\tan\varphi_i}{K}$$

考虑整个滑动土体的整体力矩平衡条件，各土条之间的作用力对圆心力矩之和为零。这时土条间力 $E_i$ 和 $F_i$ 成对出现，大小相等，方向相反，相互抵消，对圆心不产生力矩。滑动面上的正压力 $N_i$ 通过圆心，也不产生力矩。因此，只有重力 $W_i$、上部荷载 $Q_i$ 和滑动面上的切向力 $T_i$ 对圆心产生力矩。所以

$$\sum_{i=1}^{n}(W_i + Q_i)R\sin\alpha_i = \sum_{i=1}^{n}\frac{1}{K}(c_i l_i + N_i\tan\varphi_i)R \tag{7-21}$$

将式（7-20）代入式（7-21），得

$$K = \frac{\displaystyle\sum_{i=1}^{n}\frac{1}{m_{\alpha i}}\{c_i l_i\cos\alpha_i + [(W_i + Q_i) + \Delta F_i]\tan\varphi_i\}}{\displaystyle\sum_{i=1}^{n}(W_i + Q_i)\sin\alpha_i}$$

$$\tag{7-22}$$

这就是毕肖普法的土坡稳定一般计算公式，式中 $\Delta F_i$ 仍然是

未知量。如果不引进其他的简化假定，式（7-20）仍然不能求解。毕肖普进一步假定 $\Delta F_i = F_{i+1} - F_i = 0$。实际上也就是认为条块间只有水平作用力 $E_i$ 而不存在切向力 $F_i$，于是式（7-22）进一步简化为

$$K = \frac{\sum_{i=1}^{n} \dfrac{1}{m_{\alpha i}} \left[ c_i l_i \cos\alpha_i + (W_i + Q_i)\tan\varphi_i \right]}{\sum (W_i + Q_i)\sin\alpha_i} \qquad (7\text{-}23)$$

该式称为简化毕肖普公式。式中，参数 $m_{\alpha i}$ 包含有安全系数 $K$。因此不能直接求出安全系数，而需要采用试算的办法，迭代求算 $K$ 值。

与瑞典条分法相比，简化毕肖普法是在不考虑条块间切向力的前提下，满足力多边形闭合条件，也就是说，隐含着条块间有水平力的作用，虽然在公式中水平作用力并未出现。所以它的特点是：

1）满足整体力矩平衡条件。

2）满足各条块力的多边形闭合条件，但不满足条块的力矩平衡条件。

3）假设条块间作用力只有法向力没有切向力。

4）满足极限平衡条件。

由于考虑了条块间水平力的作用，毕肖普法得到的安全系数较瑞典条分法略高一些。很多工程计算表明，毕肖普法与严格的极限平衡分析法，即满足全部静力平衡条件的方法相比，结果甚为接近。由于计算不很复杂，精度较高，所以是目前工程中很常用的一种方法。

【本章小结】 本章主要讨论了地基承载力和土坡稳定性。根据极限平衡原理和土的抗剪强度提出一些浅基础的地基承载力理论的分析和应用方法，土坡稳定性从内容上来看可分为无黏性土坡的稳定分析和黏性土坡的稳定分析，对无黏性土坡从干坡和湿坡两个角度进行了分析，对于黏性土坡介绍了三种方法：滑动圆弧法、条分法以及毕肖普法。

## 复习思考题

1. 地基的破坏形式有哪几种？各有什么特点？

2. 什么是地基塑性变形区（简称地基塑性区）？如何按地基塑性区发展深度确定 $p_{cr}$、$p_{1/4}$？

3. 什么是滑坡？滑坡发生的原因是什么？

4. 土坡稳定分析中瑞典圆弧法（$\varphi = 0°$ 法）和瑞典条分法（简单条分法）的基本假定和计算方法是什么？

5. 已知持力层临界荷载 $p_{1/4} = 112.5\text{kPa}$，临塑荷载 $p_{cr} = 101.3\text{kPa}$，而实

际基底总压力为 $p = 110.26kPa$，试求基底下持力层塑性区开展的最大深度。

（b/5）

6. 某条形基础如图 7-14 所示，试求临塑荷载 $p_{cr}$、临界荷载 $p_{1/4}$ 及用地基承载力通用公式求极限荷载 $p_u$，并问其地基承载力是否满足（取用安全系数 $K = 3$）。已知粉质黏土的重度 $\gamma = 18kN/m^3$，黏土层 $\gamma = 19.8kN/m^3$，$\varphi = 25°$，$c = 15kPa$。作用在基础地面的荷载 $p = 250kPa$。（$p_{cr} = 248.45kPa$、$p_{1/4} = 294.78kPa$、$p_u = 695.7kPa$、$K = 2.78$）

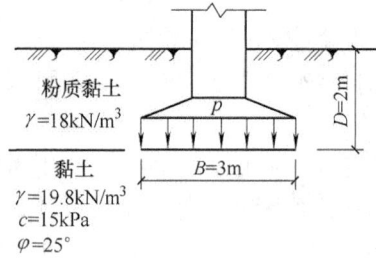

图 7-14

7. 一个无黏性土边坡，坡角 $\beta = 22°$ 沿坡面向下渗流。若土的内摩擦角 $\varphi = 30°$，土的重度 $\gamma_{sat} = 20kN/m^3$，有效重度 $\gamma' = 10kN/m^3$。求边坡的安全系数为多少？

（0.71）

# 第8章 土在动力荷载作用下的力学性质

土动力学是土力学的一个分支，研究土在动荷载作用下的动力响应。由于土是三相多孔介质，且土的种类很多，便会出现各种特殊的土动力学理论问题和工程实际问题，如地震过程中土层出现的液化、机器基础的沉陷、振动打桩及动力强夯时土体的变形等问题，它们都是静力学无法解决的问题。此外，土体的动力失稳、动力固结、动力蠕变以及土体在动力作用下力学性质的变化，在理论与工程实践中都有重要意义。

## 8.1 动荷载类型及其对土体的作用特点

建筑物地基和土工构筑物除受到外界静荷载作用之外，还会受到诸如地震、波浪冲击、机械振动和火车、汽车等荷载的作用，这些荷载在作用过程中的大小和作用方向都会产生变化，称为动荷载。在动荷载作用下，土表现出与静荷载作用下不同的强度和变形特性，且该特性与动荷载的作用形式（如加载频率、加载振幅和持续作用时间）密切相关。

### 8.1.1 动荷载的作用类型

动荷载的来源多种多样，如机器运动部分的惯性力，坠落重物所引起的冲击力，地震或爆破能量的释放等。此外，移动荷载（如火车、汽车等）的作用、流体在管腔内流动所引起的脉冲力、高耸建筑物上作用的风力、海洋建筑物承受的水浪压力以及各种爆炸引起的气浪压力等均可以产生动荷载。

动力来源的不同使得动荷载表现出不同的特性，在土动力学的研究中，可以根据主要的动荷载作用特点，分为表 8-1 所列三类，其典型波形如图 8-1 所示。

表 8-1 三种典型动荷载

| 动荷载类型 | 冲击荷载 | 周期荷载<br>（疲劳荷载） | 不规则振动荷载 |
|---|---|---|---|
| 主要特点 | 只有一个脉冲作用，但由于受到阻尼的作用，振幅在较短的时间内衰减为零，作用持续的时间很短 | 多为加载几万次以上的动荷载，荷载多呈现出以一定振幅和周期往复循环的特点，其最简单的形式为谐振荷载 | 有限次数的、无规律的振动荷载，一般来说其产生的应变幅在 $2 \times 10^{-4} \sim 1 \times 10^{-2}$ 之间，作用周期为 $0.2 \sim 1.0s$，循环的有效次数在 300 次以下，主要特点为随机性 |
| 典型实例 | 爆破和爆炸所产生的荷载 | 机器基础引起的振动作用、列车荷载的振动作用等 | 地震引起的振动作用，持续时间和主要作用次数与震级有关，震级越大，持续作用时间和作用次数越多，每个脉冲的波形接近于正弦变化的曲线 |

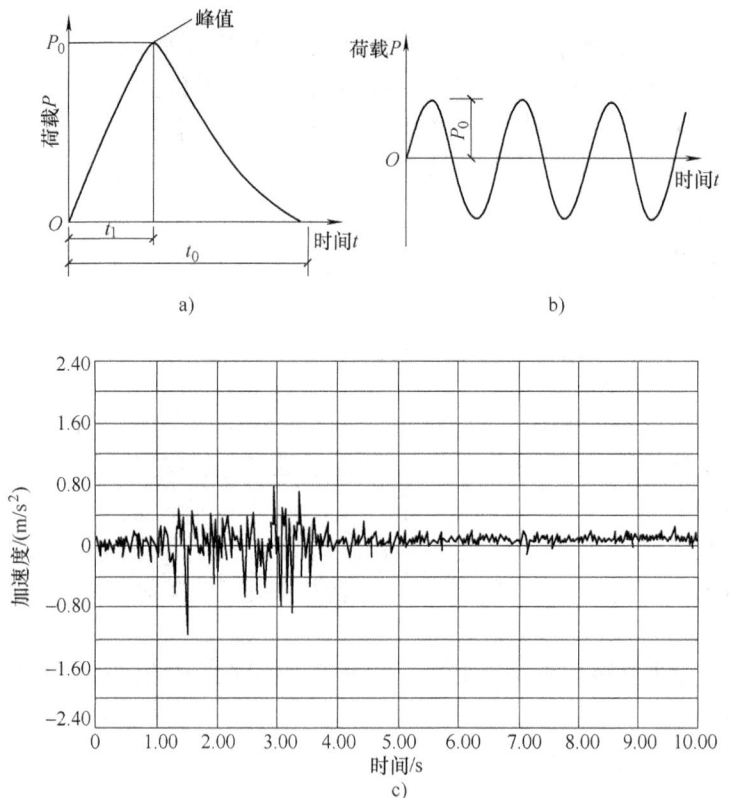

a)

b)

c)

图 8-1　典型的动荷载波形

a）冲击荷载　b）周期荷载　c）地震荷载

## 8.1.2　动荷载对土体的作用特点

前述三类动荷载的大小和方向都随时间而变化，其理论分析方法也大致相同；但由于它们的变化规律和应力量级不同，土体的动态响应有很大的差别。例如，在核爆炸作用下，土中产生的应力波所引起的应变量级（在考虑防护的范围内）可以达到$10^{-2}$；在一个合理设计的动力机器基础下的土质地基，其应变量级约为$10^{-5}$或更小；而地震引起的应变量级介于上述二者之间。

各种动荷载作用的共同特点是它的大小随时间而发生变化，动荷载在随时间变化的过程中存在两种效应：一是速率效应，即荷载在很短的时间内以很高的速率施加于土体所引起的效应；二是循环效应，即荷载的增减，多次往复循环地施加于土体所引起的效应。对于第一类动荷载，主要表现出速率效应的影响；对于第二类动荷载，则主要表现出循环效应的影响；对于第三类动荷载，其速率效应与循环效应的影响视地震的震级大小和距震中的远近而不同，表现为两种效应共同影响的结果。由于循环效应的影响，即使应变量级远小于某一应变范围如小于$10^{-3}$的应变（静荷载情况下才予以注意的范围），仍会对材料特性甚至结构稳定性造成巨大的影响，如高速路基填土在列车动荷载作用下的永久变形问题。通常，在小应变范围主要研究土的弹性参数、动模量、动泊松比和阻尼比问题；在大应变范围主要研究土的动强度、动变形、液化及土体动力稳定性问题。

动荷载对土体产生的影响主要表现在以下4个方面：
1）土的抗剪强度。
2）地基产生附加沉降。
3）砂土与粉土的液化。
4）黏性土产生蠕变。

动荷载可以造成土体的破坏，但也可以利用土的动力特性改善不良土体的性质。土的压实一般是在动荷载下得到的，通过提高土的密实度，实现提高土的强度，降低土的压缩性和透水性。

# 8.2　土在动荷载作用下的力学特性

## 8.2.1　土的动应力-应变关系

一般来说，在动荷载作用下，土的应力-应变关系呈现出以下几个特点。

（1）非线性　土的非线性可以从土的实测骨干曲线反映出来。如果沿土中初始剪应力为零的平面上施加周期剪应力作用，则在一个周期内的应力-应变关系将形成一个滞回圈，如图 8-2 所示。绘出不同幅值下周期应力作用下的应力-应变的关系曲线，则应力-应变滞回圈顶点的连线称为土的应力-应变骨干曲线，如图 8-3a 所示。骨干曲线反映了土的动应力-应变关系的非线性特征。

（2）滞后性　从图 8-3b 中可以看出，由于黏滞特性的影响，应力最大值与应变最大值并不同相位，变形滞后于应力。

图 8-2　滞回圈

（3）变形累积性　从图 8-4 中可见，即使荷载大小不变，随着荷载作用周数的增加，变形越来越大，导致滞回圈中心不断朝一个方向移动。滞回圈中心的变化反映了土体的变形对动荷载的累积效应，它产生于土的塑性即荷载作用下土的不可恢复的结构损伤或破坏，变形的累积效应也包含了应力应变的影响。

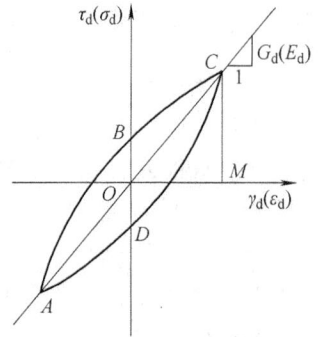

a)

b)

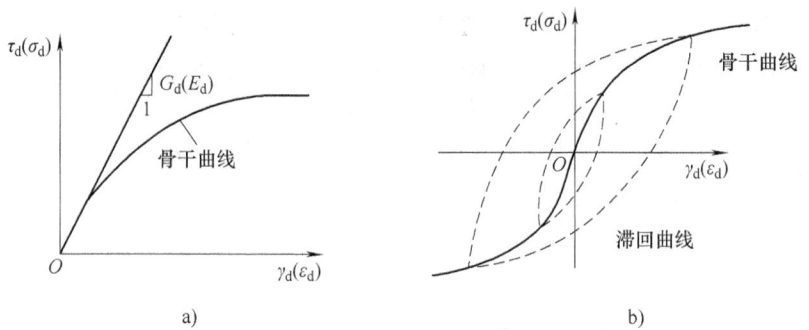

图 8-3　骨干曲线

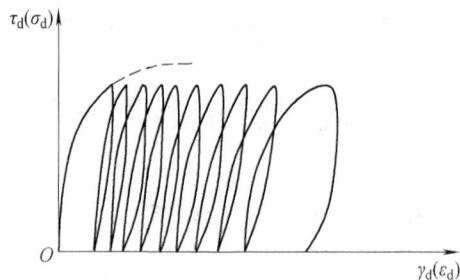

图 8-4　循环荷载作用下土的变形特征

## 8.2.2 土的动剪切模量和阻尼比

土的动剪切模量和阻尼比是土动力学中的两个基本概念。

（1）动剪切模量　最大动剪切模量或初始动剪切模量，是在小应变（如规定应变为 $10^{-5}$）条件下的剪切模量，它实际上是土体处于完全弹性状态下的剪切模量，是图 8-3 骨干曲线起始段所对应的切线斜率。某一剪应变幅值下的动剪切模量，可由过滞回圈顶点与原点直线的斜率表示。

（2）土的阻尼比　土体作为一个振动体系，其质点在运动过程中由于黏滞摩擦作用而有一定的能量损失，这种现象称为阻尼，也称黏滞阻尼。在自由振动中，阻尼表现为质点的振幅随振动次数而逐渐衰减。在强迫振动中，阻尼则表现为应变滞后于应力而形成滞回圈。由物理学理论可知，非弹性体对振动波的传播有阻尼作用，这种阻尼力作用与振动的速度成正比关系，比例系数即为阻尼系数。使非弹性体产生振动过渡到不产生振动时的阻尼系数，称为临界阻尼系数。土的阻尼比就是指阻尼系数与临界阻尼系数的比值。

地基或土工结构物振动时，阻尼有两类：一类是逸散阻尼，由于土体中积蓄的振动能量以表面波或体波（包含剪切波和压缩波）向四周和下方扩散而产生的；另一类是材料阻尼，由于土粒间摩擦和孔隙中水与气体的黏滞性引起。在用有限元分析地震影响时，由于已经考虑了振动能量的扩散，故仅采用材料阻尼。无黏性土的阻尼比受有效应力的影响明显，黏性土的阻尼比随着塑性指数的增加而降低，随着时间增长而降低。各种土的阻尼比都随着剪应变的增加而增加。

## 8.2.3 土的动强度和动变形

土在动荷载作用下会产生变形、失稳和破坏。土在动荷载作用下的强度和变形称为土的动强度和动变形。

1. 土的动力失稳特性

土在承受强度逐级增大的动荷载作用下，它的变形、强度或孔压总要经历由轻微变化、到明显变化、再到急速变化这三个发展阶段，如图 8-5 所示。振动压密阶段、振动剪切阶段和振动破坏阶段在其本质上存在差异，在实际中将对建筑物造成不同的后果，应该研究各自阶段所特有的规律特性，以解决不同阶段所对应的具体问题。

2. 土的动强度及变化规律

（1）荷载的加荷速率效应　如图 8-6 所示，在三轴试验中，以不同的速率加荷，则随着加载速率的增大，土的强度也增大。这种强度的增大随土中含水率的增大而越明显。在小含水率状态即较干燥状态下，快速加荷与慢速加荷所得的内摩擦角几乎没有差别。如果把加荷时间100s时的强度视为静力强度，由图8-7中可以看出，土的动强度随着加荷速率的增大而增大。

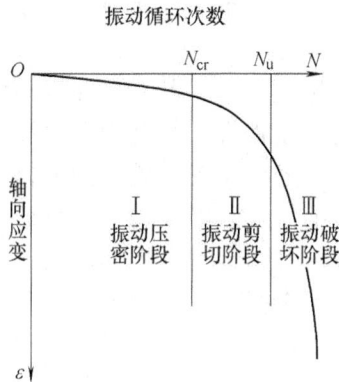

图8-5 土的动力失稳过程

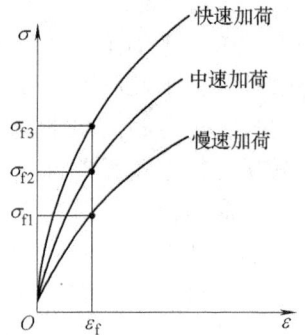

图8-6 三轴试验不同加荷速率的 $\sigma$-$\varepsilon$ 曲线

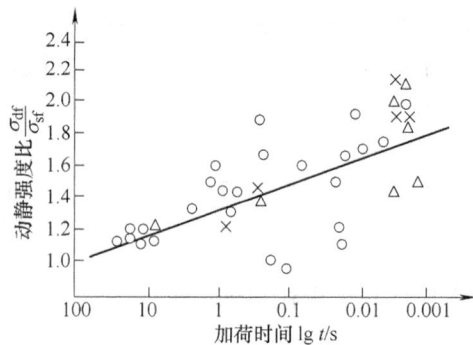

图8-7 动静强度比-加荷时间关系曲线

（2）荷载的循环效应 在周期加载试验中，如果试样在围压 $\sigma_r$ 下作均压固结，再轴向加荷至某一应力 $\sigma_s$（$\sigma_s$ 大于侧向压力 $\sigma_r$，但小于破坏强度 $\sigma_f$），然后施加动应力 $\sigma_d$，则当控制每组试验的动力循环次数（$N$）相同，改变动应力 $\sigma_d$ 的幅值时，可以得到图8-8a、b、c中所示的 $\sigma$-$\varepsilon$ 曲线。随着动应力 $\sigma_d$ 的增高，应变将逐渐增大，如图8-8中的 $A$、$B$、$C$ 各点。其最大的应力值，即为静应力 $\sigma_s$ 和振动次数 $N$ 时的动强度 $\sigma_{df}$ 的和。

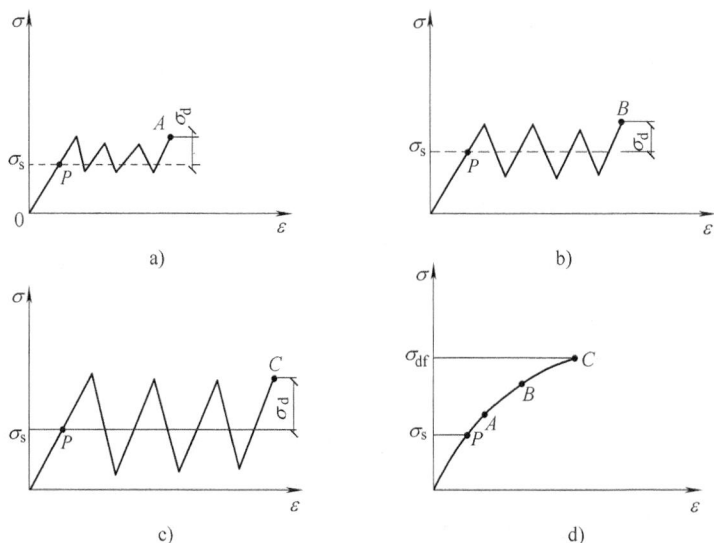

图 8-8  改变 $\sigma$、$N$ 时的 $\sigma$-$\varepsilon$ 关系曲线

这样，在不同组的试验中，或控制 $\sigma_s$ 不变，改变 $N$ 值；或控制 $N$ 值不变，改变 $\sigma_s$，可以分别得到如图 8-9 中所示的 $\sigma$-$\varepsilon$ 曲线。

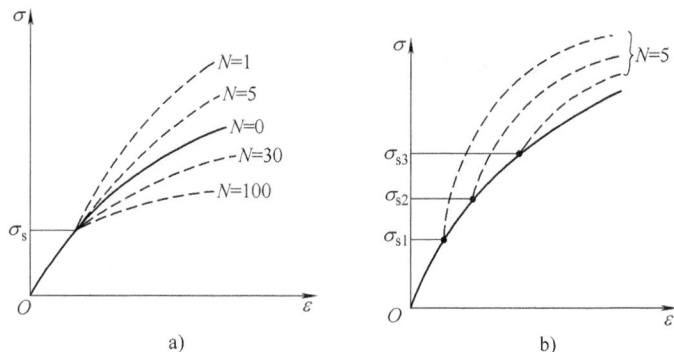

图 8-9  改变 $\sigma_s$、$N$ 时的 $\sigma$-$\varepsilon$ 关系曲线

a) $\sigma_s$ 相同，$N$ 不同  b) $\sigma_s$ 不同，$N$ 相同

由图 8-9 可以得出，振动次数相同时，动强度的增长率随着初始静应力的增大而减小；初始静应力相同时，动强度随着振动次数的增大而减小，并且逐渐接近或小于静强度。

3. 土的动变形

土的动变形是指在动荷载作用下土体产生的附加变形，一般有以下两种情况：一是在动荷载作用下土体的振动压密；二是在动荷载作用下土体发生强度破坏，产生残余变形，称为"震陷"或"振陷"。振动压密多发生在较松散的无黏性土中；震陷一般发生在软黏土中。

（1）振动压密变形  据 D′Appolonia 的研究，在一定的应力条件下，竖向应变与荷载循环次数成正比；对于一定的荷载往复次数，竖向应变和应力成正比。此外，他还对砂土表面无超载情况，做了不同振幅时砂的最终干重度与竖向峰值加速度关系的试验研究，得出随着振动加速度的增大，终值干重度增加，但与振幅大小无关。

（2）震陷　震陷主要指地基土由于地震动而引起的附加残余变形，其原因有多种，有的是由于地震作用引起的土体强度破坏，如饱和砂土液化、软土塑性流动；也有的是由于地震作用引起的土体结构破坏，如土颗粒重新排列、孔隙压缩、洞穴塌陷等。1976 年唐山地震对软土地基造成的灾害引起人们的关注。GB 50011—2010《建筑抗震设计规范》中列入了软土地基震陷的条文，但只是对地基处理方面的原则性规定。黄土地基的震陷不仅与黄土的物理、力学性质有关，而且也与场地的地形、地貌有关。如黄土地裂和震陷大多发生在黄土塬和阶地等地貌单元。1556 年陕西省华县的 8 级大地震，位于极震区的渭南县城内黄土地基上的鼓楼下沉了 1.0m 多。

# 8.3　土的压实

## 8.3.1　土的压实原理

通过土的击实试验可以揭示击实功与土的压密程度之间的关系，即土压实特性规律。

1. 击实试验（compaction test）

将同一土样分成 8 份，分别制备不同含水量的土样。将每份土样装入击实仪内，用完全相同的方法进行击实。击实后，测出压实土的含水量和干密度。以含水量为横坐标，干密度为纵坐标，绘制一条含水量与干密度关系曲线，即击实曲线（见图 8-10）。击实曲线具有如下一些特征。

击实试验
（动画）

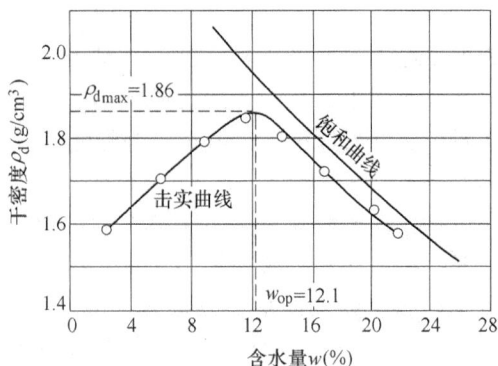

图 8-10　击实曲线和饱和曲线

（1）击实曲线峰值　击实曲线上存在峰值，峰值点所对应的纵坐标值为最大干密度 $\rho_{dmax}$，对应的横坐标值为最优（佳）含水量 $w_{op}$。对于某一类土样，在一定的击实功作用下，只有当其含水量为最优含水量时，土样才能被击得最密实，达到最大干密度。

（2）饱和曲线　饱和曲线是一条随含水率增大，干密度下降的曲线；实际的击实曲线在饱和曲线的左侧，两条曲线不会相交。

（3）击实曲线位于理论饱和曲线左侧。因为理论饱和曲线假定土中空气全部被排除，孔隙完全被水占据，而实际上不可能做到。

（4）击实曲线在峰值以右逐渐接近于饱和曲线，且大致与饱和曲线平行；在峰值以左，击实曲线和饱和曲线差别很大，随着含水量的减小，干密度迅速减小。

2. 土的压实度

工程上常采用压实度（$\lambda_c$）作为衡量填土达到密实的标准，其定义为现场土质材料压实后的干密度 $\rho_d$ 与室内标准击实功作用下的最大干密度（maximum dry density）$\rho_{dmax}$ 的比值，即

$$\lambda_c = \rho_d / \rho_{dmax} \tag{8-1}$$

压实度 $\lambda_c$ 一般为 0～1，$\lambda_c$ 值越大压实质量越高，反之则差，但 $\lambda_c > 1$ 表明实际压实功已超过标准击实功。工程等级越高要求压实度越大，反之可以略小，大型或重点工程要求压实度都在 0.95 以上，小型堤防工程通常要求 0.8 以上。

必须指出，现场填土的压实，无论是在压实能量、压实方法还是在土的变形条件方面，与室内击实试验都存在着一定差异。因此室内击实试验用来模拟工地压实仅是一种半经验的方法，必须在实际施工前进行试压试验，以确定最佳含水量和最大干密度以及压实遍数等内容。在工地上对压实度的检验，一般可用环刀法、灌砂（或水）法、湿度密度仪法或核子密度仪法等来测定土的干密度和含水率，具体选用哪种方法，可根据工程的实际情况决定。

## 8.3.2　土压实的影响因素

土压实的影响因素很多，包括土类及级配、土的含水率、击实功能、毛细管压力以及孔隙压力等，但最重要的是含水率、击实功和土的性质。

1. 土的性质对压实性的影响

土是固相、液相和气相组成的三相体，当采用压实机械对土施加碾压时，土颗粒彼此挤紧，孔隙减小，顺序重新排列，形成

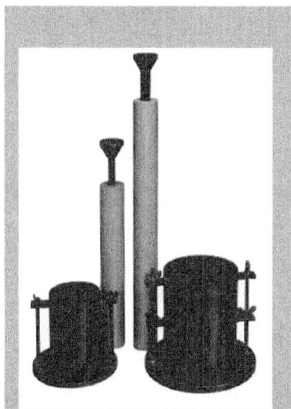

击实仪

新的密实体，粗粒土之间摩擦和咬合增强，细粒土之间的分子引力增大，土的强度和稳定性都得以提高。

在相同击实功条件下，不同的土类及级配其压实程度是不一样的。图 8-11a 所示为 5 种不同土料的级配曲线；图 8-11b 是这 5 种不同土料在同一标准的击实试验中所得到的 5 条击实曲线。可见，含粗粒越多的土样其最大干密度越大，而最优含水率越小，即随着粗粒土增多，曲线形态不变但朝左上方移动。

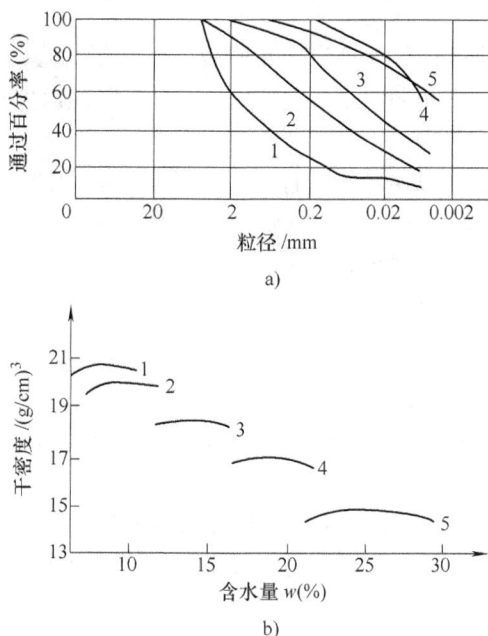

图 8-11　5 种土的不同击实曲线

a）粒径累计曲线　b）击实曲线

此外，对于黏性土，压实效果与其中黏土矿物成分含量有关，添加木质素和铁基材料可改善土的压实效果。对于砂性土，干砂在压力与振动作用下，容易密实；稍湿的砂土，因有毛细压力作用使砂土互相靠紧，阻止颗粒移动，击实效果不好；饱和砂土，毛细压力消失，击实效果良好。

2. 含水量对压实性的影响

含水量的大小对击实效果的影响显著。当含水量较小时，水处于强结合水状态，土粒之间摩擦力、黏聚力都很大，土粒的相对移动有困难，因而不易被击实。当含水量增加时，水膜变厚，土块变软，摩擦力和黏结力也减弱，土粒之间彼此容易移动，故随着含水量增大，土的击实干密度增大，至最优含水量时，干密度达到最大值。当含水量超过最优含水量后，水所占据的体积增大，限制了颗粒的进一步接近，因而干密度逐渐变小。由此可见，含水率的不同改变了土中颗粒间的作用力，并改变了土的结构与状态，从而在一定的击实功能下改变着击实效果。试验统计证明：最优含水量 $w_{op}$ 与土的塑限 $w_p$ 有关，大致为 $w_{op} = w_p + 2$。土中黏土矿物含量越大最优含水量越大。

3. 击实功对压实性的影响

夯击的击实功与夯锤的质量、落高、夯击次数以及被夯击土的厚度等有关；碾压的压实功则与碾压机具的质量、接触面积、碾压遍数以及土层的厚度等有关。

对于同一种土，用不同的击实功得到的击实曲线如图 8-12 所示。该曲线表明，当击实功增大时，最优含水量减小，相应最大干密度增大。同时，当含水量较低时，击数（即击实能量）的影响较为显著；而当含水量较高时，含水量与干密度的关系曲线趋近于饱和曲线，也就是说，这时靠加大击实功来提高土的密度是无效的。所以在工程实践中，若土的含水量较小，则应选用压实功较大的机具，才能把土压实至最大干密度；在碾压过程中，如未能将土压实至最密实的程度，则须增大压实功（选用击实功较大的机具或增加碾压遍数）；若土的含水量较大，则应选用压实功较小的机具，否则会出现"橡皮土"现象。因此，要把土压实到工程要求的干密度，必须合理控制压实时的含水量，选用合适的压实功，才能获得预期效果。

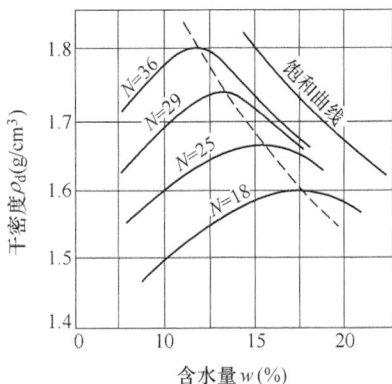

图 8-12 击实功对击实曲线的影响

## 8.4 土的振动液化

土的振动液化指在一定强度的地震作用下，饱和松散砂土地基会出现喷砂冒水，导致建筑物上浮或下沉的现象。

### ● 8.4.1 土的振动液化的机理

如图 8-13a 所示，在振动荷载作用前，全部上覆压力由土颗粒组成的骨架承担，饱和松砂层中的颗粒处于相对稳定的位置。

如图 8-13b 所示，当振动荷载作用到土上时，土骨架会受到一定的惯性力和干扰力。由于各个土粒的质量及排列状况不同，或者各点作用的起始应力和传递到的动荷载强度不同，使各个土

**喷砂冒水**

一般认为，地震时的喷砂冒水现象，也是埋在地下的砂土层产生液化的结果。

地震时，由于瞬间突然受到巨大地震力的强烈作用，砂土层中的孔隙水来不及排出，孔隙水压突然升高，致使砂土层突然呈现出液态的物理性状，导致地基承载力大大下降，使地面建筑物在形成的流砂中下沉，产生极大的破坏。

粒上的作用力在大小、方向和所产生的实际影响上都存在明显的差异，从而在土粒的接触点引起新的应力。当这种应力超过一定的数值时，就会破坏土粒之间原来的联结强度与结构状态，使砂粒彼此之间脱离接触。此时，原先由砂粒通过它的接触点所传递的压力（即有效压力），就要传给孔隙中的水来承担，引起孔隙水压力的骤然增高。一方面，孔隙水在一定超静水压力的作用下向上排出；另一方面，土颗粒在其重力作用下又向下沉落，致使在结构破坏的瞬间或一定时间内，土粒的向下沉落受到孔隙水向上排出的阻碍，使土粒处于局部或全部悬浮（即孔隙水压力等于上覆有效压力）的状态，抗剪强度局部或全部丧失，土即出现不同程度的变形或完全液化。

此后，随着孔隙水逐渐挤出，孔隙水压力就逐渐减小，土粒又逐渐沉落，重新堆积排列，压力重新由孔隙水传给了土粒承受，砂土即达到新的稳定状态，如图8-13c所示。

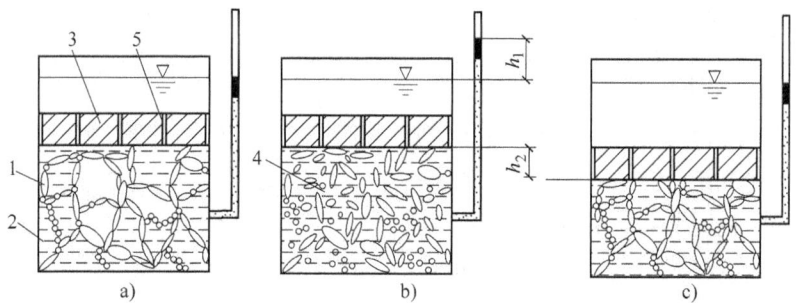

图8-13　砂土液化过程示意图

a）地震前　b）地震中　c）地震后

1—砂土颗粒　2—孔隙水　3—覆盖压力　4—液化状态　5—排水孔

根据饱和土的有效应力原理和无黏性土的抗剪强度公式，对完全液化，$\sigma = u$，$\tau_f = (\sigma - u) \tan\varphi = 0$，即有效应力及抗剪强度为零，砂土在瞬间接近于流体状态，丧失了承载能力，这就是饱和砂土振动液化的基本原理。

## 8.4.2　振动液化的影响因素

砂土饱和并且受到振动是产生液化的必要条件，同时振动液化的产生还受到砂土本身特性和外部作用的影响。

1. 土性条件的影响

（1）土类及其颗粒特征的影响　土类是影响液化的一个重要因素。黏性土具有黏聚力，即使超孔隙水压力等于总应力，有效应力为零，抗剪强度也不会完全消失，因此一般难以发生液化。砾石等粗粒土因为透水性大，在振动荷载作用下超孔隙水压力能迅速消散，不会造成孔隙水压力累积到总应力而使有效应力为零，也难以发生液化。无黏聚力或黏聚力很小且处于地下水位以下的砂土和粉土，由于其渗透系数不大，不足以在第二次振动荷载作用之前把超静孔隙水压力全部消散，才有可能累积孔隙水压力并使强度完全丧失而发生液化；粗砂、中砂、细砂、粉砂的液化可能性逐渐增大，并且在同一级砂土中，不均匀系数超过 10 的砂土一般较难发生液化；但是缺少中间粒径的土或者卵砾石等大颗粒的含量不足以形成稳定骨架，而以细粒为主的砂砾石土，都具有较低的抗液化能力。此外，土中的黏粒含量增大到一定程度，如 10% 以上时，土的动力稳定性将有所增大。因此，一般情况下塑性指数高的黏土不易液化，低塑性和无塑性的土易于液化。在振动作用下发生液化的饱和土，一般平均粒径小于 2mm，黏粒含量低于 10% ~ 15%，塑性指数低于 7。

（2）土的密度特征的影响　土的初始密实度对液化也有较大影响，一般来说，当土的初始密实度越大，在振动荷载作用下，土越不容易产生液化。1964 年日本新潟地震表明，相对密实度 $D_r = 0.50$ 的地方普遍发生液化，而相对密实度 $D_r > 0.70$ 的地方则没有发生液化。我国"海城地震砂土液化考察报告"中也提出了类似的结论。

（3）土的结构特征的影响　土的排列和胶结状况不同，抗液化能力也不同。排列结构稳定和胶结状况良好的土均具有较高的抗液化能力。由于土的结构受沉积年代、应力历史、应变历史的影响，故原状土比重塑土难液化；遭受过地震的砂土比未遭受过地震的砂土难液化。

2. 起始应力条件的影响

如图 8-14 所示为固结压力（即周围压力 $\sigma_3$）对液化的影响（即周期加荷三轴压缩试验结果）。

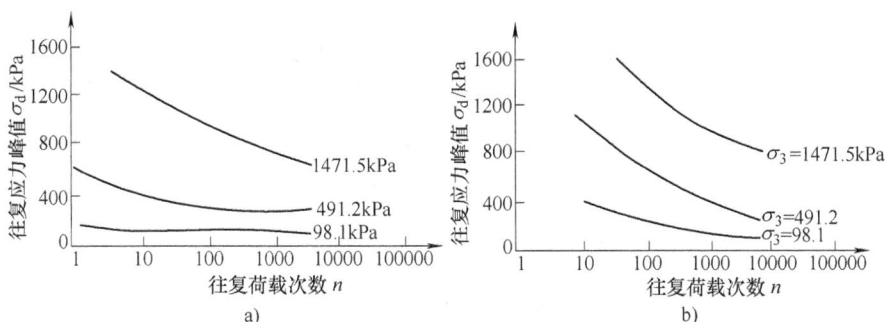

图 8-14　周围压力对砂样液化影响
a) 初始液化　b) 20% 的全幅应变（土样破坏）

从图 8-14 中可以看出对于给定的初始孔隙比（$e = 0.61$）、初始相对密度（$D_r = 1.0$）和往复应力峰值，引起初始液化和 20% 全幅应变所需的往复荷载次数都将随着固结压力的增加而增加（对所有的相对密实度都适用）。这说明围压越大，在其他条件相同的情况下，土越不容易发生液化。因此，地震时土层埋藏越深，越不易液化。

3. 动荷载条件的影响

图 8-15 是周期加荷单剪仪液化试验的典型结果。从图中可以看出，对于给定的固结压力 $\sigma_v$ 和不同相对密度 $D_r$，就同一种土类而言，往复应力越小则需要越多的振动次数才可产生液化；反之，则在很少振动次数时，就可产生液化。现场的震害调查也证明了这一点。如 1964 年日本新泻地震时，记录到地面最大加速度为 $0.16 \times 10^{-2} \, \text{m/s}^2$，其余 22 次地震的地面加速度变化为 $(0.005 \sim 0.12) \times 10^{-2} \, \text{m/s}^2$，但都没有发生液化。这表明要持续足够的应力周期后，土体才发生液化。

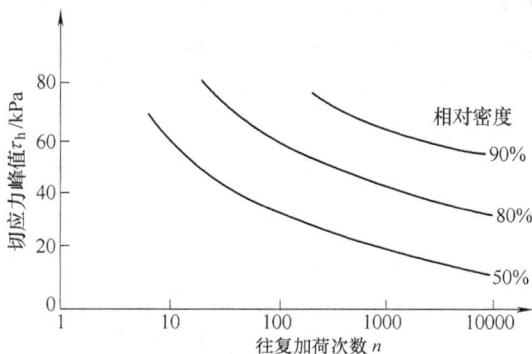

图 8-15　周期加荷单剪仪液化试验

4. 排水条件的影响

排水条件指土层的透水程度、排渗路径及排渗边界条件。通常研究地震作用下的液化问题时，因动荷载作用时间很短，认为土中的孔隙水来不及排出，孔隙水压力来不及消散，故在不排水条件下进行试验。但是，如果振动作用时间较长，土的透水性较强，土层较薄或土层边界的排渗条件良好，势必在振动过程中发生孔压的消散，使孔压的增长与消散同时出现，从而削减孔压的峰值而增大土的抗液化能力。

## 8.4.3　振动液化的判别方法

GB 50011—2010《建筑抗震设计规范》规定：当初步判别认为需要进一步进行液化判别时，应采用标准贯入试验判别法判别地面下 20m 深度范围内土的液化；对于规范规定可不进行天然地基及基础的抗震承载力验算的各类建筑，可只判别地面下 15m 范围内土的液化。当饱和土的标准贯入锤击数（未经杆长修正）小于液化判别标准贯入锤击数临界值时，应判为液化土。当有成熟经验时，也可采用其他判别方法。

在地面下20m深度范围内，液化判别标准贯入锤击数临界值 $N_{cr}$ 可按下式计算

$$N_{cr} = N_0\beta[\ln(0.6d_s + 1.5) - 0.1d_w]\sqrt{3/\rho_c} \qquad (8-2)$$

式中　$N_0$——液化判别标准贯入锤击数基准值，应按表8-2 取用；

$d_s$——饱和土标准贯入点深度（m）；

$d_w$——地下水位深度（m）；

$\beta$——调整系数，设计地震第一组取0.80，第二组取 0.95，第三组取1.05；

$\rho_c$——黏粒含量百分率，当小于3或为砂土时，应取3。

表8-2　液化判别标准贯入锤击数基准值

| 设计基本地震加速度/g | 0.10 | 0.15 | 0.20 | 0.30 | 0.40 |
|---|---|---|---|---|---|
| 标准贯入锤击数基准值 $N_0$ | 7 | 10 | 12 | 16 | 19 |

注：g为重力加速度。

对存在液化土层的地基，应探明各液化土层的深度和厚度，按下式计算每个钻孔的液化指数 $I_{lE}$，并按表8-3综合划分地基的液化等级

$$I_{lE} = \sum_{i=1}^{n}(1 - N_i/N_{cri})d_iW_i \qquad (8-3)$$

式中　$n$——在判别深度范围内每一个钻孔标准贯入试验点的总数；

$N_i$、$N_{cri}$——$i$点标准贯入击数的实测值和临界值，当实测值大于临界值时应取临界值，当只需判别15m范围以内的液化时，15m以下的实测值可按临界值取用；

$d_i$——$i$点所代表的土层厚度（m），可采用与标准贯入试验点相邻的上、下两标准贯入试验点深度的一半，但上界不高于地下水位的深度，下界不深于液化深度；

$W_i$——$i$土层单位土层厚度的层位影响权函数值（ $m^{-1}$ ），当该层中点深度不大于5m时应取10，等于20m时应取0，5~20m时按线性内插法取值。

表8-3　地基液化等级划分

| 地基液化等级 | 轻　微 | 中　等 | 严　重 |
|---|---|---|---|
| 液化指数 $I_{lE}$ | $0 < I_{lE} \leqslant 6$ | $6 < I_{lE} \leqslant 18$ | $I_{lE} > 18$ |

## ● 8.4.4　地基土抗液化措施

当液化砂土层、粉土层较平坦且均匀时，宜按表8-4选用地

基抗液化措施。另外，还可计入上部结构重力荷载对液化危害的影响，根据液化震陷量的估计适当调整抗液化措施。

表 8-4　地基土抗液化措施

| 建筑抗震设防类别 | 地基液化等级 | | |
|---|---|---|---|
| | 轻微 | 中等 | 严重 |
| 乙类 | 部分消除液化沉陷，或对基础和上部结构处理 | 全部消除液化沉陷，或部分消除液化沉陷且对基础和上部结构处理 | 全部消除液化沉陷 |
| 丙类 | 基础和上部结构处理，也可不采取措施 | 基础和上部结构处理，或更高要求的措施 | 全部消除液化沉陷，或部分消除液化沉陷且对基础和上部结构处理 |
| 丁类 | 可不采取措施 | 可不采取措施 | 基础和上部结构处理，或其他经济的措施 |

注：甲类建筑的地基抗液化措施应专门研究，但不宜低于乙类的相应要求。

对于可液化地基，常用的处理方法可以归纳为换填、加密、排水、深基础等，可按具体情况进行比较选用。

（1）换填　用非液化土替换浅层可液化的土层，或增加上部非液化土层的厚度。一般当可液化土层距地表 3～5m 时，可以全部挖除，可液化土层较深时，可考虑部分挖除。

（2）加密　常采用振冲加密法、挤密砂桩法、直接振密法和爆炸加密法，应处理至液化深度下界。振冲或挤密碎石桩加固后，桩间土的标准贯入锤击数不宜小于规范规定的液化判别标准贯入锤击数临界值；采用加密法或换土法处理时，在基础边缘以外的处理宽度，应超过基础底面下处理深度的 1/2 且不小于基础宽度的 1/5。

（3）排水　如果表层地基的渗透系数与液化土层渗透系数的比值大，即使下层地基发生液化，由于向上的渗流排水，表层地垫的有效应力也不会很低。排水法就是利用这一原理来达到防止液化的。排水的方法在于减小孔隙水压力的威胁，减小液化的危险性，尤其对于透水层中的饱和砂土夹层或透境体，宜采用砂井或减压井处理。

（4）深基础　采用桩基时，桩端伸入液化深度以下稳定土层中的长度（不包括桩尖部分），应按计算确定，且对碎石土，砾、粗、中砂，坚硬黏性土和密实粉土不应小于 0.8m，对其他非岩石土不宜小于 1.5m；采用深基础时，基础底面应埋入液化土层下的稳定土层中, 其深度不应小于 $0.5m$。

【**本章小结**】 本章介绍了动荷载的类型及特点, 土的动力学性质, 砂土液化的机理及判别, 地基土抗液化处理措施等。要求在理解关于土的动力性质等基本概念的基础上, 了解土的动力特性对工程的影响及地基土液化等工程灾害的防治措施。

# 复习思考题

1. 土体动荷载有哪几种类型? 各有什么特点?

2. 动荷载作用下, 土的应力应变曲线有什么特点?

3. 简述土的压实机理, 工程上如何控制土的压实度?

4. 简述土的振动液化机理, 其影响因素有哪些?

5. 土体液化如何判别? 液化等级如何划分? 不同液化等级的抗液化措施有什么不同?

6. 某料场中的土料为低液限黏质土, 天然含水量 $w = 21\%$, 土粒相对密度 $d_s = 2.70$。室内标准击实试验得到最大干密度 $\rho_{dmax} = 1.85\text{g/cm}^3$。设计取压实系数 $\lambda = 0.95$, 并要求压实后土的饱和度 $S_r \leqslant 0.9$, 问土料的天然含水量是否适用填筑? 碾压时土料应控制为多大的含水量?

(不适于直接填筑, 碾压时的含水量应控制在$18\%$左右, 应进行翻晒处理)

# 参考文献

［1］陈仲颐，周景星，王洪瑾. 土力学［M］. 北京：清华大学出版社，1994.

［2］陈希哲. 土力学地基基础［M］. 4 版. 北京：清华大学出版社，2008.

［3］Karl Terzaghi. Theoretical Soil Mechanics［M］. London：ChapmanandHall，1942.

［4］华东水利学院土力学教研室. 土工原理与计算［M］. 北京：水利电力出版社，1979.

［5］何思为. 土力学［M］. 广州：中山大学出版社，2003.

［6］东南大学，浙江大学，湖南大学，苏州科技学院. 土力学［M］. 2 版. 北京：中国建筑工业出版社，2005.

［7］赵树德. 土力学［M］. 北京. 高等教育出版社，2010.

［8］GB 50003—2011 砌体结构设计规范［S］. 北京：中国建筑工业出版社，2012.

［9］GB 50487—2008 水利水电工程地质勘察规范［S］. 北京：中国计划出版社，2009.

［10］GB 50021—2001 岩土工程勘察规范［S］. 北京：中国建筑工业出版社，2009.

［11］GB 50007—2011 建筑地基基础设计规范［S］. 北京：中国建筑工业出版社，2011.

［12］JGJ 118—2011 冻土地区建筑地基基础设计规范［S］. 北京：中国建筑工业出版社，2011.

［13］SL 373—2007 水利水电工程水文地质勘察规范［S］. 北京：中国水利水电出版社，2007.

［14］JGJ 83—1991 软土地区工程地质勘察规范［S］. 北京：中国建筑工业出版社，1992.

［15］JTJ 064—1998 公路工程地质勘察规范［S］. 北京：人民交通出版社，1999.

［16］SL 55—2005 中小型水利水电工程地质勘察规范［S］. 北京：中国水利水电出版社，2005.

［17］GB/T 50123—1999 土工试验方法标准［S］. 北京：中国计划出版社，1999.

［18］华南理工大学，东南大学，浙江大学，湖南大学. 地基及基础［M］. 3 版. 北京：中国建筑工业出版社，1998.

［19］谢定义，刘奉银. 土力学教程［M］. 北京：中国建筑工业出版社，2010.

［20］杨小平. 土力学［M］. 广州：华南理工大学出版社，2001.

［21］赵成刚，白冰，等. 土力学原理. 北京：清华大学出版社，北京交通大学出版社，2009.

［22］钱家欢，殷宗泽. 土工原理与计算［M］. 2 版. 北京：中国水利水电出版社，1996.

［23］林韵梅. 地压讲座［M］. 北京：煤炭工业出版社，1981.

［24］高大钊. 土力学与岩土工程师［M］. 北京：人民交通出版社，2011.

［25］社团法人地盘工学会. 土质试验—基本と手引き—［M］. 東京：社团法人地盘工学会，2000.

［26］河上房义. 土質力学［M］. 5 版. 東京：森北出版株式会社，1983.

［27］BRAJA M. DAS. Principles of Geotechnical Engineering［M］. 7th el. Stamford：Cengage Learning，2010.

［28］GB 50010—2010 混凝土结构设计规范［S］. 北京：中国建筑工业出版社，2011.

［29］GB 50011—2010 建筑抗震设计规范［S］. 北京：中国建筑工业出版社，2011.

［30］张怀静. 土力学［M］. 北京：机械工业出版社，2011.

［31］杨平. 土力学［M］. 北京：机械工业出版社，2013.